高校建筑学 城乡规划 景观园林 环境艺术
环境工程 土木工程专业教材

现代建筑科学基础

FOUNDATIONS OF MODERN ARCHITURAL SCIENCE

主 编 夏 云 西安建筑科技大学
    陈 洋 西安交通大学
    陈晓育 西安建筑科技大学
副主编 马 英 北京建筑大学
    夏 葵 北京工业大学

U0253911

中国建筑工业出版社

图书在版编目（CIP）数据

现代建筑科学基础/夏云，陈洋，陈晓育主编. —北京：中国建筑工业出版社，2017.7
高校建筑学　城乡规划　景观园林　环境艺术　环境工程　土木工程专业教材
ISBN 978-7-112-20779-4

Ⅰ. ①现… Ⅱ. ①夏… ②陈… ③陈… Ⅲ. ①建筑科学-高等学校-教材 Ⅳ.①TU

中国版本图书馆 CIP 数据核字（2017）第 110745 号

本书是一本关于现代建筑科学的基础知识，包含综合知识和单体建筑学两大部分。第一部分主要涉及与生态环境、城乡规划、建筑遗产、基地负效因素、建筑标准化等方面的基础知识，以及场地生境、场地竖向、无障碍等方面的设计基础知识；第二部分主要涉及与单体建筑设计紧密相关的建筑方位、日照、通风、建筑结构、建筑构造、围护结构热工性能，及建筑体量、建筑表面处理、厅堂音质、建筑设备、智能建筑等设计基础知识，以及从房屋设计到施工建成全过程等内容。本书在编写时注重融贯生态可持续理念，图文并茂，理论与实例结合，并附有现场施工及实验录像选光盘一份，兼顾时代性、综合性、实用性和可读性。

本书适用于建筑学、城乡规划学、风景园林学、环境艺术、环境工程、土木工程等学科本科生的专业基础教材，也可供相关专业工程技术人员阅读参考。

责任编辑：王玉容
责任设计：谷有稷
责任校对：王宇枢　张　颖

高校建筑学　城乡规划　景观园林　环境艺术　环境工程　土木工程专业教材
现代建筑科学基础
主　编　夏　云　西安建筑科技大学
　　　　陈　洋　西安交通大学
　　　　陈晓育　西安建筑科技大学
副主编　马　英　北京建筑大学
　　　　夏　葵　北京工业大学

*

中国建筑工业出版社出版、发行（北京海淀三里河路 9 号）
各地新华书店、建筑书店经销
霸州市顺浩图文科技发展有限公司制版
北京鹏润伟业印刷有限公司印刷

*

开本：787×1092 毫米　1/16　印张：20¼　字数：493 千字
2017 年 9 月第一版　　2017 年 9 月第一次印刷
定价：48.00 元
ISBN 978-7-112-20779-4
（30362）

前　言

编写本教材《现代建筑科学基础》的目的有两个：

其一，使学生知道，房屋是多种专业人员脑力劳动和体力劳动相结合的产物。人类生活、生产、学习、科研、国防、管理等活动都必须由单体建筑组成的建筑群及相应的建筑环境提供庇护空间才能实现。这种庇护空间与环境乃是众多专业人员进行一系列设计，并用施工图或模型表达出来，交由建筑专业人员：工人、工程师、管理人员等建造起来才能交付使用。使用期还应有相关维修、管理专业人员进行常态化操作维修管理才能使该庇护空间与环境保持良性的服务功能。人类的生活、生产、学习、科研、国防、管理等活动方式与质量会与时俱进，不断更新提高，因此，科学技术与艺术也应不断发展进步，才能使该庇护空间与环境的服务功能愈趋完善。

改革开放以来，建筑科技与艺术得到了空前进步和发展，例如：城乡规划、景观园林上升为一类学科，与"建筑学"同为建筑学领域三大支柱专业。这些专业带动一大批新兴科研项目并取得丰硕成果，为教材的更新提供了新理论基础与实验数据。

与以往同类教材相比，本教材选择性地增新了下列内容的基础知识，如：城乡规划设计；景观园林设计；室外景观设计；建筑设计标准化与个性化；无障碍设计；场地竖向设计；建筑方位日照与自然通风；建筑体量设计；微电网络与智能设计；建筑遗产保护与再利用；基地负效因素危害与防治；建筑节能减排与应对气候过暖的建筑措施等。

其二，使建筑工作者认识：建筑结构正处在必须转型求可持续发展的时代。近现代建筑结构的主干体系是砖混结构和钢筋混凝土（RC）结构。地震、海啸、战争、火灾等揭示：这些重脆结构已由大功臣变成大杀手。

大功臣：没有砖混结构和 RC 结构就没有遍布全球城乡的近现代多层建筑，更没有以高层、超高层建筑为特征的大城市。

大杀手：1976 年，唐山大地震，人死 24 万多，伤 14 万多；

2004 年，印尼大海啸（海底板块竖向错动的 9 级大地震引起），人死 30 多万，伤 500 多万；

第二次世界大战，死人 9000 多万（中国人死 3500 多万）。在这些天灾人祸中房屋倒塌无数。惨史证实，砖混结构与 RC 结构构件倒塌后，成了难切割、难搬移、难施救、难处理的建筑垃圾，成了杀命毁财的大杀手！

本教材在相关章节介绍了这些重脆结构必须向轻柔结构转型的基础知识。

编写分工

本教材分第一、第二两部分，共 26 章和一附件；实验录像选光盘一件。
编写分工如下（按章节顺序作者姓氏排列）：

内容提要　夏云、陈洋

前言　夏云

目录　夏云、陈洋

概述　房屋建造流程基础知识　马英、吴南伟、陈洋

第一部分　现代建筑科学基础综合知识

第 1 章　人和建筑的生态环境　夏云

第 2 章　城乡规划学基础知识　任云英、张钰塈

第 3 章　建筑遗产的保护与再利用　王佳、阎照

第 4 章　场地生境营造　刘晖、李刚

第 5 章　场地竖向设计基础知识　黄一阳

第 6 章　基地负效因素的危害与防治　靳亦冰

第 7 章　建筑设计标准化与个性化　吴南伟、马英

第 8 章　无障碍设计基础知识　王进

第二部分　单体建筑

第 9 章　建筑物分类、分等、分级与组成　马英、吴南伟、岳鹏

第 10 章　建筑方位、日照与自然通风　黄一阳

第 11 章　建筑结构基本知识　夏葵

第 12 章　地基与基础　岳鹏

第 13 章　外墙与冬季建筑热学　夏葵、陈晓育

第 14 章　内隔墙与隔空气传声　夏葵、陈晓育

第 15 章　门窗　陈洋

第 16 章　楼、地面与隔撞击声　岳鹏

第 17 章　阳台与雨棚　夏葵、靳亦冰

第 18 章　房屋垂直交通与建筑防火　夏葵、陈晓育

第 19 章　屋顶与夏季防热　夏葵、陈晓育

第 20 章　房屋变形与抗变形　岳鹏

第 21 章　建筑表面处理　陈晓育、金园园

第 22 章　厅堂音质　陈晓育、金园园

第 23 章　建筑设备设计基础知识　岳鹏

第 24 章　智能建筑设计基础知识　阎照

第 25 章　掩土建筑基础知识　靳亦冰

第 26 章　建筑体量　崔力

目　录

概述　房屋建造流程基础知识

1　房屋建造流程

建筑与我们如此熟悉，因为我们每天就生活在其中，学龄前的儿童都可以用玩具搭一座十分漂亮的城堡，但是一座室内、室外使人产生舒适、愉悦、稳固的建筑却是要经过精心建造，有个相对规律的实践过程。

从史前的类似帐篷的居住空间、村落布局到清朝的宫殿、宗庙建造，中国古代房屋建造虽是以匠人为主导，这其中也可以从选址定位、布局、建造中找寻到现代建筑学科中规划设计、城市设计、建筑学及景观设计的设计理念。

现代城市建筑建造程序因规模、性质和重要性不同存在差异，国内、国外的建造程序也存在顺序上的不同，但都以一个基本的建设程序为依据。大量的房屋建设作为基本建设的组成部分，实施遵循基本建设程序。这个基本建设程序，是指基本建设项目从规划、设想、选择、评估、决策、设计、施工到竣工投产、交付使用的整个建设过程中各项工作必须遵循的先后顺序，这同时也是规划设计、城市设计、建筑学及景观设计的设计理念相互结合、相互作用的过程。

城市规划主要包括城市发展规划、土地利用总体规划和城市总体规划，是局部区域规划、城市设计及建筑设计的设计基础资料，较大规模和重要的设计项目景观设计会在方案阶段就介入，一般的项目常常在设计方案确认后，项目进入到实施阶段才进行景观设计。

1.1　基本建设程序

在我国大中型建设项目的工程建设必须遵守下列程序（图 0-1），有步骤地执行各个阶段的工作。包括三个时期六项工作。三个时期为投资决策前期、投资建设时期和生产时期。六项工作为：

1）编制和报批项目建议书

项目建议书是由企事业单位、部门等根据国民经济和社会发展长远规划，国家的产业政策和行业、地区发展规划，以及国家有关投资建设方针政策，委托有资质的设计单位和咨询公司在进行初步可行性研究的基础上编制的。这个阶段，建筑师会依据城市总体规划和详细规划要求，结合城市设计、景观设计提出设计方案作为项目建议书的依据。大中型新建项目和限额以上的大型扩建项目，在上报项目建议书时必须附上初步可行性研究报告。项目建议书获得批准后即为项目立项。

2）编制和报批可行性研究报告

建设单位项目立项后，委托原编制项目建议书的设计单位和咨询公司进行可行性研究。根据批准的项目建议书，在详细可行性研究的基础上，编制可行性研究报告，为项目

1

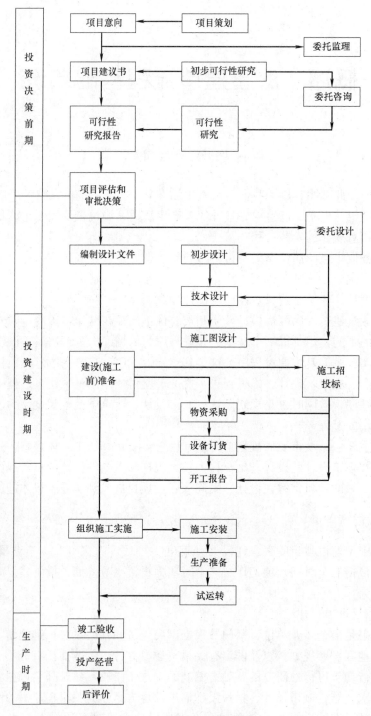

图 0-1 工程项目建设程序

投资决策提供科学依据。可行性研究报告经过有关部门的项目评估和审批决策，获得批准后即为项目决策。这个阶段项目的规划设计、城市设计及建筑单体方案设计为项目决策提供技术指标，从设计理念到空间形态为项目实现提供可靠依据。

3) 编制和报批设计文件

项目决策后编制设计文件，应由有资质的设计单位根据批准的可行性研究报告的内容，按照国家规定的技术经济政策和有关的设计规范、建设标准、定额进行编制。建筑师深化方案设计编制审批文件，包括雨水洪水评价审批、环境评价审批、交通评价审批、建筑规划审批、人防设计审批、消防设计审批等。

对于大型、复杂项目，可根据不同行业特点和要求进行初步设计、技术设计和施工图设计的三段设计。一般工程项目可采用初步设计和施工图设计的二段设计。并相应编制初步设计总概算，修正总概算和施工图预算。初步设计文件要满足施工图设计、施工准备、土地征用、项目材料和设备订货的要求。施工图设计应能满足建筑材料、构配件及设备购置和非标准构配件及非标准设备的加工。设计在这个阶段进入具体阶段，完全以实施为目的，规划设计师、建筑师、结构工程师、设备工程师、景观设计师将共同协作完成设计，对于专门类型的建筑，还经常有专门的设计师参与策划与设计，如酒店设计、建筑产业化设计、绿色建筑设计等。施工图设计完成后进行施工图设计审查。经审查合格的施工图才可以用于施工建设。

4) 建设准备工作

在项目初步设计文件获得批准后，开工建设之前，要做好各项施工前准备工作，主要包括：组建筹建机构，征地、拆迁和场地平整；落实和完成施工用水、电、路等工程和外线条件；组织设备和特殊材料订货，落实材料供应，准备必要的施工图纸；组织施工招标、投标，择优选定施工单位，签订承包合同，确定合同价；报批开工报告等工作。开工报告获得批准后，建设项目才能开工建设，进行施工安装和生产准备工作。在设计中，常常有需要二次深化设计的内容。这些设计内容往往是专项设计的内容，如幕墙、采光顶、门窗、电梯、燃气、太阳能、供电、有线电视等。这些专项设计也需要在设计过程中与设计师配合完成，有些可以在施工图完成后具体设计，由建筑师与建设单位共同确认。

5) 建设实施工作

为项目实施进行组织施工和生产准备。项目经批准开工建设，按照施工图规定的内容和工程建设要求，进行土建工程施工、机械设备和仪器的安装、生产准备和试车运行等工作。施工承包单位应采取各项技术组织措施，确保工程按合同要求及合同价如期保质完成施工任务，编制和审核工程结算。这个阶段建筑师、结构工程师、设备工程师、景观设计师主要做的工作是配合施工现场的实施，根据施工的实际情况解决问题，帮助施工单位完成施工方案。

对于建成后需要进行生产、运营的建筑，生产准备应包括招收和培训必要的生产人员，并组织生产人员参加设备的安装调试工作，掌握好生产技术和工艺流程。做好生产组织的准备：组建生产管理机构、配备生产人员和制定必要的规章制度。做好生产技术准备：收集生产技术资料，各种开工方案，编制岗位操作法，新技术的准备和生产样品等。做好生产物资的准备：落实原材料、协作产品、燃料、水、电、气等来源和其他协作配备条件，组织工器具、备品、备件的制造和订货。

6) 项目竣工验收、投产经营和后评价

建设项目按照批准的设计文件所规定的内容全部建成，并符合验收标准，需要进行生产、运营的建筑即生产运行合格，形成生产能力，能正常生产出合格产品；或项目符合设计要求能正常使用的，应按竣工验收报告规定的内容，及时组织竣工验收和投产使用，并办理固定资产移交手续和办理工程决算。在竣工验收的过程中建筑师、结构工程师、设备工程师、景观设计师将到现场与其他部门一同检查建筑完成状况，签字验收。

项目建成进入正常生产运营并使用一段时间（一般为 2～3 年）后，可以进行项目总结评价工作，编制项目后评价报告。其基本内容应包括：生产能力或使用效益实际发挥效用情况；产品的技术水平、质量和市场销售情况；投资回收、贷款偿还情况；经济效益、社会效益和环境效益情况及其他需要总结的经验。相关的建筑设计单位会组织设计人员进行回访；良好的沟通和设计意见反馈，对于设计单位的发展起到积极的推动作用。

1.2　房地产开发程序

房屋建设有种常见的形式为房地产开发，是指在依据城市房地产管理法取得国有土地使用权的土地上进行基础设施、房屋建设的行为。房地产是房产和地产的总称。在物质形态上房产和地产总是联结为一体的。由于房地产位置的不可移动性，故又称"不动产"。房地产业包括：土地的开发，房屋的建设、管理、维修，土地使用权的划拨、转让，房屋所有权的买卖、租赁，房地产的抵押。其核心内容就是部分土地和建筑物。

国家依法实行国有土地有偿、有限期使用制度。但国家在规定范围内划拨国有土地使用权的除外。

房地产业与建筑业互相依存，互相联系，但又是性质完全不同的两个行业。建筑业是建筑产品的生产部门，属第二产业。房地产业不仅是土地和房屋的经营部门，而且还从事部分土地的开发和房屋建设活动，具有生产、经营、服务三重性质，是以第三产业为主的产业部门。

房地产开发程序如下：

1）项目建议书和可行性研究

房地产综合开发项目建议书的编制应由城市综合开发主管部门根据城市分区规划或控制性详细规划组织编制。

项目建议书应阐明项目的性质、规模、环境、资金来源、期限、进度、指标、拆迁、经营方式、经济效益等。属于直辖市和计划单列市的城市报市发改委批准，大型项目还要报住房和城乡建设部初审后再报国家发改委批准。非直辖市和非计划单列市的大型项目，由城市综合开发主管部门批准后，报住房和城乡建设部初审，再报国家发改委批准。

项目建议书被批准后，可进入可行性研究阶段。可行性研究应包括：项目背景及概况、建设条件、进度、投资估算、财务效益分析等内容。

2）建设用地规划许可证

《中华人民共和国城乡规划法》第38条规定：在城市、镇规划区内以出让方式提供国有土地使用权的，在国有土地使用权出让前，城市、县人民政府城乡规划主管部门应当依据控制性详细规划，提出出让地块的位置、使用性质、开发强度等规划条件，作为国有土地使用权出让合同的组成部分。未确定规划条件的地块，不得出让国有土地使用权。

以出让方式取得国有土地使用权的建设项目，在签订国有土地使用权出让合同后，建设单位应当持建设项目的批准、核准、备案文件和国有土地使用权出让合同，向城市、县人民政府城乡规划主管部门领取建设用地规划许可证。

城市、县人民政府城乡规划主管部门不得在建设用地规划许可证中，擅自改变作为国有土地使用权出让合同组成部分的规划条件。

3）土地使用权证书

土地所有权。《中华人民共和国土地管理法》第二条规定：中华人民共和国实行土地的社会主义公有制，即全民所有制和劳动群众集体所有制。

县级以上地方人民政府出让土地使用权用于房地产开发的，须根据省级以上人民政府下达的控制指标，拟定年度出让土地使用权总面积方案，按照国务院规定，报国务院或者省级人民政府批准。

商业、旅游、娱乐和豪华住宅用地，有条件的，必须采取拍卖、招标方式；没有条件，不能采取拍卖、招标方式的，可以采取双方协议的方式。

采取双方协议方式出让土地使用权的出让金不得低于按国家规定所确定的最低价。

城市规划区内的集体所有土地，经依法征用转为国有土地后，该幅国有土地的使用权可有偿出让。

土地使用权出让合同约定的使用年限届满，土地使用者需要继续使用土地的，应当至迟于届满前一年申请续期，除根据社会公共利益需要收回该幅土地的，应当予以批准。经批准准予续期的，应当重新签订土地使用权出让合同，依照规定支付土地使用权出让金。

土地使用权出让合同约定的使用年限届满，土地使用者未申请续期或者虽申请续期但依照前款规定未获批准，土地使用权由国家无偿收回。

以出让方式取得土地使用权进行房地产开发的，必须依照土地使用权出让合同约定的土地用途、动工开发期限开发土地。超过出让合同约定的动工开发日期满一年未动工开发的，可以征收相当于土地使用权出让金 20％ 以下的土地闲置费；满二年未动工开发的。可以无偿收回土地使用权。但是，因不可抗力或者政府、政府有关部门的行为或者动工开发的必需的前期工作造成动工开发延迟的除外。

土地使用权出让是一种国家垄断行为。因为国家是国有土地的所有者，只有国家才能以土地所有者的身份出让土地。城市规划区集体所有的土地，必须依法征用转为国有土地后，方可出让土地使用权。

拍卖，是指土地所有者的代表在指定的时间、地点组织符合条件的受让人到场，就所出让使用权的土地公开叫价竞投，按照"价高者得"的原则确定土地使用权受让人的一种出让方式。

招标，是指在指定的期限内，由符合条件的单位或个人，用书面投标的形式竞投土地使用权，由招标人择优确定土地使用者的方式。

招标方式的中标者不一定是标价中的最高者。因为在评标时，不仅要考虑到投标价，而且要对投标规划方案和投标者的资信情况进行综合评价。

协议出让，是指土地使用权的有意受让人直接向国有土地的代表提出有偿使用土地的愿望，由国有土地的代表与有意受让人进行一对一的谈判，协商有关事宜。《城市房地产管理法》规定："商业、旅游、娱乐和豪华住宅的用地，有条件的，必须采取拍卖、招标方式；没条件的，不能采取拍卖、招标方式的，可以采取双方协议的方式。采取双方协议的出让土地使用权的出让金不得低于国家规定所确定的最低价。"这种出让方式主要用于工业仓储、市政公益事业、非营利项目以及政府为调节经济结构、实施产业政策而需给予优惠、扶持的建设项目等。

土地使用权期限，一般根据土地的使用性质来确定，不同用途的土地使用权出让的最高年限为：

居住用地 70年；

工业用地 50年；

教育、科技、文化用地 50年；

商业、旅游、娱乐用地 40年；

综合或其他用地 50年；

4）拆迁安置

2001年国务院以国务院第305号令的形式重新发布了《城市房屋拆迁管理条例》。

5）组织实施勘察、设计，办理建设工程规划许可证。

6）土地开发

土地开发的主要内容是指房屋建设的前期准备：平整场地，实现水通、电通、路通的"三通一平"，把自然状态的土地变成可供建设房屋和各类设施的建筑用地。

7）施工招标、投标

8）申领施工许可证，进入施工安装阶段

在我国规划师、建筑师、结构及设备工程师、景观设计师所从事的工作内容以编制设计文件为主，不同阶段的设计文件为项目的立项、审批、施工准备、项目具体实施起到重要作用。规划设计、城市设计、建筑学及景观设计相辅相成，共同完成建设项目的成功建造。

讨论题：我们购置商品房时常常提到的"5证"指的是哪些？

参考答案：土地使用权证书、建设用地规划许可证、建设工程规划许可证、施工许可证、商品房预售许可证。

2 相关学科基础知识

从建房流程可以看出，建房与建筑学、城乡规划学、风景园林学三个相互依存的学科密切关联。建筑学是研究建筑物及其空间布局，为人的居住、社会和生产活动提供适宜空间及环境，是与建筑设计和建造相关的技术和艺术的综合。建筑学涉及人的生理、心理和社会行为等多个领域，涉及审美和艺术领域，涉及建筑结构和构造、建筑材料、建筑设备、建筑防灾减灾、建筑节能等相关技术领域。城乡规划学是研究城镇化与区域空间结构、城市与乡村空间布局、城乡社会服务与公共管理、城乡物质形态的规划设计等。风景园林学是综合运用科学与艺术手段，研究规划设计、管理自然和建成环境的应用科学，以协调人与自然的关系为宗旨，保护和恢复自然环境，营造健康优美的人居环境。

因此，建筑学科的相关基础知识包括城乡规划学、风景园林学、建筑学、建筑构造、建筑结构、建筑设备、建筑防火、建筑物理等内容。

第一部分

现代建筑科学基础综合知识

第1章 人和建筑的生态环境

人和建筑的生态环境概括起来就是三个字：天、地、人。

1.1 天 体

显著影响人和建筑生态环境的天体有二：太阳和月亮。

1.1.1 太阳

太阳是银河系中 2000 亿～4000 亿颗恒星之一。它是一颗巨大的热核聚变的产能球体。没有太阳能就没有地球人，也就没有地球人物质与精神生活的资源（含建筑），更没有以建筑为主要有形体的万紫千红的人类世界。

太阳能是最伟大的干净、安全、永久（还可持续 50 亿地球年）的能源。每秒有 400 万 t 氢（主要是重氢氘和超重氢氚）参与热核聚变，它们的原子核在 2000 万 K（开尔文）～4000 万 K 的高温下，每两个氢原子结合成一个较重的原子核（氦），同时放出巨大的能量。按爱因斯坦质能关系式：$E=mC^2$（E—能量功率 kW；m—参与热核聚变氢的质量，kg；C—光速，$C=3\times10^5$ km/s）。太阳在上述热核聚变中产生约 36×10^{22} kW 功率的总能量（光和热）向太空辐射，其中约 22 亿分之一到达地球大气层外表面。穿过大气层到达地面的能量约为 8.5×10^{13} kW，这就是地球生物及矿物最原始的能源。1 克氢原子核聚变产生的能量相当于 270 万 kg 煤的能量。

太阳质量为 2.2×10^{27} t，约为地球质量的 33 万倍，占太阳系 8 个行星总质量的 99.86%，最主要成分近代估计是氢占 78%，氦占 20%。太阳直径约为 139 万 km，是地球直径的约 109 倍，其体积约为地球体积的 130 万倍。太阳至地球平均距离为 14960 万 km（近 1.5 亿 km）太阳质量随着热核聚变向太空辐射能量必将减少，氢、氦的比例也会变。通过相应的转换器，可以将太阳能转换成建筑中为人民服务的多种能量形式，如：热、电、光合能、热惯性能、温室效应能等。

1.1.2 月亮

月球是地球的天然卫星。它对地球人和建筑的生态环境的影响主要表现在：

1）维持地球正常运行

设若没有月球，地球将会滚翻运行，四季乱序，地球生物难以生存。

2）提供潮汐能与浪涌景观

月亮的引力作用使地球海水不能与地球自转方向同步运行，而是相对于海底逆向而行，形成浪涌拍岸的景观现象。白天的浪涌拍岸现象称为"潮"，晚上的这种现象称为"汐"。汹涌澎湃的潮汐巨浪是很吸引人们观赏的地球自转与月球引力合演的景观奇景。钱塘观潮是该处旅游中最亮点之一。

拦截潮汐海水推动水轮机带动发电机发电是可再生清洁能源之一。

3）地震影响

月球引力有触发地震的影响，有关专家一直在研究。当然，地球对月球的引力也有触发月震的影响。

4）对地球人生产、生活及精神生活的影响

披星戴月行路人，边疆、海岛战士们，月下歌舞儿女们，陆、海月下作业军民们……多少人在享受这免费天灯赐予的温柔的乳白色的照明！

月亮对地球人的精神生活自古以来就扮演着很重要的角色。仅诗仙李白一人就有多篇吟月诗句，如

《月下独酌》

花间一壶酒，独酌无相亲。

举杯邀明月，对影成三人。

《静夜思》

床前明月光，疑是地上霜。

举头望明月，低头思故乡。

5）有矿产资源与高效清洁能源

月球上有 60 多种矿产资源。尤其有一种钛矿吸收的太阳风刮来的惰性气体 3He（氦-3），是一种清洁、高效核聚变发电燃料。发达国家多国都已计划去月球开采氦-3，作者担心夺"能"之争在月球上也将发生。

6）可建宇宙研究站

月球上无空气，形成不了风，月球表面尘埃飞不到其上空降低能见度。在月球上，天文望远镜的分辨能力可能达到原"哈勃"太空望远镜的 10 万倍以上。

7）保护地球

当有小天体飞向地球，在月球上可发射导弹或激光武器将其击碎，或迫使其改变轨迹。

8）在月球上建立旅游景点及宇宙旅游中继站

问君有志太空否

地月浩瀚遥相邻

科技天神飞桥牵

问君有志太空否？

金帖相邀首站 MOON

娥、刚棒出桂花酒

笑询扩建广寒宫

备迎游客邀太空

近代，移民外星说时有炒作。例如移民月球就意味着在月球上居住，生儿育女，传宗接代，地球人要变成月球人。月面重力引力只有地面重力引力的 1/6，月球上没有空气，

没有绿色植物，要建造适应地球人的生存环境实在难以实现。出外行动必须穿宇航服，否则将自我爆炸粉身碎骨！对中国来说，即使能移民 1000 万，对缓解中国人口过多的负担，效果也是微乎其微。外星科研，必去。移民外星，NO!

1.2 地 球 [①]

1.2.1 概况

地球是太阳系八大行星之一，天文界公认的地球年龄是 46 亿地球年。地球是地球人类起源、生存、发展的母体。医学专家张宜仁教授提供的资料表明：地球岩石样品中含有的氢、铍、氟、钠、镁、磷、钾、钙、铬、锰、铁、铜、锌、砷、镓、铑、镉、锡、碲、碘、钡、铼、汞、铝 24 种元素，人体血液样品中也照样含有，而且含量的波形达到惊人的同步性。

地球赤道半径长 6378.245km，两极半径为 6358.865km，地球总面积约为 51000 万 km²[②]，其中海洋面积占 71%。

地球剖面构造可分为大气圈，平均厚 65000km；地壳平均厚 17km；地幔厚 2867km；外地核（液态金属铁镍外核）平均厚 2080km；过渡层厚约 140km，固态铁内核为一半经 1250km 的球。

地球温度分布情况大致是：地幔与核交界处为 3500℃以上，外核与内核交界处为 6300℃，核心为 6600℃。

1.2.2 地球大气层

大气是混合体，其组成按干空气（不含水蒸气）体积正常百分比：氮 78.08，氧 20.95，氩 0.93，二氧化碳 0.03。以上四种气体占总体积 99.99%。其他微量气体：氖 1.8×10^{-3}，氦 5×10^{-4}，氪 1×10^{-4}，氙 1×10^{-5}，臭氧 1×10^{-6}，氡 6×10^{-18}，氢 $<1 \times 10^{-3}$。水蒸气 $<4.0\%$。

围绕地球的大气层由对流层，平流层含臭氧层、电离层、散逸层组成。

1）对流层

厚：两极天空区 7～9km，赤道上空 15～17km。

质量：大气总质量约为 6000 万亿 t，相当于地球质量百万分之一。对流层质量约占大气层总质量 95%。

对流层气流在垂直和水平方向对流运动均很明显。一年四季的气流变化如：风、云、雷、电、雹、雨、雪、雾、露、霜……均发生在对流层内，有的如雾、露、霜则直接发生在接触地面或贴近地面的空气里。很多气象灾害如：台风、飓风（龙卷风）、冰雹、雷电袭击、沙尘暴、洪涝、干旱、严寒、酷暑，都是对流层气流结合其他自然因素，如太阳辐

---

① 关于地球构造与大气层构造系作者参考好搜网站、中国教育和科研计算机网站以及十万个为什么地球科学分册编写。

② 李恩博士提供：杨学祥·地球表面计算·长春地质学院学报·第 17 卷第 13 期，1987.09

射或人为因素如过多排放 CO_2 引发的。

2）平流层（或称同温层）含臭氧层

在对流层外到离地 50km 处大气中有一层只有水平对流的空气层，叫平流层。其中在离地面 15～35km 的平流层内有一层厚约 20km 的臭氧层。臭氧层可以吸收 99％太阳射向地球的紫外线，使地球免遭毁灭性紫外线杀伤危害。透过大气层到达地面 1％的太阳紫外线则可起到消毒、灭菌、助长儿童骨骼生长、清除佝偻病的生态效益。保护臭氧层就是保护我们自己。

3）电离层

地面以上 50～500km 空间有一层电离层，由太阳紫外线电离空气组成。电离层可以反射无线电波，传递无线电信息。

4）散逸层

散逸层也称最外层大气层，范围距地面 500～65000km，空气极稀薄，密度小于近地空气密度的 300 万亿分之一。

地球大气层对地面及其生物还有其他的保护作用如：使撞向地球的小星体进入大气层摩擦生热，崩裂成碎陨石；稀释人类排放的有害气体等。

1.2.3 太阳、地壳、对流层的生态效应

太阳、地壳（含地面）、大气对流层对人与建筑构成了最密切的生态效应。

（1）为地球人提供物质和精神生活资源，以及其他动植物物质和精神生活资源。

（2）为各类工业自古至今以及将来提供可粗加工、细加工以至纳米级等加工的原材料。

（3）提供间接太阳能与核原料及能源产品：

① 风能、水能、生物质能、热惯性能等间接太阳能（如窑洞冬暖夏凉的热学特性就是热惯性能的效应）、温室效应能（如大棚温室保温保墒、延长果菜商品期等效益以及毗连温室的节能效益等都是温室效应能的贡献）。

② 核聚变能、核裂变能、核衰变能原料：

占地球表面积 71％的海水中所含核聚变原料重氢氘可伴地球人终生所用。地球相关岩石（如火成岩）中所含放射性元素铀、钍、钋等就是目前各国核电厂核裂变能发电的原料。地热能以及放射性医疗用放射元素能，则用的是这些放射元素的衰变能。

物质由原子组成，原子由原子核（质子＋中子）和核外电子构成。较轻的原子核聚合成较重的原子核的核反应过程就叫核聚变。较重的原子核分裂成两个或几个较轻的原子核的反应过程就叫核裂变。原子核自发地衰变成另一种原子核的核反应过程就叫核衰变。三过程均有能量释放。单位时间、单位质量的核聚变释放的能量最多，裂变释放能次之，衰变释放能最少，但其累积则成巨大的能量。

从生态效益考虑应发展可控核聚变能，严格慎用可控核裂变能（失控危害大：1984 年 4 月，苏联切尔诺贝利核裂变能电站核泄漏，30 多万人受严重核辐射丧失生命，大面积自然生态环境被严重破坏。2011 年 3 月 11 日日本福岛核裂变能电站受 9.0 级海底地震引发浪高超 10m 的海啸冲击该电站，造成核泄漏，有害辐射殃及大面积水、土和动、植物。震惊全球，引起利用核裂变能的恐惧）。

③ 生产固、液、气态能源——核衰变能与太阳能的合作产品：

煤、石油、天然气、温泉以及火山喷发的沸腾岩浆与高温气体都是地球内部放射性元素长期衰变累积成的地热能，使自古积压下的动、植物尸体和地下水（含地面渗透水和原有地下水）在地球内部不同深度的高温高压下经过物理的、化学的、生物学的作用生成的固态、液态、气态产品。动、植物尸体乃是动、植物死后的遗体。动物是受精胚胎 或卵在母体妊育下的产物；植物则是其种子在大地母体培育下的产物。其根源都是地球生命第一能源太阳能转化为物理的、化学的、生物学的多种能量形式作用的产物。因此，煤、石油、天然气乃是地球放射性元素衰变能与太阳能的合作产品。

地球内部放射性元素衰变产生的地热能仍在不断积累，并通过地震以及火山喷发等形式泄放累积的地热能。触发地震的主要因素就是地热能推动地壳板块相互挤压产生的地壳变形。探索放射性元素衰变产生地热能的脉络，变突放地震能为渐放可控利用能是人类的科技梦想，是人类与自然和谐相处破历史性的尖峰亮点。

（4）SMWWTG 联网：

在此，我们重提：建筑领域应大力开发利用太阳能 Solar energy（S），沼气能 Methane energy（M）（生物质能之一），风能 Wind energy（W），水能 Water energy（W），热惯性能 Thermal inertia energy（T）和温室效应能 Greenhouse offect energy（G），并使 SMWWTG 联网，那么，大多数建筑就可能在 2025 年前实现清洁能源自足。这些能源早已天然地施惠于人类及地球其他生物。

（5）太阳、地壳、对流层——生态圈的守护神：

全球的绿色环境是环保的绿色力量，两极冰山与全球高山冰雪是环保的白色力量，它们是保护太阳地壳大气生态圈的两位守护神，人类的负效行为已经并仍在严重伤害这两位守护神。

1.3 人

1.3.1 人的观念——人类生态环境的导向者

人的观念的好坏是人类生态环境向好方向或坏方向发展的导向者。例如：

（1）日本帝国主义者以"大东亚共荣"的观念欺骗人们，发动侵华战争，使中国人民和日本人民的生存生态环境、政治生态环境、经济生态环境、文化生态环境、军事生态环境以及为上述生态环境服务的建筑生态环境都不得不以适应战争、服务战争为方向发展下去。惨景：中国人民死 3500 多万，房毁无数。日本人民与建筑也遭受惨重灾害（如广岛、长崎原子弹灾难）。

（2）屡遭天灾人祸惩罚后，有感悟的人们才逐渐清醒：例如"文化大革命"时期导致人与自然的生态环境恶化；人与人的生态环境恶化。只有"天、地、人、和""物我相应，和谐共生"，"与环境友好"，才是人与自然生态环境可持续发展的正确导向观念。

1.3.2 科学技术——生态环境的实现者

前面曾论证（述）人和建筑的生态环境可概括为天、地、人三个字。在此为讨论生态环境与科学技术的关系，可以把天、地、人形成的生态环境划分为类型讨论：

1）人与人相处的生态环境

人必成群组成人类社会，构建一系列维护其生存发展的生态环境：经济的、政治的、文化的、科技的、军事的等，以及为这些生态环境服务的建筑生态环境。

2）大自然的生态环境

与地球人类显著相关的大自然生态环境是太阳、月亮以及地球本身及其山山水水与大气。

所有上述生态环境都必须依附相应的载体才能实现：人和人相处的生态环境，即人类社会的生态环境必须靠相应的经济的、政治的、文化的、科技的、军事的、建筑的载体才能实现；人与自然相处的生态环境必须做到：天、地、人、和，物我相应，和谐共生，与环境友好也必须依靠相应的先进载体才能实现；大自然大生态环境是靠无数的恒星、行星以及地球的大气、山山水水为载体才能实体体现。这些载体的形成、生存、运行都必然有其内在的科学技术的规律才能实现。

1.3.3 创新科技——生态环境可持续发展的领航者

领航就是引导前进的方向。采用 SMWWTG 联网，即采用太阳能、沼气能、风能、水能、热惯性能、温室效应能联网，这是一项中国科学技术水平已经可以做到的清洁能源自足、节能减排、平衡大气温室效应、消除气候过暖及其危害的创新科技。显然，此乃中国建筑甚至世界建筑可持续发展的必由之路。相关人员、部门首先观念到位，大力推行才能做到。

1.4　天灾人祸负效生态环境

1.4.1　天灾

1）洪水

全球每年洪水使几亿人受害，几千万间房被冲毁，成千亿元经济损失。中国 1998 年特大洪水，3.5 亿人次受灾。死 4000 多人，塌房五百余万间，损房 1200 多万间。经济损失 3000 多亿元。

2）地震

地震天天有，20 世纪地震死亡人数已逾百万。一次地震死 10 万人以上的有 4 次（中国占 2 次）。最惨痛的是 1976 年 7 月 28 日中国唐山市 8.0 级 大地震，死亡 24 万 2 千余人，伤 14 万多人，房屋几乎全倒塌，钢筋混凝土楼板压死压伤人最多。解放军战士都是手抬、手挖寻找生命迹象救人，有的战士手指流血仍坚持不懈救人。

2004 年 12 月 26 日印尼附近印度洋海底地壳板块挤压形成竖向运动的 9.3 级海底大地震引起的海啸，波及印尼、印度、泰国、缅甸、老挝、柬埔寨多国，人死 30 多万，伤 500 多万，房屋卷入海洋无数。该海啸巨浪若稍向北推进，中国海南省很可能难免此难。

3）台风，飓风（龙卷风）

孟加拉一次强台风，风速 72m/s，13 万多人死去，毁房无数。美国佛罗里达州一次飓风将 260 万 m² 地区房屋夷为平地，经济损失 300 多亿美元。

4）其他自然灾害

雷击（温度可达 25000℃）、森林火灾，冰雹、火山喷发、滑坡、沙漠化、虫灾（蝗虫、田鼠、白蚁）。

1.4.2 人祸

1）破坏绿色环境加剧

近代人类一方面由生产、生活等活动大量排放 CO_2 等大气温室气体，一方面又滥伐森林，侵占大量绿地，使吸收 CO_2 的绿色面积大为削弱，从而加剧大气温室效应与气候过暖，实是潜行而来的人类自我毁灭之人祸。

2）破坏臭氧层

前已述及在大气平流层内有一层臭氧层，能吸收 99％的太阳射向地面的紫外线，保护地球生物免遭伤害。但长期以来人们使用空调、冰箱、汽车、计算机、发泡剂、清洁剂等含有氯氟烃类物质，排放到大气中，在太阳紫外线照射下，氯氟烃分子会裂解，放出游离的氯原子。它会从臭氧分子"O_3"中抽出氧原子"O"，使臭氧层变薄。一个氯原子大约可破坏 10 万个臭氧分子。地球南北极均已发现臭氧空洞（臭氧比正常减少了 75％），南极臭氧空洞面积比中、美两国陆地面积之和还大，并仍不断扩展。虽然许多企业已有改进措施，但长期积存在大气中的氯氟烃类有害物质还会长期起破坏作用。

3）人为水污染

生产、生活排放的污水已使全国 80％的地表水与地下水受到污染。

4）人为大气污染

生产加上炊烟以及运输排放的 CO_2、烟尘、粉尘使大气受到严重污染。全国城市仅约 1/3 人口可吸到新鲜空气。

5）人为火灾

2000 年到 2011 年中国每年人为火灾均在 10 万次以上。2000 年发生火灾 18 万多起，使人民生命受到惨痛伤害，财产损失难以统计，国家经济损失 258 亿元。

6）战争

自古以来，特别是冷兵器变为热兵器以来，战争是侵害人民生命财产、毁坏建筑、破坏生态环境的最大祸首，特别是大规模杀伤性武器（含核弹、激光武器、生化武器等）可成批生产以来，毁世性人祸一直在威胁着我们。

7）恐怖分子危害

8）其他人为危害

吸毒在全球成亿计地夺去人的躯体、意志、家庭。有的吸毒者还会 进行盗、骗、抢、杀等犯罪行为。

艾滋病及各种性病，商业领域假冒伪劣、食品不安全等都是负效生态环境的组成部分。

本章总结

（1）科技（含创新科技）是人和建筑良性生态环境的实现者，但科技同时又是一把双刃剑。人的观念是使科技发挥正能效应还是负能效应的方向盘（导向器）。现实世界正义与邪恶一直在争夺这个方向盘。

（2）正义者觉悟到：人与建筑的生态环境必须向天地人和，物我相应，和谐共生，与环境友好的正能量效应方向发展。在此过程中"人"是第一主动力，要靠人，尤其是有创新思维实践领导的人去求天地人和，求物我相应，和谐共生，求与环境友好，求核聚变、裂变、衰变能为可控安全利用能，求 SMWWTG 联网的绿色建筑。清洁能源自足日，夺"能"战争消亡时！任重道远，全在"求"中！

第2章 城乡规划学基础知识

2.1 城市、城市规划与城乡规划概述

2.1.1 城市的起源及发展

1）城市的基本概念

城市是人类发展过程中产生的一种高级聚居形式，是不同于乡村的复杂有机体，其功能和形式的多样性决定了其多元性，使得不同的学科、不同学者对城市的定义也不尽相同。

美国著名城市理论家刘易斯·芒福德认为："城市不只是建筑物的群体，它更是各种密切相关经济相互影响的各种功能的集合体，它不单是权力的集中，更是文化的归极。"①

芬兰著名建筑师伊利尔·沙里宁认为："城市由许多'细胞'组成，……是一有机体，秩序优良是其活力所在"②。

法国建筑大师、规划师勒·柯布西耶则认为："城市是复杂的经济体的一个组成部分。自有历史以来，城市的特征，均因特殊的需要而定：如军事防御、行政制度、交通方式的不断发展等"③。

城市的起源是判断国家及其文明起源的关键因素之一。正如刘易斯·芒福德所说："如果我们仅只研究集结在城墙范围以内的那些永久建筑物，那么我们就根本没有涉及城市的本质问题。……我们如果要鉴别城市，那就必须追溯其发展历史。"④

2）城市的起源

因地区自然、社会等环境的不同，学者研究领域与个人观点的差异，造成了对于城市起源看法的多样性，目前学界主要有以下观点：

（1）防御说，是从军事与安全角度阐释城市起源，认为城市的产生是出于防御的需要。在民族首领、统治者居住地或居民集中居住之地修筑城郭，形成要塞，以抵御侵略，保护统治者与居民的人身财产安全。诚如《吴越春秋》中所说："筑城以卫君，造郭以守民。"

（2）集市说，是从经济学角度阐释城市起源，认为由于社会生产发展，人们手里有了

---

① ［美］刘易斯·芒福德著．宋俊岭，倪文彦译．城市发展史：起源、演变与前景．北京：中国建筑工业出版社．2005

② ［芬兰］伊利尔·沙里宁．城市：它的发展、衰败与未来．北京：中国建筑工业出版社．1986

③ ［法］勒·柯布西耶著．金秋野，王又佳译．光辉城市．北京：中国建筑工业出版社．2011

④ ［美］刘易斯·芒福德著．宋俊岭，倪文彦译．城市发展史：起源、演变与前景．北京：中国建筑工业出版社．2005

富余的农业、畜牧业产品，并因商品交换的需要形成了集市贸易，促使居民集中，从而出现了城市。诚如《周易·系辞下》中所云："日中为市，召天下之民，聚会天下货物，各易而退，各得其所。"

（3）社会分工说，是从社会学角度阐释城市起源，认为随着三次社会大分工渐次形成了农业与畜牧业的分工，手工业和农业分离，工商业劳动和农业劳动的分离，最终导致城市和乡村的分离。

（4）私有制说，是从社会学角度阐释城市起源，认为城市是私有制发展而成的产物，是随着奴隶制国家的建立而产生的。

（5）阶级说，也是从社会学角度阐释城市起源，认为从本质上看，城市是阶级社会的产物，是统治阶级奴隶主、封建主用以压迫被统治阶级的一种工具。

（6）庙宇说，是从宗教学角度阐释城市起源，认为宗教崇拜所产生的对权威的尊重、对庙宇等神圣场所的依附及对"神"的权力的服从，使得居民聚居于神圣场所的周围，从而产生了城市。

（7）地利说，从地理学角度阐释了城市起源，认为有些城市是由于地处商路交叉点、河川渡口或港湾，交通运输方便，或者由于拥有特殊或丰富的自然资源等优势而产生的。

3）城市的发展

城市作为一种复杂的经济社会综合体，其发展与人类社会发展有着密切的联系。社会发展主要分为三个时代，即前工业时代、工业时代和后工业时代。随着时代的进步，城镇化进程越来越快（图 2-1），城市规模也在不断扩大，如图 2-2 即是伦敦在 1840～1929 年间的城市空间发展状况。

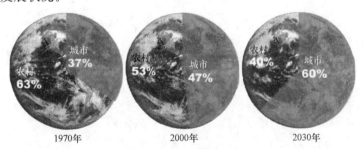

图 2-1　世界城镇化趋势

（资料来源：联合国人居署编．和谐城市：世界城市状况报告 2008/2009）

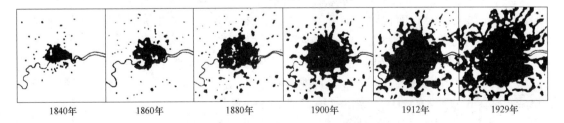

图 2-2　伦敦在 1840～1929 年间的城市空间发展状况

（资料来源：李德华．城市规划原理（第三版）．北京：中国建筑工业出版社．2001）

（1）前工业时代主要指旧石器时代、新石器时代、青铜器时代和铁器时代，包括原始社会、奴隶制社会和封建社会。在这个漫长的时代里产生了人类文明，并使封建经济发展

17

成熟，在中国表现为小农经济，在欧洲则主要为封建领主庄园农奴制经济。这一时代最主要的特征是以自给自足的农业经济为主。其代表性的城市有奴隶制城邦（如古罗马、商代晚期都城殷墟等）与封建城市（佛罗伦萨、明清北京等）两大类，城市中心大多较为明确。

（2）工业时代包括蒸汽时代和电气时代，主要指从工业革命开始的 18 世纪 60 年代到 20 世纪四五十年代第三次科技革命开始兴起的时间段。在这个时代里，生产力突飞猛进，机器生产取代了手工劳动。同时，人口聚集带来城镇化快速发展，工业城市大量形成（如伦敦、曼彻斯特、南通等）；一些经济政治势力的扩张也促生了一些商贸发达、港口繁荣的殖民城市（如加尔各答、上海、澳门）。

（3）后工业时代包括电子信息时代、航空航天时代和生命科技时代，即是我们现在所处的时代。以 20 世纪中期的新科技革命为先导而产生，电子计算机的发明和广泛应用，使信息以前所未有的速度传播，经济全球化和区域集团化进一步加强。在这一时代中，城市也渐渐由生产中心转型为文化中心和消费中心，高科技产业成为主导产业，服务业也开始大量聚集。欧美与日本的一些城市已呈现出后工业时代城市的特征，如纽约、巴黎、东京等。

2.1.2　城市规划思想与实践

城市规划，又称都市计划或都市规划，是人类为了在城市发展中维持公共生活的空间秩序而作的预先考虑，是城市建设与管理的重要依据。根据时代、国情等客观因素的不同，城市规划在不同国家、不同时代的任务也不尽相同。

1）古代的城市规划思想与实践

在城市的产生与发展过程中，由于受到自然山水、文化背景、社会制度、经济与科技水平等因素的影响，产生了不同的城市规划思想，并以此为基础建设城市。

（1）中国古代的城市规划思想与实践

我国古代虽未见专门记载城市规划及营建的著述，但许多地理历史典籍中均有相关记载。其中以先秦时期的著作《考工记》和《管子》最为明确地表述了我国城市营建的两种思想，并形成"核心轴线"与"因地制宜"两种营城模式：

①"核心轴线"模式

a.《考工记·匠人营国》篇中记载："匠人营国，方九里，旁三门。国中九经九纬，经涂九轨，左祖右社，前朝后市，市朝一夫。"如图 2-3 所示，即是周代王城营建时的空间格局，多适用于地形较为规整的平原地带，对于后世都城的营建影响尤为强烈。

b. 三国时期的曹魏邺城即是在对"匠人营国"之说加以改进，开创了一种布局规整、分区明确的城市格局模式（图 2-4）。曹魏邺城平面呈长方形，将宫城建于城北居中之处，全城作棋盘式分割，形成了严密的"里坊制"格局。

c. 隋唐长安城的营建受到曹魏邺城的极大影响。长安城在隋代被称为大兴城，为宇文恺所规划设计，城内（图 2-5）中轴对称，采用里坊制，将宫城、皇城和居住里坊、市场严格分开，体现出"官民不相参"的思想。隋唐长安城是按照规划在平地上营建的大都市，城墙与道路的方向皆为正南北、正东西，直角相交，反映了当时先进的测量技术。

②"因地制宜"模式

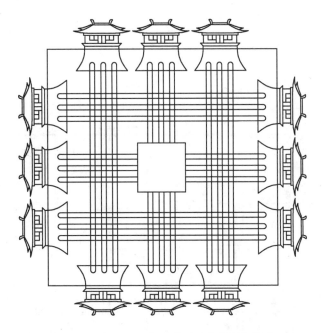

图 2-3 《考工记》中所载"匠人营国"模式

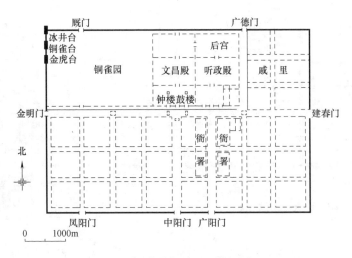

图 2-4 曹魏邺城平面推想图

（资料来源：刘敦桢．中国古代建筑史．北京：中国建筑工业出版社．1984）

    a.《管子·乘马》篇中则说："凡立国都，非于大山之下，必于广川之上，高毋近山而水用足，下毋近水而沟防省。因天材，就地利，故城郭不必中规矩，道路不必中准绳。"这种思想将城市营建与自然山水环境更紧密地结合起来，对于特殊地形的城市营建意义重大。

    b. 由张良规划的汉长安城（图 2-6），由于受周边渭河、潏河等自然因素与先建的未央、长乐二宫的人为因素的影响，汉长安城的边界形成了不规则的形式。

    c. 地处山地或濒临河流的城市亦更多采用该模式，其中巴县（今重庆）是极具代表性的一例。巴县位于长江与嘉陵江交汇之处的山丘上，春秋时即有城市产生，民国《巴县

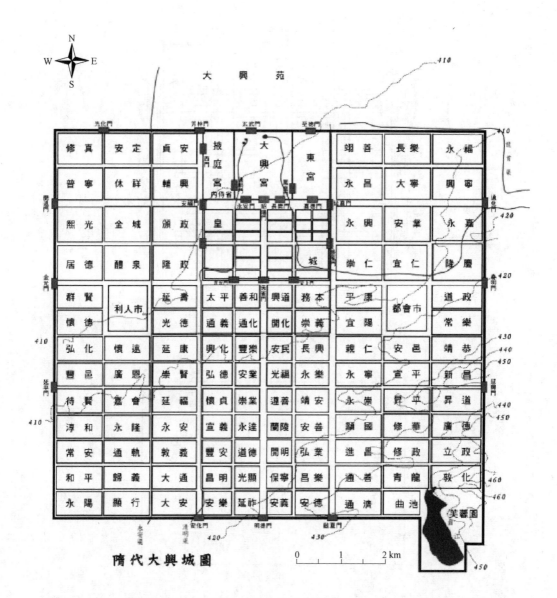

图 2-5　隋大兴城复原图（资料来源：台湾大学历史学系．中国中古近世史研究发展计划）

志》中载："巴县附郭沿江为池，凿岩为城，天造地设，洵三巴之形胜也"①。由图 2-7 中亦可见其城市边界很不规则，东、南、北三方沿河为界，西边则以山为限，城内道路布局也是错综复杂。

（2）西方古代的城市规划思想与实践

西方古代的文化思想与我国崇尚礼制与君权的传统不同，在古希腊、古罗马、中世纪、文艺复兴等不同时期产生了不同的社会主流文化，其城市规划思想亦随主流文化而改变，由此而产生了不同的城市规划思想与实践。

---

① 出自：民国 32 年［1943 年］. 巴县志. 中国国家图书馆馆藏。

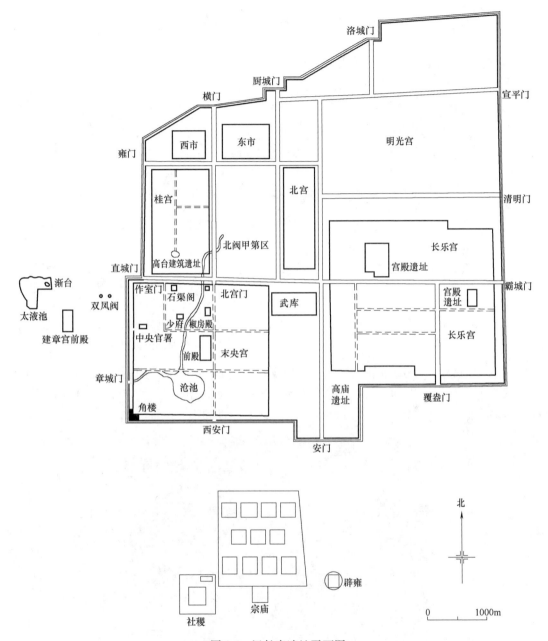

图 2-6　汉长安遗址平面图

（资料来源：潘谷西．中国建筑史（第六版）．北京：中国建筑工业出版社．2009）

① 古希腊卫城模式

古希腊文明是欧洲乃至整个西方世界的文明起源。古希腊人对于城市的认识是："城市是一个为着自身美好的生活而保持很小规模的社区，社区的规模和范围应当使其中的居民既有节制而又能自由自在地享受轻松的生活"[①]。他们对城邦精神的尊崇使得其"将极

---

① 张京祥．西方城市规划思想史纲．南京：东南大学出版社．2005

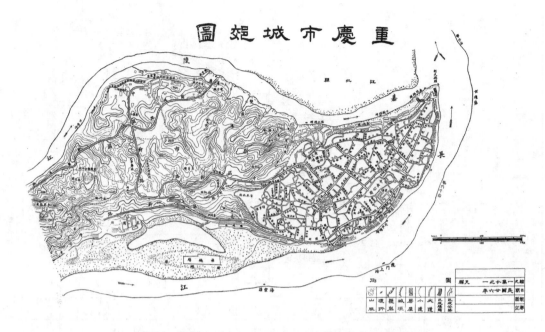

图 2-7　民国 32 年（1943 年）《巴县志》重庆市城郊图
（资料来源：民国 32 年（1943 年）《巴县志》. 中国国家图书馆馆藏）

大的智慧与热情投入到高高的卫城山上，以塑造他们的城邦精神与理想"[①]。圣地——卫城便成为了希腊城邦精神的化身与物质体现。其中最为杰出的即是始建于公元前 580 年的雅典卫城（图 2-8），是古希腊人文主义与理性主义精神的重要象征。

图 2-8　雅典卫城复原图
（资料来源：刘鹏. 小城镇外部公共空间设计研究. 西安建筑科技大学. 2015）

② 理想城市模式

a. 古罗马杰出的规划师、建筑师维特鲁威于大约公元前 27 年撰写的《建筑十书》中

---

① 洪亮平. 城市设计历程. 北京：中国建筑工业出版社. 2002

首次提出理想城市模式（图 2-9）。该模式对西方文艺复兴时期的城市规划有着十分重要的影响。

b. 文艺复兴时期人们认为美是有规律可循的，并与数理密不可分，城市亦存在所谓的"理想形态"（图2-10），这种形态是人的思想可以控制的。虽然按照理想图景兴建的城市不多，但这一思想对后来的古典主义与巴洛克风格皆有重要影响。

c. 资本主义制度开始形成之时，一些空想社会主义人士即针对其城乡脱离、私有制等造成的矛盾提出了改革的设想，并形成了早期空想社会主义的城市规划思想。其中最早成形的是托马斯·莫尔于 16 世纪撰写的《乌托邦》提出的由 50 个城市构成的乌托邦，城市间最远的距离为一天可达。为防止城乡脱离，城市规模受到严格控制，街道的宽度被定为 200 英尺①；康帕内拉的"太阳城"方案也极具代表性。太阳城建在平原中的小山上，小山直径两英里②，整个城市以山顶上的神殿为圆心，分为七圈向山脚延伸。这些思想对 19 世纪空想社会主义者提出的城市规划思想与实践产生了较大的影响。

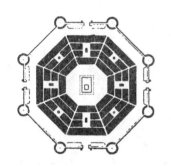 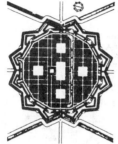 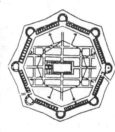 

图 2-9　维特鲁威　　　　　图 2-10　文艺复兴时期的理想城市模式
　　　 的"理想城市"

（资料来源：张京祥. 西方城市规划思想史纲. 南京：东南大学出版社 . 2005）

③ 轴线广场的秩序模式

a. 古罗马的繁荣促进了大量城市的建设和发展，其城市表现出了强烈的世俗化与君权化特征。罗马共和国后期和帝国建立之后，城市更是成为宣扬帝王功绩的工具（图 2-11），广场成为了城市的核心（图 2-12）。但亦是因此而使得古罗马人在城市开敞空间的创造及城市整体"秩序感"的建立方面取得了巨大成就。

b. 文艺复兴时期，实际建造或改建的城市中也有建立完整的街道系统和视觉走廊，利用高大的纪念性建筑物作为关键地标的做法，如教皇西斯塔五世时期的罗马改建规划（图 2-13）。

c. 法国古典主义是绝对君权的政治形态与"唯理主义"思想的产物，讲求理性与稳定。其规划思想强调建筑群与城市布局的中轴对称与中心明确，追求完整而统一的效果，十分善于运用平直的道路系统与圆形交叉点的方式进行布局。这种规划方式的最典型代表即是巴黎（图 2-14）。以卢浮宫为核心的巴黎城市中轴线与凡尔赛宫延伸到巴黎城内的古典主义视觉系统极为壮观。

_____

① 1 英尺＝0.3048m。

② 1 英里＝1.609344km。

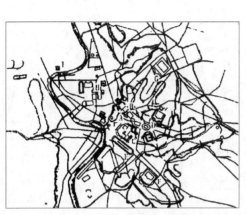

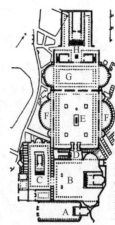

罗马的帝王
A 奈乏广场(Forum of Nerva,90年)
B 奥古斯都广场(Forum of Augustus,前30年)
C 恺撒广场(Forum of Casar,前40年)
D 图拉真广场前的凯旋门   E 图拉真像
F 广场内的市场   G 巴西利卡
H 图拉真纪功柱

图 2-11 古罗马城市平面图   图 2-12 罗马城的帝王广场群

（资料来源：张京祥．西方城市规划思想史纲．南京：东南大学出版社．2005）

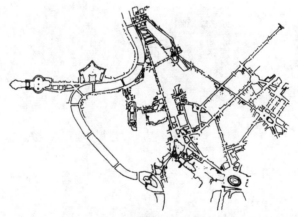

图 2-13 罗马改建规划中的轴线与广场系统

（资料来源：张京祥．西方城市规划思想史纲．南京：东南大学出版社．2005）

图 2-14 巴黎城市中轴线

（资料来源：张京祥．西方城市规划思想史纲．南京：东南大学出版社．2005）

2）近现代重要城市规划理论

近现代城市规划理论众多，任何城市规划理论的提出都有其时代背景，被时代推动，亦被时代限制，不能单独脱离时代、脱离提出理论之人而仅看理论。

（1）工业革命（18世纪60年代）后基于城市矛盾的探索

① 巴黎市中心改建

1853年，巴黎市中心开始了大规模的改建工程（图2-15）。该工程的主要目的是解决城市功能与社会变化的矛盾，美化首都并改善居住环境。该工程的核心是十字形外加环形路的干道规划与建设：以香榭丽舍大道为东西主轴线，连通卢浮宫及若干公园、广场，并在戴高乐广场周边开拓了12条大道。这些大道两侧种植高大乔木，道路两侧建筑物的高度与形式也有严格规范。

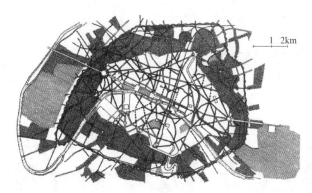

图2-15　奥斯曼巴黎改建图示

（黑线为新开辟的街道，交叉线为新城区，左右两侧的斜线是布伦和维星斯两个森林公园）

（资料来源：罗小未.外国近现代建筑史（第二版）.北京：中国建筑工业出版社.2010）

② "新协和村"、"田园城市"与"卫星城镇"

"新协和村"的思想对"田园城市"、"卫星城镇"等规划理论产生了重要影响。

a. "新协和村"方案是19世纪伟大的空想社会主义者欧文1817年提出的。他将城市作为一个完整的经济范畴和生产生活环境进行研究。图2-16为新协和村格局示意图。村的中央以四幢很长的居住房屋围成一个长方形大院，院内有公共服务设施，其中空地种植树木，以供居民运动与散步。1825年，欧文带领900人在美国印第安纳州创立与其设想相似的"新协和村"，历经两年以失败告终。

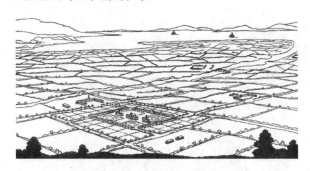

图2-16　"新协和村"示意图

（资料来源：罗小未.外国近现代建筑史（第二版）.北京：中国建筑工业出版社.2010）

b. "田园城市"方案是19世纪末英国政府授权社会活动家霍华德对城市急剧扩张后带来的人口剧增、环境恶化与交通拥堵等问题进行调查后提出的设想方案，强调将生动活泼的城市生活和美丽的乡村环境融为一体（图2-17）。为了阐明规划意图，霍华德在其

《明日的田园城市》一书中做了图解示意。"田园城市"由一系列同心圆组成，圆心为花园，依次向外布置不同功能；有 6 条各宽 36m 的大道由圆心向外放射，将城市等分为六个部分。因城市规模达到一定程度就会停止增长，故"田园城市"的空间形态又呈现出城市群体的特征。在霍华德的倡导下，英国在伦敦附近兴建了莱奇沃斯和韦林（图 2-18）两座"田园城市"，但并未达到预想的效果。

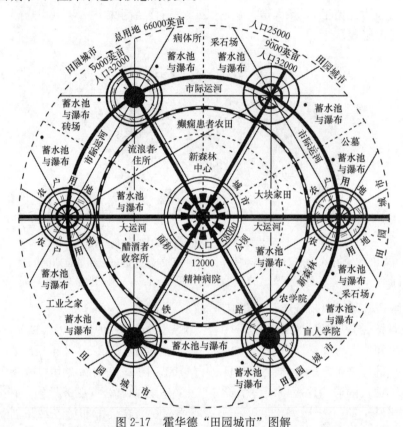

图 2-17　霍华德"田园城市"图解

（资料来源：吴良镛．人居环境科学导论．北京：中国建筑工业出版社．2001）

图 2-18　"田园城市"韦林的总平面图

（资料来源：张京祥．西方城市规划思想史纲．南京：东南大学出版社．2005）

c. "卫星城镇"规划理论是英国建筑师昂温在 20 世纪初提出的，是对"田园城市"的进一步发展。卫星城镇建设于大城市外围，用以疏散人口、控制城市规模。"卫星城镇"的发展经历了"卧城"、半独立卫星城镇与独立新城三个阶段。"卧城"是大城市周围承担居住职能的卫星城，其中有基础的生活福利设施，但缺乏工业、文化等其他职能。半独立卫星城镇除居住功能外，有一定的工商业职能，可满足部分居民的就业，但其余居民仍要去母城工作。此二者由于职能有限，对母城依附性强，故在疏散与控制大城市人口方面效果并不显著。而独立新城的规模大于前二者，并拥有较为完善的城市职能，对母城的依赖性较小，其中的典型案例如英国 20 世纪 60 年代建造的米尔·凯恩斯（图 2-19）。

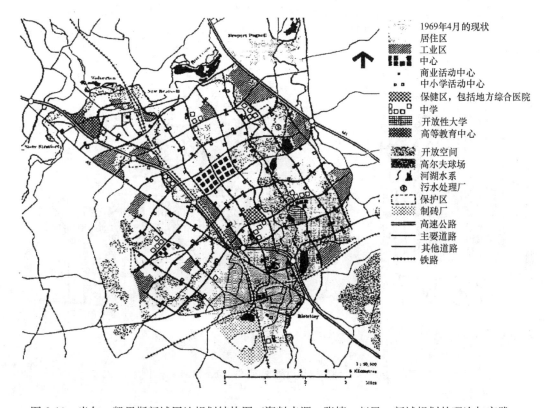

图 2-19 米尔·凯恩斯新城用地规划结构图（资料来源：张捷，赵民. 新城规划的理论与实践——
田园城市思想的世纪演绎. 北京：中国建筑工业出版社. 2005）

（2）现代建筑运动影响下的城市规划思想与实践

① 明日城市、光辉城市与雅典宪章

法国建筑师与规划师勒·柯布西耶关于现代城市的设想是希望通过对城市内部的改造，使其适应社会发展的需要，着眼点是建筑等物质空间要素的重构。柯布于 1925 年、1931 年分别出版了《明日的城市》与《光辉城市》，并在此基础上逐渐完善了其理性功能主义的城市规划思想，最终完成了《雅典宪章》。

a. "明日城市"从功能与理性角度出发界定了城市规划及内容，认为大城市中的问题都能用新的规划形式与建筑方式来解决，如通过提高市中心密度、改善交通状况、改造城市地形等做法提供充足的绿地、阳光和空间。

b. "光辉城市"则是运用机械化的手段将城市建造成"垂直的花园城市",整个城市呈几何形的平面布局,道路系统由地铁和人车分离的高架道路组成,建筑物全部架空,城市地面由行人支配。20世纪50年代的印度昌迪加尔规划令柯布的城规思想得以施展(图2-20、图2-21)。

c.《雅典宪章》又称《城市规划大纲》是国际现代建筑协会(CIAM)于1933年在雅典会议上制定的一份关于城市规划的纲领性文件,对现代建筑与城市规划产生了重大影响。《雅典宪章》集中反映了当时"新建筑"学派对于人口密度过大、交通方式改变、城市空地缺乏、工业基地安排等的反思。他们提出了城市功能分区的思想,认为城市规划的目的是解决居住、工作、游憩与交通四大功能活动的正常进行,其中居住为城市主要因素,城市应按全市人民的意志规划。此外,还提出城市发展的过程中应该保留名胜古迹以及历史建筑。

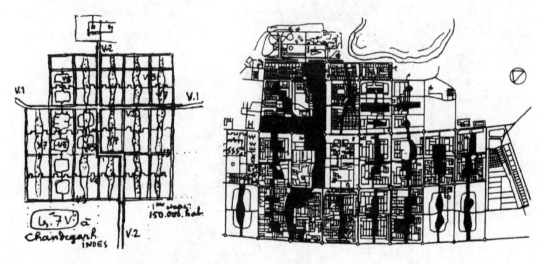

图2-20 柯布西耶昌迪加尔 规划理念图
图2-21 昌迪加尔规划的总平面

(资料来源:张京祥.西方城市规划思想史纲.南京:东南大学出版社.2005)

②《马丘比丘宪章》

《马丘比丘宪章》是1977年一些国际建筑协会的设计师于秘鲁马丘比丘山的古文化遗址上签署的,该宪章是在对《雅典宪章》签署后40多年的城市问题、城市规划理论探索和实践进行总结的基础上提出的,是以《雅典宪章》为出发点,适应时局的提高和改进。《马丘比丘宪章》强调人与人之间的相互关系对于城市和城市规划的重要性,并将理解和贯彻这一关系视为城市规划的基本任务。而且认为,城市是一个动态系统,要求"城市规划师和政策制定人必须把城市看作是在连续发展与变化的过程中的一个结构体系"。

与《雅典宪章》相比,《马丘比丘宪章》更加注重城市功能分区的有机统一,强调它们之间的相互依赖性和关联性;认为城市中各人类群体的文化、社会交往模式和政治结构等比物质空间对城市生活更为重要;强调城市规划的动态过程而非终极状态。

(3)对工业化带来的城市膨胀、缺乏地域特色、生态破坏等问题的反思

①"广亩城市"

"广亩城市"是美国建筑师弗兰克·劳埃德·赖特于1932年提出的一种完全分散的、

低密度的生活、居住、就业相结合的新的城市规划思想。他从人的情感与文化意蕴为出发点，表达对现代城市环境的不满，和对工业化之前的人与环境相对和谐状态的怀念情绪。他认为，随着汽车和电力工业的发展，已经没有必要将一切活动都集中于城市，"分散"将成为未来城市规划的原则。20世纪60年代以后，美国一些城市的郊迁化在相当程度上即是"广亩城市"思想的体现。

　　②"有机疏散"理论

　　"有机疏散"理论是芬兰著名规划师、建筑师伊利尔·沙里宁为缓解城市过分集中所产生的弊病而提出的关于城市发展与布局结构的理论。他认为："有机秩序的原则，是大自然的基本规律，所以这条原则，也应当作为人类建筑的基本原则"。为使城市拥有良好的功能秩序与工作效率，且其各个部分均有适于生活的居住条件，沙里宁认为"对日常活动进行功能性集中"和"对这些集中点进行有机的分散"[①] 是最为关键的两种方法。该理论于1918年编制大赫尔辛基时被首先运用（图2-22）。

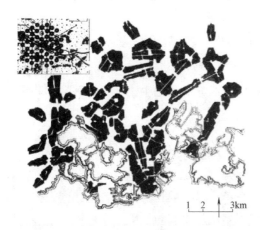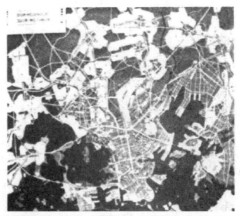

图 2-22　大赫尔辛基规划模式与结构图

（资料来源：吴志强，李德华．《城市规划原理（第四版）》．北京：中国建筑工业出版社，2010）．

　　③"邻里单位"

　　"邻里单位"是美国建筑师、社会学家克拉伦斯·佩里于1929年提出的，旨在机动交通发达的背景下，创造出适于生活、舒适安全且设施完善的居住社区环境。佩里认为，邻里单位（图2-23）是构成居住区乃至整个城市的细胞，需根据小学的服务范围确定其规模。其边界由四周过境交通大道形成，中央位置需布置公共设施，交通枢纽地带需集中布置商业服务，且内部道路系统不与外部衔接。

　　从上可以大体看出城市规划思想与实践发展的主要脉络，我国与西方国家在古代时期皆有规划思想产生，并以此指导实践，形成了多种多样的城市景观。但在近现代时期，我国的发展缓慢与西方的迅速更新形成了鲜明的对比。西方的城市规划思想与实践多种多样，但皆是在其社会环境与文化情境下产生的。我国与西方国家的国情不同，但在20世纪下半叶的发展过程中，尤其是城镇化进程加快之后，出现了许多为追求效率而照搬照抄的运用国外规划思想的案例，造成了城镇中的建设性破坏，致使许多古城古镇也消失在了

　　① E·沙里宁著．顾启源译．城市：它的发展、衰败和未来．北京：中国建筑工业出版社．1986

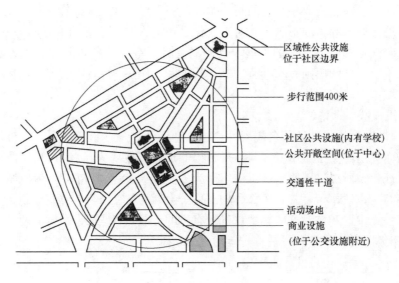

区域性公共设施位于社区边界

步行范围400米

社区公共设施(内有学校)
公共开敞空间(位于中心)

交通性干道

活动场地
商业设施
(位于公交设施附近)

图 2-23　佩里的"邻里单位"模式图示
(资料来源：张京祥 . 西方城市规划思想史纲 . 南京：东南大学出版社 . 2005)

城镇化的浪潮中。对此，我们需在学习的过程中将西方的规划手法与我国国情相联系，辩证性地思考其利弊。

2.1.3　城乡规划的基本概念

自从 2007 年 10 月全国人大常委会审议通过新的《城乡规划法》，全面推动了我国由城市规划向城乡规划理念的转变。由于城市、乡镇、村庄的自身特点各不相同，彼此之间存在差距，不能使用单一标准进行衡量，城乡规划便是以此为基础，强调城乡统筹发展的规划理念。

1）城乡规划的基本概念

城乡规划是以"促进城乡经济社会全面协调可持续发展为根本任务、促进土地科学使用为基础、促进人居环境根本改善为目的，涵盖城乡居民点的空间布局规划"。其中包括"城镇体系规划、城市规划、镇规划、乡规划和村庄规划。城市规划、镇规划分为总体规划和详细规划。详细规划分为控制性详细规划和修建性详细规划"[①]。它们之间的关系如图 2-24 所示。

2）城乡规划的意义和作用

城乡规划对于统筹城乡一体化具有十分重要的意义，并通过对空间资源的有效配置，创造更加舒适、宜居的生活和发展环境。

（1）城乡规划具有未来的导向性，必须在面对未来的基础上反观过去和现在，从而采取行动。

（2）城乡规划还是国家重要的宏观调控手段，并与政策的形成和实施有着直接联系。城乡规划在其理念形成之初便与国家上层建筑紧密相关，在其后的发展中更是成为了国家

---

① 国务院法制办公室 . 中华人民共和国城乡规划法 . 北京：中国法制出版社 . 2010

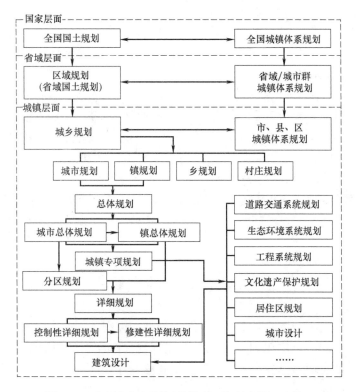

图 2-24　我国各级规划间的关系（资料来源：自绘）

秩序运行与保障体系中的重要组成部分。

（3）城乡尤其是城市建设与发展的决策涉及许多不同的部门，协调各个部门的决策方向，为其提供整体引导，也是城乡规划的重要作用之一。

3）城乡规划编制的主要依据

城乡规划编制是指各级人民政府根据一定时期内的城乡经济和社会发展目标，在明确其性质、规模和发展方向的基础上，合理利用土地，协调城乡空间功能布局，综合部署各项建设。其主要依据除了相关的法律法规、条例规范等，还有上位规划、国民经济和社会发展规划、相关国家政策及政府指导意见等。

（1）我国城乡规划的法律依据

我国城乡规划的法律体系以《中华人民共和国城乡规划法》为主干，辅以一系列从属法规与专项法规进行补充和落实，并在涉及土地与自然资源保护与利用、历史文化遗产保护、市政建设等领域时遵守相关领域的法律法规的规定。

（2）我国城乡规划的其他依据

除法律法规外，城乡规划还需遵循上位规划、国民经济和社会发展规划、相关国家政策及政府指导意见等其他依据。

① 上位规划即上一个层次的规划，是进行低一层次的规划时必须遵守的。城乡规划是在一定地域空间内进行的规划。上位规划体现了上级政府的发展战略和要求，代表了区域整体利益和长远目标，并有助于协调解决城乡之间的矛盾和问题。

② 国民经济和社会发展规划确定了城乡规划中各项事业的发展，《城乡规划法》第五

条中明确规定："城市总体规划、镇总体规划以及乡规划和村庄规划的编制，应当依据国民经济和社会发展规划，并与土地利用总体规划相衔接"[①]。

③ 相关国家政策及政府指导意见反映了政府部门的价值观及其调控方式，在对其遵循的基础上进行规划，有利于城乡规划愿景的实现。

④ 城乡规划的目标

和谐发展自古即是我国重要的社会理想，在现代化的今天，和谐发展更是包含了社会公平、可持续发展、生态永续性等新意。自 2003 年世博会高层战略思考报告中首次提出"和谐城市"的理念，至 2008 年联合国人居署正式出版《和谐城市：世界城市状况报告 2008/2009》，这一城乡规划的理想目标也越来越受到重视。

在我国的现状国情下，根据《城乡规划法》，我国现阶段的城乡规划目标是"为了加强城乡规划管理，协调城乡空间布局，改善人居环境，促进城乡经济社会全面协调可持续发展"[②]。

2.2 城乡规划的主要内容

我国《城乡规划法》将城乡规划分为总体规划和详细规划两个阶段。在城市总体规划之上往往有区域规划，总体规划中又包含专项规划。而详细规划则根据不同的需要、任务、目标以及深度要求，分为控制性详细规划和修建性详细规划两种类型。

2.2.1 城乡区域规划

1）区域规划的基本概念

区域规划以国土开发利用和建设布局为中心，在一定区域内对整个国民经济和社会发展进行总体战略部署，以促进区域协调发展、可持续发展为目标，是城市总体规划的重要依据。其建设布局方案和计划时序，通过城市总体规划得以贯彻落实（图 2-25）。

2）区域规划的主要任务

区域规划对所规划地区的整个社会、经济建设具有重要的指导性，为制订国民经济和社会发展长期规划奠定了重要的基础，是城乡规划和专业工程规划的宏观依据，其任务主要有以下几个方面：

（1）全面掌握区域社会、经济发展的基础资料，包括其长期计划与各项基础技术资料。在搜集整理资料的过程中，需对该区域的资源作出全面分析与评价，以便进一步编制区域发展的规划纲要。

（2）在对区域内工农业分布的现状进行分析的基础上，对其进行合理布局。

（3）处理好人与自然的关系是区域规划的重要任务，在开发利用土地的同时，要搞好区域居民点规划，为其提供良好的工作、居住和生活环境。

（4）统一规划区域性公用基础设施，使其与工农业生产以及城镇居民点体系的布局互相协调配合。

---

① 国务院法制办公室 . 中华人民共和国城乡规划法 . 北京：中国法制出版社 . 2010
② 国务院法制办公室 . 中华人民共和国城乡规划法 . 北京：中国法制出版社 . 2010

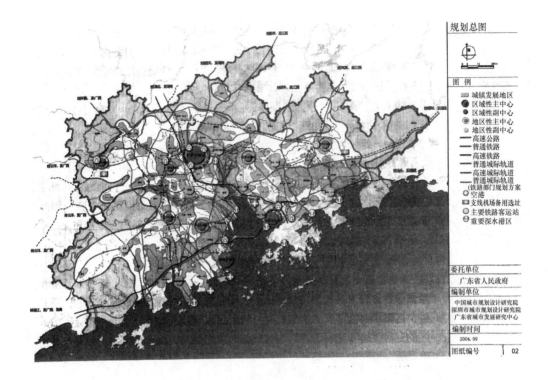

规划总图

图例
城镇发展地区
区域性主中心
区域性副中心
地区性主中心
地区性副中心
高速公路
普通铁路
高速铁路
普通城际轨道
高速城际轨道
普通城际轨道
（铁路部门规划方案）
空港
支线机场备用选址
主要铁路客运站
重要深水港区

委托单位
广东省人民政府
编制单位
中国城市规划设计研究院
深圳市城市规划设计研究院
广东省城市发展研究中心
编制时间
2004. 09
图纸编号 02

图 2-25　珠江三角洲城镇群协调发展规划图（2004—2020）
（资料来源：珠江三角洲城镇群协调发展工作组，珠江三角洲城镇群协调发展规划（2004—2020））

（5）搞好环境保护，减轻或免除自然灾害的威胁，恢复已破坏的生态平衡，并进一步改善和美化环境，建立区域生态系统的良性循环。

（6）统一规划，综合平衡，以求达到最大的经济效益、社会效益和生态效益。

2.2.2　总体规划

1）总体规划的基本概念

总体规划是对一定区域在一定时期内，根据国家社会经济可持续发展的要求和当地自然、经济、社会等各项条件，对城镇性质、发展目标与规模、土地利用、空间布局以及各项建设所做的总体安排和布局（图 2-26）。

2）总体规划的主要任务

总体规划是指导城镇合理发展的战略部署和纲领性文件，涉及内容较多，对于各项内容的统筹协调要求较高，其任务主要为：

（1）综合研究与确定城市性质、规模和空间的发展状态；

（2）统筹协调、合理安排城镇各项建设用地、基础设施等；

（3）处理好远期发展与近期建设之间的关系，指导城镇的有序发展。

2.2.3　分区规划

1）分区规划的基本概念

分区规划是指根据城市总体规划对局部地区的土地利用、人口分布、公共服务设施、

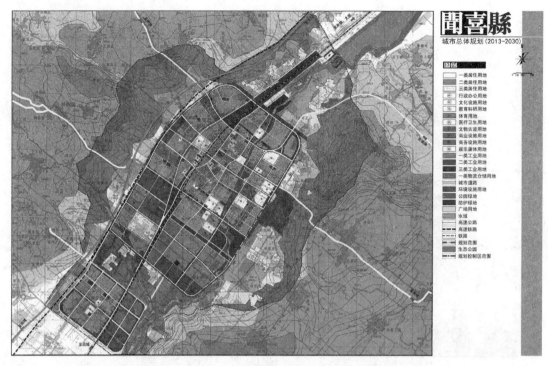

图 2-26　山西省闻喜县城市总体规划中心城区用地规划布局图（2013—2030）

（资料来源：西安建筑科技大学人居环境研究中心，山西省闻喜县城市总体规划工作组）

基础设施的配置等方面做出进一步安排，以利于总体规划与详细规划更好的衔接，并对详细规划做出指导性要求。

　　2）分区规划的主要内容

　　根据《城市规划编制办法》的规定，分区规划的主要内容包括：

　　（1）确定分区的空间布局、功能分区、土地使用性质和居住人口分布。

　　（2）确定绿地系统、河湖水面、供电高压线走廊、对外交通设施用地界线和风景名胜区、文物古迹、历史文化街区的保护范围，提出空间形态的保护要求。

　　（3）确定市、区、居住区级公共服务设施的分布，用地范围和控制原则。

　　（4）确定主要市政公用设施的位置、控制范围和工程干管的线路位置、管径，进行管线综合。

　　（5）确定城市干道的红线位置、断面、控制点坐标和标高，确定支路的走向、宽度，确定主要交叉口、广场、公交站场、交通枢纽等交通设施的位置和规模，确定轨道交通线路的走向及控制范围，确定主要停车场规模与布局。①

2.2.4　控制性详细规划

　　1）控规的基本概念

　　控制性详细规划，简称"控规"，是在城镇总体规划与分区规划的基础上，对地块的

---

① 城市规划编制办法．中华人民共和国建设部令第 146 号．2005

土地使用性质、强度以及道路和工程管线、空间环境等进行控制的规划。

2）控规的主要任务

控制性详细规划是协调规划设计与建设管理的桥梁，是政府实施规划管理的主要依据。其主要任务有以下两个方面：

（1）明确地块的发展规划，与上位规划相衔接，确定地块在城镇中的分工。

（2）确定地块的土地使用性质和使用强度的控制指标，道路和工程管线控制性位置以及空间环境控制的规划要求。

2.2.5 修建性详细规划

1）修规的基本概念

修建性详细规划，简称"修规"，是在城市总体规划、分区规划及控制性详细规划的基础上编制的，用以指导各项建筑、工程设施的设计与施工。其中修规与控规的关系最为紧密，其中修规应当符合控规。

2）修规的主要任务

修建性详细规划的内容主要包括了建筑、道路和绿地等的空间布局和景观规划设计，道路交通、绿地系统、工程管线及竖向规划设计。其主要任务是在满足上一层次规划要求的基础上，直接对建设项目作出具体的布局安排与规划设计，并为下一层次的建筑、园林和市政工程的设计提供依据。

2.2.6 城镇专项规划

城镇专项规划是对总体规划的若干主要方面、重点领域的展开、深化和具体化。其中涉及的城镇要素一般具有系统性强、关联度大、对城镇的整体长期发展有较大影响等特征，如道路交通、生态环境、工程系统、文化遗产、住区等。城镇专项规划的主要内容除了包括规划原则、发展目标、规划布局等以外，一般还包括近期建设规划和实施建议措施。以下便就城镇专项规划的几个重点方面内容进行简要叙述：

1）城镇道路交通系统规划

道路交通系统是城镇发展的前提，是与城镇同步形成并发展的，对城镇规模与布局均有重要影响。城镇道路交通系统可分为两类：一是对内交通系统；一是对外交通系统。

（1）对内交通系统规划

城镇对内交通系统主要是通过城镇道路及公共交通系统进行组织的，应在合理的城镇用地功能布局基础上，按照绿色交通优先的原则组织完整的道路系统。规划中应充分利用地形，减少工程量，考虑其与城镇环境、风貌的结合，并满足敷设各种管线及其与人防工程相结合的要求。在规划中，除大城市设有快速路外，大部分城镇道路均按三级划分，即主干道（全市性干道）、次干道（区、镇内干道）、支路（街坊道路）。而按道路功能则可分为交通性道路和生活性道路。此外，停车场是城镇对内交通系统中重要的组成部分，城镇内还应组织好公共交通、自行车与步行系统。

（2）对外交通设施规划

城市对外交通系统主要有铁路、公路、水路及航空，所对应的对外交通设施即是火车站、公路车站、港口与航空港。

2) 城镇生态环境系统规划

城镇的生态环境系统规划是指应用生态学的原理与方法，以人居环境的永续发展为追求目标，对人与自然的关系进行协调完善的规划。生态环境系统规划可分为生态规划与环境规划两方面（表2-1）。

（1）生态规划侧重于使各种生态关系和谐，提高生态质量，并致力于人与自然环境的和谐，城镇与区域发展的同步化，城镇经济、社会、生态的永续发展。联合国"人与生物圈计划"第57期报告中对其定义为："生态规划就是要从自然生态和社会心理两方面去创造一种能充分融合技术和自然的人类活动的最优环境，诱发人的创造精神和生产力，提供好的物质和文化生活水平。"

（2）环境规划更加强调的是对于自然环境的监控、治理与管理。其研究对象是"社会—经济—环境"这一大的城镇复合生态系统，目的在于调控城镇中人类的活动，建设无污染并防止资源破坏，从而保护城镇环境。

城市生态规划与城市环境规划比较 　　　　　　　　　　　　　　表 2-1

项　　目	城市生态规则	城市环境规则
理论指导	生态学、城市规划学	环境科学、城市规划学
研究内容	调控城市人类与城市环境的关系	预防和控制城市环境的负效应
规划要素	城市生态系统的自然、社会、经济环境	以自然基质环境为主
规划目标	实现经济、社会、自然的和谐统一	为城市提供良好的自然环境支撑
对"城市"的概念理解	将城市作为由经济、社会、自然环境构成的人工—自然复合生态系统	将城市作为与自然环境相互作用和影响的物质实体
对"环境"的概念理解	自然环境＋社会环境	主要指自然环境

（资料来源：傅博. 城市生态规划的研究范围探讨［J］. 城市规划汇刊. 2002.1）

3) 城镇工程系统规划

城镇工程系统规划包含内容较多，主要包括给排水、能源、通信、环卫、防灾等工程系统的规划以及管线综合规划、竖向规划。

（1）给排水工程系统规划

给排水工程系统担负着城镇内各类用水的供给以及排涝、除渍、治污等任务，主要包括给水工程系统与排水工程系统两部分。

① 给水工程系统的主要组成部分为取水工程、净水工程以及输配水工程。其规划的主要任务是根据城镇和区域的水资源状况，最大限度地保护与合理利用水资源，在确定城镇的用水标准与预测用水量的基础上，合理选择水源，并进行水源规划与水资源利用的平衡工作。

② 排水工程系统的主要组成部分为雨水排放工程、污水处理与排放工程。其规划的主要任务是根据城镇的自然环境和用水状况，合理估算一定时期内雨水、污水总量，确定污水处理设施和降水排放设施的规模与容量。

（2）能源工程系统规划

能源工程系统担负着城镇电力、燃气、（集中）供热等能源供给的任务，主要包括城镇供电、燃气、集中供热等工程系统。

① 供电工程系统由城镇电源工程及输配电网络工程组成。其主要任务是根据城镇和区域的电力资源状况，确定一定时期内的城镇用电标准与用电负荷，进行城镇电源规划，并合理规定其输、配电设施的规模、容量与电压等级。

② 燃气工程系统是由燃气气源工程、储气工程以及输配气管网工程等组成的。其主要任务是根据城镇和区域的燃气资源状况，对城镇气源进行选择，确定一定时期内各种燃气的用气标准，预测用气负荷，进行城镇燃气气源规划，并合理规定各种供气设施的规模与容量。

③ 供热工程系统由供热热源工程与供热管网工程两部分组成。其主要任务是根据地区气候、生产生活需求等确定城镇集中供热的对象、标准、方式等，在合理选择气源、预测供热负荷的基础上进行城镇热源工程规划，并确定城镇内供热设施的数量和容量，科学布局各种供热设施与管网。

（3）通信工程系统规划

通信工程系统担负着城镇内各种信息交流、物品传递等任务，主要包括邮政、电信、广播电视的分系统。其主要任务是结合城镇通信的实际状况与发展趋势，确定一定时期内城镇通信的发展目标，并预测其需求，在此基础上合理确定各种通信设施的规模和容量。

（4）环卫工程系统规划

环境卫生工程系统，简称环卫工程系统，承担着处理污废物、清洁城镇环境的任务，主要包括垃圾处理厂（场）、填埋场、收集站和转运站、环卫车辆场、公厕及管理设施。其主要任务是根据城镇的发展目标和规划布局，确定其环境卫生设施的配置标准及垃圾集运、处理方式，在此基础上合理确定主要环卫设施的数量与规模，并对其进行科学布局。

（5）防灾工程系统规划

防灾工程系统承担着防、抗自然和人为灾害，减少灾害损失，保障城镇安全等任务。主要包括消防、防洪（潮、汛）、抗震、防空袭及救灾生命线等系统。其主要任务是根据城镇自然环境、灾害区划和城镇地位来确定城镇的各项防灾标准，并在此基础上合理规划其设施等级与规模，对其进行科学布局。

（6）管线综合规划

城镇管线主要包括给水管道、排水沟道、电力线路、电信线路、热力管道以及可燃或助燃气体管道等。城镇管线综合规划的主要任务即是根据城镇规划及其中各类专业工程系统规划，检验各专业工程管线分布的合理程度，调整并确定各类专业工程管线在城镇道路上的水平排列位置与竖向标高，以此确定或调整城镇道路横断面，并提出各类专业工程管线的基本埋深和覆土要求。

（7）竖向规划

竖向规划是对地形的规划，要求合理利用地形，以达到工程安全合理、经济实用、美观宜人的效果。在城镇总体规划与详细规划阶段皆有竖向规划的内容：

① 在城镇总体规划中，应结合城镇用地功能分区及干道网络确定干道关键性交叉点与城镇内一些主要控制点的控制标高，以及干道的控制纵坡度，并明确地面排水分区。

② 在详细规划中，应依据城镇总体规划及总体竖向规划，结合地形地貌、道路、用地功能与布局等，确定道路标高、地面标高、排水分区及相应的护坡、挡土墙等工程设施。

4）住区规划

居住功能是城镇的主要功能之一，住区规划也是城乡规划中不可缺少的重要组成部分。除居住建筑外，住区还包含与居住相关的生活服务配套设施以及市政基础设施等。我国《城市居住区规划设计规范》中将住区按居住户数或人口规模分为居住组团（1000～3000 人）、居住小区（10000～15000 人）及居住区（30000～50000 人）三个层次（图 2-27）。

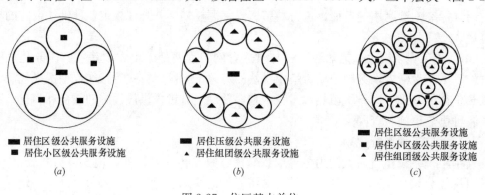

■ 居住区级公共服务设施
■ 居住小区级公共服务设施
(a)

■ 居住压级公共服务设施
▲ 居住组团级公共服务设施
(b)

■ 居住区级公共服务设施
■ 居住小区级公共服务设施
▲ 居住组团级公共服务设施
(c)

图 2-27　住区基本单位

（a. 以居住小区为基本单位，b. 以居住组团为基本单位，c. 以住宅组团和居住小区为基本单位）

资料来源：李德华 . 城市规划原理（第三版）. 北京：中国建筑工业出版社 .2001

住区规划的主要任务是创造出满足日常生活需要的安全、卫生、舒适、宜人的居住环境，满足居民的需求。除了合理布置住宅外，还应当规划居民日常生活所需的各类公共服务设施、道路与停车场地、市政工程设施、绿地与活动场地等。住区规划必须满足总体规划与控制性详细规划的相关要求，综合全面地安排好住区内的各项建设，并考虑到一定时期内的经济、技术发展水平与居民文化背景、生活习惯以及气候、地形、基地现状等客观因素。

5）文化遗产保护规划

我国文化遗产的保护是真实、全面地保存并延续遗产的历史信息及全部价值的重要方法。其规划内容主要包括保护、利用、管理、研究 4 个方面。

文化遗产保护现已成为城镇政府的发展政策，是城镇规划中重要的价值取向。其目的是使历史城镇或历史地区作为一个整体和谐发展，其中居住条件的改善是保护的基本目标。文化遗产保护与城镇总体发展关系紧密，应在城镇总规中得到充分体现。

6）城市设计

城市设计是"根据城市发展的总体目标，融合社会、经济、文化、心理的主要元素，对空间要素做出形态安排，制定出指导空间形态设计的政策性安排"[1]。它不同于建筑设计与城市规划，又是二者的交叉，是对城市空间中的各种要素进行综合设计。

吴良镛先生认为"城市设计古已有之"。城市的建造、营造问题早已通过城市设计表现出来。城市设计侧重于对城市的综合环境质量进行优化，与景观、交通、建筑、规划等学科密切配合，又受到人文社科、政治经济的重要影响。但 19 世纪以来，建筑师一度放弃了城市规划工作，仅在平面上划分出的基地中进行建筑创作，致使规划与建筑解体，城

---

① 李德华 . 城市规划原理（第三版）. 北京：中国建筑工业出版社 .2001

市与建筑、建筑与环境、建筑与建筑之间的联系无人控制。1980 年，哈佛大学城市设计系主任萨福迭在国际城市设计会上说过："城市设计的诞生是由于现代建筑运动的失败与传统城市规划的破产"。城市设计的出现填补了城市规划与建筑设计之间的空白地带，起到了良好的纽带作用。"承上"以落实各项城市、土地、绿化、交通等战略与政策；"启下"以统筹建筑的整体设计，保障城市活动的顺畅交织。

近年来，城市设计的重要性不断被各国强调，这对于提升城市规划与建筑设计质量意义重大。吴良镛先生将城市设计理论的内容归纳为四个主要方面，即从着眼于视觉艺术环境扩展到社会环境的研究；从热衷于大规模大尺度的规划到从事"小而活"的规划，更面向人们生活；从热衷"自觉"设计到重视对"不自觉"设计的研究和在实践中加强引导；从园林绿化、美化环境到对城市生态的重视与保护。总体来说，城市设计是以人为中心的从总体环境出发的规划设计工作。

第3章　建筑遗产的保护与再利用

建筑是文化的产物，一个民族的文化最具体的表现就是建筑，因此不通过建筑就无法真正欣赏一个民族的文化[1]。我国的建筑遗产在世界独树一帜，饱含深厚的传统文化底蕴。保护好现存建筑遗产是我们每个公民应有的义务，也是每位建筑遗产保护工作者的神圣使命。

3.1　建筑遗产概述

我国是历史悠久的文明古国。在漫长的岁月中，中华民族创造了丰富多彩、弥足珍贵的文化遗产。从2006年起，每年六月的第二个星期六为我国的"文化遗产日"。

1985年，我国加入《世界遗产公约》，成为缔约方。1999年10月29日，中国当选为世界自然与文化遗产委员会成员。因而，我国的遗产保护与世界接轨。一旦签署了《世界遗产公约》，就可以开始为把本国遗产列入《世界遗产名录》而进行提名。依据《保护世界文化和自然遗产公约》（简称《世界遗产公约》）规定，世界遗产分为自然遗产、文化遗产、自然与文化复合遗产和文化景观四类。截至2014年6月，我国世界遗产共计47处，仅次于意大利，位居世界第二。其中自然遗产10处，文化遗产30处，自然与文化复合遗产4处，文化景观遗产3处。

文化遗产包括物质文化遗产和非物质文化遗产。物质文化遗产是具有历史、艺术和科学价值的文物，包括古遗址、古墓葬、古建筑、石窟寺、石刻、壁画、近代现代重要史迹及代表性建筑等不可移动文物，历史上各时代的重要实物、艺术品、文献、手稿、图书资料等可移动文物，以及在建筑式样、布局或与环境景色结合方面具有突出普遍价值的历史文化名城（街区、村镇）。非物质文化遗产是指各种以非物质形态存在的与群众生活密切相关、世代相承的传统文化表现形式，包括口头传统、传统表演艺术、民俗活动和礼仪与节庆、有关自然界和宇宙的民间传统知识和实践、传统手工艺技能，以及与上述传统文化表现形式相关的文化空间等。[2]

此外，文化遗产分为"有形文化遗产"和"无形文化遗产"两类。一般情况下，物质文化遗产和有形文化遗产相对应，非物质文化遗产和无形文化遗产对应。

在物质文化遗产或者有形文化遗产中，建筑遗产占有举足轻重的地位。以第七批全国文物保护单位为例，在1943处国保单位中，古遗址占516处，古墓葬占186处，古建筑795处，石窟寺及石刻占110处，近现代重要史迹及代表性建筑占329处，另有其他国保单位7处。由此可见，古建筑和近现代建筑的总量超过该批所有国保单位数量的一半以

---

[1]　汉宝德．中国建筑文化讲座［M］．上海：生活读书新知三联书店，2008
[2]　《国务院关于加强文化遗产保护的通知》（2005）

上，建筑遗产是构成我国物质文化遗产的重要组成部分（表 3-1）。

我国世界遗产基本构成表

表 3-1

大类	中类	小类			具体对象
文化遗产	物质文化遗产/有形文化遗产	不可移动文物	全国重点文物保护单位		古文化遗址、古墓葬、古建筑、古窟寺、石刻、壁画、近现代重要史迹和代表性建筑
			省级文物保护单位		
			市、县级文物保护单位		
			登记不可移动文物		尚未核定公布的文物保护单位
			历史文化名城/名镇/名村		传统格局、历史风貌和空间尺度,历史建筑、自然景观和环境等
			历史文化街区		保存文物古迹丰富、历史建筑集中成片、传统格局和历史风貌具有一定规模
			历史建筑		反映历史风貌和地方特色的建、构筑物
		可移动文物	珍贵文物	一级文物	各时代重要实物、艺术品、文献、手稿、图书资料、代表性实物等
				二级文物	
				三级文物	
			一般文物		
	非物质文化遗产	国家级非物质文物遗产			口头传统、传统表演艺术、民俗活动、礼仪与节庆民间传统知识和实践、传统手工艺技能文化空间
		省级非物质文化遗产			
		市、县级非物质文化遗产			
自然遗产	代表地球演化历史中重要阶段的突出例证				
	代表进行中的重要地质过程、生物演化过程及人类与自然环境相互关系的突出例证				
	独特、稀有或绝妙的自然现象、地貌或具有罕见自然美地域				
	尚存的珍稀或濒危动植物栖息地				
自然与文化复合遗产	兼具自然遗产与文化遗产两种条件				截至 2013 年,我国的自然与文化复合遗产有 4 处,即泰山、黄山、峨眉山—乐山大佛、武夷山
文化景观遗产	由人类有意设计和创造的景观				截至 2013 年,中国的世界文化景观遗产有 3 处,即庐山、五台山、杭州西湖
	有机进化的景观				
	关联性文化景观				

（图表部分来源：张松）

3.1.1 概念

建筑遗产有广义与狭义之分。广义泛指历史上留存下来的有价值的建筑物和构筑物，它不一定具有重要的历史意义与影响，但必有其历史性。狭义特指依法登录的历史建筑。联合国教科文组织于 1972 年通过的《世界遗产公约》对"建筑遗产"的相关定义有：

纪念物：从历史、艺术或科学角度看具有突出的普遍价值的建筑物、碑雕和碑画，具有考古意义的素材或遗构、铭文、洞窟及其他有特征的组合体。

建筑群：从历史、艺术或科学角度看在建筑式样、同一性或与环境景观结合方面具有突出的普遍价值的独立或连接的建筑群。

遗址：从历史、审美、人种学或人类学角度看具有突出的普遍价值的人类工程、自然与人联合工程以及考古地址等地方。

建筑遗产的基本属性是有形的、不可移动的、物质性的实体，即使这个物体并非完整无缺，也不影响其有形的、不可移动的物质属性。

在我国的建筑遗产保护领域里，除"文物建筑""古建筑""古城""古镇""古村落""传统村落"等由本土语言环境衍生的名词之外，另有些术语是我国法律法规明确提出的，如：

文物古迹：人类在历史上创造或人类活动遗留的具有价值的不可移动的实物遗存，包括地面与地下的古文化遗址、古墓葬、古建筑、石窟寺、石刻、近现代史迹及纪念建筑、由国家公布应予保护的历史文化街区（村镇），以及其中原有的附属文物。

文物保护单位：古文化遗址、古墓葬、古建筑、石窟寺、石刻、壁画、近现代重要史迹和代表性建筑等不可移动文物，根据它们的历史、艺术、科学价值，可以分别确定为不同级别的文物保护单位。这实际上是将一切不可移动或不应当移动而需原地保存的文物通称为"文物保护单位"。

历史建筑：经城市、县人民政府确定公布的具有一定保护价值，能够反映历史风貌和地方特色，未公布为文物保护单位，也未登记为不可移动文物的建筑物、构筑物。

历史文化名城：保存文物特别丰富并且具有重大历史价值或者革命纪念意义的城市。

历史文化名镇（村）：保存文物特别丰富并且具有重大历史价值或者革命纪念意义的城镇、街道、村庄。

3.1.2　建筑遗产的价值属性

作为人类文化遗产的重要组成部分，建筑遗产的价值属性是多方面的，可大致分四种。

首先，建筑遗产是人类历史发展的见证，《威尼斯宪章》指出："世世代代人民的历史古迹，饱含着过去岁月的信息留存至今，成为人们古老的历史活的见证。"有人将建筑遗产比喻成"石头的史书"，是存在于人类环境中的一部生动形象的无言史书，因而具有历史纪念价值。

其次，建筑遗产代表了历史上不同时期的建筑审美与技术，是古代匠人建筑艺术的结晶，同时，岁月的痕迹又赋予了建筑遗产独特的沧桑感，作为具象的历史形态，是文明留下的空间实体印记，因而具有"标本"的留存和研究价值。

第三，作为重要纪念物的建筑遗产，与人类的宗教、政治等方面密切关联，是人们精神信仰与民族情感的寄托之所，人们在此可以获得精神上的归属与认同，因而具有文化象征价值。

第四，作为一种空间资源，建筑遗产还具有很高的适应性利用价值。

3.1.3　建筑遗产分类

建筑遗产涵盖范围及类型丰富多样，可以用多种分类方式阐述。

1）根据不同的功能分类

（1）居住建筑

存在数量最多也是最基本的建筑类型，遍布中国大地，存在丰富的差异性。由于自身具有突出的使用功能，留存到现在的居住建筑多是中国古代社会后期及晚近时代，明代之前留存下来的民居，可谓凤毛麟角。倒是一些穴居遗址和合院建筑遗址发掘不少，如西安半坡遗址、浙江余姚河姆渡遗址等。

（2）政权建筑及其附属设施

这类建筑主要包括帝王宫殿、中央政府各部门及府县衙署、贡院（科举考场）、邮铺、驿站、公馆、军营、仓库等。完整保留到现在的帝王宫殿有北京紫禁城和沈阳故宫，保存完整的贡院有河北定州贡院建筑群等。

（3）礼制与纪念性建筑（构筑物）

礼制建筑反映封建社会的天人关系、阶级和等级关系、人伦关系、行为准则，是君王巩固政权的重要手段之一。其包括祭祀天神的天坛、大享殿等，祭祀地神的地坛、社稷坛、先农坛以及各种山川神庙等，祭祀祖先的太庙、官员家庙（祠堂）以及各种圣贤庙（如孔庙）等。

纪念性建筑（构筑物）是为纪念有功绩的或显赫的人物或重大事件，以及在有历史或自然特征的地方营造的建筑物（构筑物），如陵墓、纪念堂、碑亭、牌坊等。

（4）教育、文化、娱乐建筑

官办学校有国子监（太学）、府县儒家、医学、阴阳学；私学则有各地的书院，如湖南岳麓书院、江西白鹿洞书院、河南嵩阳书院等。观象台供观测天文、气象之用（早期称灵台），是古代科研建筑，如元代河南登封观象台。皇家藏书馆如文渊阁，官办藏书楼以及私人藏书楼，如宁波天一阁、南浔嘉业堂藏书楼等；文人集会之所的文会馆、戏台等。

（5）商业建筑

商铺、会馆、旅店、酒楼、作坊、药店、邮局等。自宋代取消宵禁制和里坊制之后，商业建筑普遍存在于平民百姓的街市中，从北宋画家张择端的《清明上河图》可见当时热闹的场景。目前保存下来的商业建筑分两类：一类依托于传统村镇当中，如平遥古城、乌镇；一类集中为近现代建筑，因历史原因，受西方建筑风格的影响而完整地保存下来，如上海外滩历史风貌区内的建筑群中的外滩2号上海总会（现为东风饭店，图3-1）、外滩10号汇丰银行（现为浦发银行，图3-2）。

图3-1　东风饭店
（照片来源：PhotoFans网"万国建筑博览"）

图3-2　外滩十号
（照片来源：新浪网"新古典主义建筑"）

（6）宗教建筑

中国一直是包容多种宗教的国家，保存下来的宗教建筑遗产主要有佛寺（尼庵）、道教宫观、清真寺、教堂等。佛寺又包含汉传佛教、藏传佛教、南传佛教。教堂又分为基督教堂、天主教堂。

现存宗教建筑数量可观，广泛分布于城市、乡村，时间跨度大，年代久远。有些佛寺虽然木构建筑部分已毁，但佛寺的雕刻、壁画、石碑、塔等文化遗产依然存在。这些宗教建筑有皇帝敕建，也有当地官府主持兴建，还有民间修建的。在使用过程中，有局部修补的构件，也有替换的木头。比起现存其他类型的建筑遗产，宗教建筑能够比较完整、系统、集中地记录不同时代里的建筑做法、特征与风格，反映当时的建筑文化和传统。

（7）园林建筑

中国古代园林多与私宅、宫殿、坛庙等类型建筑紧密结合。留存至今的园林主要以皇家苑囿和私家园林为主，如颐和园、拙政园等。

（8）市政建筑

"晨钟暮鼓"是指古代为全城报时的钟楼和鼓楼。水利交通设施包括古道、古桥梁、大坝等，如河北隋代赵州桥、成都战国时期都江堰等。此外，还有办慈善机构如养济院（孤儿院、养老院）、漏泽园（公墓）等。

（9）防御建筑

城墙及其附属防御建筑在古代是非常重要的建筑类型，在城市建设史、建筑工程技术史、军事史、艺术史等诸多方面为后人提供了重要的信息。迄今发现最早的古城址是距今六千年的新石器时代的西安半坡聚落遗址，除了城墙还有战壕，不仅抵御野兽突袭，还可避免自然灾害带来的损失。

各地城墙建筑总量本来很多，但经过新中国成立以后疯狂的拆城风潮，完整幸存的城墙所剩无几，如西安明代城墙，少数城镇仍有保存完整的城墙如山西平遥（图3-3）。边界城墙现存的有春秋战国时期各国修筑的长城，分散各地，另有山海关、嘉峪关这样的明代长城。

图3-3 平遥古城的城墙
（照片来源：许剑峰．基于政策法规体系下
的城市形态研究．2010)

（10）生产建筑（构筑物）

生产建筑主要指为各种生产劳动提供服务的建筑物、构筑物以及设施和场地，例如手工业作坊、磨坊、瓷窑、砖瓦窑、酒窖、工业厂房等。古时商铺、作坊、住宅结合布局，有"前店后宅"之说。自鸦片战争起，中国被西方的经济和工业技术所冲击，逐渐由农业文明向工业文明过渡，纺织厂、火车站、造船厂、水泥厂、自来水厂相继诞生，因而，工业遗产保护也成为我国建筑遗产领域的重要组成部分。

2）根据我国建筑遗产保护方向的类别分类

大致可分为以下三类：

（1）以官式建筑为代表的古典建筑遗产

官式建筑是相对于"民间"建筑而言，通常也称为宫殿式建筑，包括帝王宫殿、官衙建筑以及一些敕建的庙宇建筑。官式建筑体现相应时代建筑的最高典范。

（2）分布于各地的风土建筑遗产

（3）在西方建筑影响下的近现代建筑遗产

随着时代的变迁，第一部分建筑遗产所产生的历史功能多已改变，因而大多已变成标本式的"静态"遗产。而第二和第三部分建筑遗产却因生活形态的存留或对现代功能的适应，大多仍是旧体新用的"动态"遗产。

3）根据建筑遗产存在状态不同分类

（1）单体建筑遗产

是指独立存在的单体建筑物及构筑物。这类型所包含的建筑内容十分丰富，有的是由于其原属的建筑组群中的其他建筑物破坏、损毁而成为独立留存下来的单体建筑物及构筑物的。很遗憾的是，这种情况在建筑遗产中普遍存在；有的本身就是独立性的建筑物或构筑物，如城市中的钟楼、鼓楼，传统村落中的文峰塔、魁星楼等（图3-4）。

（2）组群建筑遗产

由单体建筑与庭院构成的组群是中国建筑的基本构成方式和存在状态，不少未经历严重破坏的古代建筑还能够以这个状态较完整地保存到现在。现存的组群建筑遗产在规模上有很大的差异，小的只由一个院落和几个单体建筑物组成；大的如明、清紫禁城，由百余个院落和几千个大大小小的单体建筑物组成，占地72公顷余。组群中的各个组成部分可能是在同一个历史时期产生、形成的，也可能是经过不同的历史时期累积形成。

图3-4　党家村文星阁
（照片来源：韩城之窗网"韩城故事".2011）

（3）建筑遗产群

建筑遗产群是由同处于一个特定空间中的若干组群建筑组成，随着岁月的沉积，建筑遗产群往往体现不同历史时期的特征。例如湖北武当山建筑遗产群，占地面积100余万平方米，建筑面积约5万平方米，主要包括太和宫、南岩宫、紫霄宫、遇真宫四座宫殿，玉虚宫、五龙宫两座宫殿遗址，以及各类庵堂祠庙等共200余处，集中展现了中国元、明、清三代建筑艺术成就。

4）根据建筑遗产存在的时间不同分类

（1）古代建筑遗产——史前至清代末年的建筑遗产。

（2）近代建筑遗产——1840年鸦片战争至1919年五四运动期间的建筑遗产。

（3）现代建筑遗产——1919年五四运动至1949年中华人民共和国成立期间的建筑遗产。

（4）当代建筑遗产——1949年至今的建筑遗产，虽然存在时间不过70年，但这70年并不一帆风顺。正是这段波折与坎坷的岁月，引领我们走向希望的未来，这些建筑见证祖国的成长。

5）根据建筑遗产的保护级别分类

（1）由国务院文物行政部门批准公布——全国重点文物保护单位、历史文化名城。

（2）由省、自治区、直辖市人民政府核定公布——省级文物保护单位、历史文化名镇、历史文化名村、历史文化街区。

（3）由市、自治州、县级人民政府核定公布——市级和县级文物保护单位、登记不可移动文物。

截至2014年，全国重点文物保护单位共计4220处，历史文化名城125处，历史文化名镇252座，历史文化名村276座，加之其他保护级别的建筑遗产，这是一个相当可观的绝对数字，对如此丰厚的建筑遗产的保护，无疑法律是最重要和基本的保障。

3.2 建筑遗产保护概述

3.2.1 国际建筑遗产保护的发展和实践经验

1）建筑遗产保护相关国际组织和机构

（1）联合国教育、科学及文化组织（United Nations Educational, Scientific and Cultural Organization，缩写UNESCO），简称"联合国教科文组织"，成立于1946年，总部巴黎。该组织是遗产保护方面的国际倡议的牵头人。1972年通过的《保护世界文化和自然遗产公约》所依据的观点是，某些遗址具有普遍的突出价值，因此，应被列为人类共同遗产。在不影响国内立法所规定的国家主权和知识产权的情况下，公约缔约国承认，保护世界遗产是整个国际社会的义务。

（2）国际文物保护与修复研究中心（International Centre for the Study of the Preservation and Restoration of Cultural Property，缩写ICCROM），成立于1959年，总部罗马。该组织是一个政府间国际组织，它被授权推动世界范围内所有类型文化遗产的保护工作。

（3）国际古迹遗址保护协会（International Council on Monuments and Sites，缩写ICOMOS），总部巴黎，是国际一级有关促进古迹、建筑群及遗址的保存、保护、修缮和加固的国际组织。

（4）国际工业遗产保护联合会（The International Committee for the Conservation of the Industrial Heritage，缩写TICCIH），成立于1978年，是世界上第一个致力于促进工业遗产保护的国际性组织，同时也是国际古迹遗址保护协会（ICOMOS）工业遗产问题的专门咨询机构。

（5）现代主义运动记录与保护国际组织（International committee for documentation and conservation of buildings, sites and neighborhoods of the modern movement，缩写DOCOMOMO），1990年成立于巴黎。其使命在于促使与建成环境有关的公众、当局、专业人士以及教育团体，充分认识到现代运动的重要意义；鉴别、确定并创设现代运动作品的记录档案，包括文件记录、草图、照片、档案和其他文档材料；鼓励开发适合的保护技术与方法，并通过专业性工作加以推广普及；反对拆除和破坏有意义的现代建筑作品等。

（6）国际风景园林联合会（International Federation of Landscape Architects，缩写IFLA），于1948年在英国剑桥大学成立，总部设在法国凡尔赛。2005年中国风景园林学会正式加入IFLA。主要任务是维护全球自然生态系统，推动和发展风景园林事业，为国际风景园林事业的发展提供理论、技术和经验；在全世界，特别是在风景园林事业相对落后的国家和地区，推进风景园林教育和行业标准；通过研究和学术活动，将文化艺术和科学技术，应用到风景园林的设计、规划和建设中，使自然环境的平衡不被破坏。

（7）国际博物馆协会（International Council of Museums，缩写ICOM），1946年成立，总部设在法国巴黎联合国教科文组织内。其主要宗旨一是确定、支持和帮助博物馆和博物馆研究所，建立、保护和加强博物馆专业；二是组织不同国家博物馆和博物馆专业人员之间的合作互助；三是博物馆和博物馆专业在促进人民间相互了解和扩大专业知识面上所起的重要作用。1983年，中国成为国际博物馆协会会员。

（8）国际自然资源保护联盟（International Union for Conservation of Nature，缩写IUCN），1948年10月5日联合国教科文组织和法国政府在法国的枫丹白露联合举行的会议上成立，总部设在瑞士格朗。宗旨是通过各种途径，保证陆地和海洋的动植物资源免遭损害，维护生态平衡，研究监测自然和自然资源保护工作中存在的问题，根据监测所取得的情报资料对自然及其资源采取保护措施等。

2）建筑遗产保护的历史回顾

欧洲的建筑遗产保护起源甚早，其发展过程实质是国际建筑遗产保护运动的发展轨迹，可以说是现代遗产保护学科的基石。早在公元前1世纪，维特鲁威编写的《建筑十书》就有关于地面泛潮时如何修缮建筑的记录。针对建筑领域的保护活动，早期的修缮、重建活动主要在于维持房屋的使用价值或是延续诸如皇权、宗教、社会地位等方面的象征意义。不可否认，这已是一种有目的、有目标的文化传承行为。随着欧洲各地在文化、科学、宗教、政治、经济发展的交融中，建筑遗产保护思潮及理论逐渐形成，大致经历了文艺复兴时期、启蒙时期、风格式修复、保护理念几大主要阶段。

（1）文艺复兴时期

14世纪，文艺复兴运动的伟大变革改变了欧洲的面貌，也改变了欧洲人对古老建筑价值的认识。人们打破了旧有的思想桎梏，重新认识以古希腊、古罗马艺术为代表的古典艺术，到文艺复兴晚期，对古代艺术包括建筑艺术的欣赏已成为一种时尚，人们开始注意古老建筑的真正价值所在。

文艺复兴时期的著名建筑评论家阿尔伯蒂认为，每座建筑都应该是一种有机整体，任何新元素的添加，不管是结构上还是审美上，都应该是在对原有建筑的尊重下完成的。他将这一理念运用到了中世纪圣玛利亚教堂（图3-5）的维修上，以至于其后很长一段时间历史学家都不认为阿尔伯蒂是这座教堂的建造者。此外，在里米尼的玛拉特斯提亚诺神庙（图3-6）的修复中，阿尔伯蒂用一座新建造的古典式建筑将13世纪的圣弗朗西斯科教堂围合了起来，避免了原有建筑的破坏，显示了对古建筑的尊重。在这里，可以看出建筑师对于建筑遗产保护的滥觞。

（2）启蒙时代

图 3-5 中世纪圣玛利亚教堂
（照片来源：作者自摄）

图 3-6 玛拉特斯提亚诺神庙
（照片来源：http://www.qhlly.com）

启蒙时代，即理性时代，在文化遗产的保护历史中举足轻重，因为它提出了"文化模式"的概念，并系统地阐述了那些有效构成现代保护运动的观念。该时代标志了人们对古迹进行系统的考古学研究的重要兴趣，也是人们去往意大利和地中海地区，随后去世界的其他地区游历的开始。

该时期伟大美学家温克尔曼提出了三点关于文物修复的原则：首先，为了知道作品最初使用了什么"属性"，修复师必须具备良好的关于神话和艺术历史方面的知识，这些知识是通过向这些领域的专家们咨询而得到的。其次，修复师必须使用与原作同类的大理石材料，去制作需要添加的新部分，而且要充分尊重原作者的艺术意图。第三，当添加部分完成后，它必须根据原始雕塑表面的破损程度做旧；在任何情况下都不能让原始雕塑去适应新加的部分。

图 3-7 罗马大角斗场第一次
修复中建造的扶壁
（照片来源：作者自摄）

19 世纪初期罗马大角斗场的两次修复（图 3-7、图 3-8），作为大规模工程的实例，对建筑遗产保护修复的理论与方式的发展起到了重大的影响。1806 年，第一次对大角斗场的修复工作由建筑师帕拉齐、康波雷西和斯特恩主持。该工程通过凝灰石建造护壁及交叉墙作为坚固的支撑，保证了这座宏伟纪念物免于坍塌。这个方案反对当时另一种以拆除为主的方案，不但在经济上更为节省，同时也保留了遗址的建筑价值和历史价值。用斯特恩的话来说：目的是"修理并保护任何东西，哪怕是最小的碎片"[1]。1823 年，罗马大角斗场开始了第二次修复工程，建筑师瓦拉蒂耶及卡尼那通过修建一些扶壁及拱门来加固大角斗场，新建部分模仿了古代建筑的形态，但以砖作为主要材料，以区别于原有的石材建筑。

罗马大角斗场两次修复工程，分别体现了两种不同的修复方式。一个是尊重原始材料的纯粹保护；另一个

---

① 斯特恩给教廷总务长的信，1806 年 11 月 18 日（国家建筑，罗马：Cam. II, A. &B. A, b7：207）："我们代表团的任务是修复和保存它的任何部分。"

则是按照推测忠实地重建建筑确实的部分，其目的是再现遗址的建筑形态。而当时另一座重要建筑——提图斯凯旋门（图3-9）的修复则代表了第三种方法，是介于前两者的折中的办法，建筑的原始构件被保留，缺失的部分用某种方法建造出其大致轮廓，这样就得到原始建筑的可视性轮廓，但新与旧之间有明显的不同。

图 3-8 罗马大角斗场第二次
修复中建造的扶壁及拱门
（照片来源：作者自摄）

图 3-9 提图斯凯旋门
（照片来源：作者自摄）

（3）风格式修复

19 世纪上半叶，发起于法国的"风格式修复"理念，引起了对于古代建筑保护的广泛争论。当时有两种观点：第一种观点是要求按照原状保存那些遗存，认为历史建筑是历史的见证者，因此它们的纪实文献性证据需要被原封不动地保存下来。同时，这些古代建筑散发着古老的气息与光环，如果以新形式代替原有形式，这些气息和光环将永远消失。第二种观点则认为，这些古代建筑仍是举行古代礼仪的场所，并给基督徒们以庇护之所，而基督徒们则延续了这些伟大的古代建筑作品的生命。因此，他们对于古代建筑所遭受破坏的痕迹被全部保留的观点提出质疑。同时，它们认为古罗马的纪念物是遥远文明的组成部分，是历史上一页"关闭"的篇章，因此应当进行现状原样保存；而基督教堂则是一种"活态"的纪念物，人们应当延续它的生命，传续和照顾它，使其仍为社会生活发挥作用。因此，"修复"的方式则为这一派所赞成。

而在关于"修复"的一派中，最具争议的人物非维奥莱-勒-杜克莫属，他的影响远远超出法国，传到了世界各地。维奥莱-勒-杜克最著名的工程案例就是与拉叙斯合作的对于巴黎圣母院（图3-10）的修复。在修复工作中，他建造了新的尖塔、重塑了国王的雕像以及根据发现的模型重做了彩色玻璃窗等。维奥莱-勒-杜克给出了他关于"修复"的定义："修

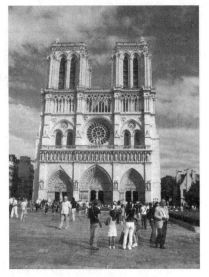

图 3-10 巴黎圣母院
（照片来源：作者自摄）

复"这一术语和这一事物本身都是现代的。修复一座建筑并非将其保存、对其修缮或重建,而是将一座建筑恢复到过去任何时候可能都不曾存在过的完整状态。关于"风格"的概念,当时认为,风格产生于人的智慧在形态、方法手段和物体三者之间所能创造出的"和谐","风格是基于某种原则之上的典范的体现"。维奥莱-勒-杜克还建议,在任何可能的部位改善建筑的结构,包括制作强度系数更大的新构件、选用安全的和质量更优的材料等。同时,他坚持认为:"保存建筑的最好方式是为它找到用途,满足它的使用要求,这样就可以彻底地消除任何改变建筑的机会"①。

在"风格式修复"的运动中,起初,重塑雕刻的行为还是一种特例(如巴黎圣母院)。而随着时间的推移,人类逐渐加强对古建筑的"改动"力度,甚者更是在原有建筑物的基础上增添新主题。可以看出,所谓"修复"的保护行为是处在一种逐渐失控的状态下发展的。

(4)保护的理念

19世纪中叶,由英国著名思想家约翰·拉斯金领衔的"保护运动",将批评的矛头指向了"风格式修复"。约翰·拉斯金认为,历史建筑、绘画或雕刻作品是艺术家在特定历史背景下的独特创造。时光的流逝使艺术品更加美妙,岁月的痕迹是一件艺术品的基本要素。因此,即使是使用某一特定历史时期的方法,甚至是所谓"忠实地"修复一座历史建筑或一件艺术品,也意味着对古代艺术家创作的独特性和真实性的抹杀,同时也抹去了岁月和历史的痕迹。任何试图按照一定"风格"对历史建筑进行修复的行为,都被拉斯金所激烈批判。1845年他在给他父亲的一封信中写道:"我愿意这样去做。要最大限度地保护这些建筑现有的一切,当保护也不再能使它们留存下来的时候,我宁可不采取任何措施,让它们自然地、一点一点地腐朽下去,也好过任何随意的修复"。同时,拉斯金同样强调一些关于历史建筑的日常性维护保养方法和保护性修缮策略。

保护的理念正是通过这项批判运动而逐渐被世人所接受。1877年3月22日,受到拉斯金保护理念的影响,威廉·莫里斯创立了英格兰古建筑保护协会。该协会是历史最悠久的国家保护组织,对世界上其他国家类似组织的建立起到了促进作用。其颁布的《古建筑保护学会宣言》,成为现代保护政策的重要基础。宣言强烈抨击了欠考虑的破坏性修复行为使建筑免于衰败和毁灭,同时应拒绝所有对建筑结构或是建筑装饰部件的干预;如果古建筑已经不适应当代的使用,应该修建新建筑来满足,而不是随意更改或增建古建筑。

3)建筑遗产保护的相关国际宪章

建筑遗产保护既要达成世界建筑遗产保护领域的共识,又要求同存异,保持遗产自身的特色。在一个多世纪的漫长讨论中,经历了无数次的各种保护理念的碰撞,最终形成一部部推动世界建筑遗产发展的国际宪章或国际宣言。

(1)《关于历史性纪念物修复的雅典宪章》

1933年10月21日在雅典召开了"第一届历史纪念物建筑师及技术专家国际会议"。会议通过了《关于历史性纪念物修复的雅典宪章》,就保护科学与技术进行了充分的讨论。主要内容:一是应通过建立一个定期、持久的维护体系来有计划地保护建筑,从而摒弃整

---

① 尤嘎·尤基莱托.建筑保护史.北京:中华书局,2011

体重建的做法；二是进行历史建筑的修复时，应对于历史上任何时期的风格予以尊重，否定风格式修复；三是新的建筑应尊重城市的历史环境和景观，尤其临近重要文物古迹时，需予以特别的考虑；四是对于纪念物的修复，因谨慎地采用现代技术资源，并且将加固工作尽可能地隐藏起来，保证纪念物的原有外观，新的材料应与老的材料区别开来。

该宪章是后来国际古迹遗址保护协会通过的《威尼斯宪章》的原型和基础，其所确定的保护修复的理念和原则在后来得到了传承。

（2）《威尼斯宪章》

1964年5月25日在威尼斯召开了"第二届历史纪念物建筑师及技术专家国际会议"。会议通过了《国际古迹保护与修复宪章》，简称《威尼斯宪章》。该宪章强调了文物古迹的使用应有利于其保护工作，决不能改变历史建筑的布局和装饰。同时，对于古迹周边的传统环境也应予以维持，不能进行将会导致整体环境改变的新建、拆除或改动行为。重申了对于历史建筑修复时不得进行主观臆测。新添加的部分应与传统部分相区别，修复前应进行考古和历史研究。只有在特殊情况下，当被去掉的部分价值甚微，而显示的部分又具有较高历史、考古或美学价值时，才能进行对原有部分的清除，并且评估不能仅依赖于个人的意见。

该宪章是国际古迹遗址保护协会认定的文化遗产保护方面的重要国际宪章，国际古迹保护的权威性文件，其所确定的关于真实性与完整性的价值观及原则得到了人们的普遍认同。对后来一系列宪章、文件的制定产生了深远的影响，成为文化遗产保护的纲领性文件，同时是联合国教科文组织处理国际文化遗产事务的准则，评估世界文化遗产的主要参照。

（3）《关于建筑遗产的欧洲宪章》

1975年10月21日在荷兰阿姆斯特丹举行的"欧洲建筑遗产大会"上庄严宣布了《关于建筑遗产的欧洲宪章》。宪章中特别强调建筑遗产的范围不仅仅是重要的纪念物，还扩大到次要的建筑群及其自然人工环境。认为建筑遗产中所包含的历史，为人类生活提供了一种不可或缺的品质，有助于我们理解过去时代与当代生活的联系；建筑遗产的每一部分都代表了每一代人对历史的诠释，人类应当节约建筑遗产这种具有精神、文化、社会和经济价值的不可替代的资本。

该宪章是"欧洲建筑遗产年"这一文化遗产保护领域划时代事件的重要成果，对文化遗产保护的社会意义和积极作用进行了全面的论述，拓展了文化遗产保护的领域，推动了文化遗产保护理论的发展。

（4）《巴拉宪章》

1979年，国际古迹遗址保护协会澳大利亚国家委员会在澳大利亚南部的巴拉首次通过《巴拉宪章》。该宪章采取谨慎的态度来对待改变，力求尽全力保护具有文化重要性的场所。同时明确了相关概念，诸如：

改造：是指对某一场所进行调整，以使其适合现有或提议用途（《巴拉宪章》第1.9条）。

保护：是指为保存文物古迹实物遗存及其历史环境进行的全部活动。

维护：是指"对某遗产地的构造和环境所采取的持续保护措施。'维护'要与'维修'相区别。'维修'包括修复和重建"。

保存：是指维护某遗址地的现存构造状态，并延缓其退化。

重建：是指将某遗产地恢复到已知的某一历史状态。重建和修复的区别在于，它在遗产地的构造中应用了新的材料。

修复：是指"通过去除增添物，或不利用新材料而将现有组成部分进行重新组装，将某一场所的现有构造恢复到已知的某一历史状态"。

除了上述三个主要影响力的宪章外，还有《马丘比丘宪章》（1977年）、《奈良真实性文件》（1994年）、《北京宪章》（1999年）、《西安宣言》（2005年）等国际宪章，都对世界各国的建筑遗产保护起到了重要的推动作用（表3-2）。

有关建筑遗产保护的国际文件　　　　　　　　　　　　　　表3-2

名　称	制　定　机　构	通过年份
雅典宪章	第一届历史纪念物建筑师及技术专家国际会议	1933年
武装冲突情况下保护文化财产公约	联合国教科文组织	1954年
关于保护景观和遗址风貌与特征的建议	联合国教科文组织	1962年
国际古迹保护与修复宪章——《威尼斯宪章》	第二届历史纪念物建筑师及技术专家国际会议	1964年
关于保护受到公共或私人工程危害的文化财产的建议	联合国教科文组织	1968年
保护考古遗产的欧洲公约	欧洲议会	1969年
保护世界文化和自然遗产公约	联合国教科文组织	1972年
关于在国家一级保护文化和自然遗产的建议	联合国教科文组织	
阿姆斯特丹宣言	欧洲议会	1975年
关于建筑遗产的欧洲宪章	欧洲建筑遗产大会	
美洲国家保护考古、历史及艺术遗产公约	美洲国家组织	1976年
关于历史地区的保护及其当代作用的建议[内罗毕建议]	联合国教科文组织	
关于文化财产国际交流的建议	联合国教科文组织	
马丘比丘宪章	国际建筑协会	1977年
佛罗伦萨宪章	国际古迹遗址保护协会；国际图书馆协会	1982年
文物建筑保护工作者的定义和专业	国际博物馆协会	1984年
保护历史城市与城市化地区的宪章[华盛顿宪章]	国际古迹遗址保护协会	1987年
实施世界遗产公约操作指南	联合国教科文组织	1987年至今不断修订
考古遗产保护与管理宪章	国际古迹遗址保护协会	1990年
奈良真实性文献	联合国教科文组织；国际古迹遗址保护协会；国际文物保护与修复研究中心；世界遗产委员会	1994年
关于乡土建筑遗产的宪章	国际古迹遗址保护协会	1999年修订
国际文化旅游宪章	国际古迹遗址保护协会	

名　称	制定机构	通过年份
木结构遗产保护准则	国际古迹遗址保护协会	1999 年修订
巴拉宪章	国际古迹遗址保护协会澳大利亚国家委员会	
关于亚洲最佳保护实践的会安议定书	联合国教科文组织	2001 年
关于世界遗产的布达佩斯宣言	联合国教科文组织	2002 年
建筑遗产分析、保护和结构修复原则	国际古迹遗址保护协会	2003 年
关于工业遗产的下塔吉尔宪章	国际工业遗产保护联合会	
国际文物保护与修复研究中心章程	联合国教科文组织	2005 年
西安宣言	国际古迹遗址保护协会	
绍兴宣言	第二届文化遗产保护与可持续发展国际会议	2006 年
莫斯科宣言	国际古迹遗址保护协会	
北京文件	东亚地区文物建筑保护理念与实践国际研讨会	2007 年

3.2.2　中国建筑遗产保护的发展历程

1）建筑遗产保护的相关部门

中国的建筑遗产保护工作由两个中央政府部门分别负责。一是国家文物局，负责管理所有国家文物保护单位，以及考古发掘、博物馆及其相应的文物保护事务。在各级地方政府也设有相应的文物保护部门和管理部门，由地方政府和国家文物局进行双重领导。二是住房和城乡建设部，负责历史地段和历史文化名城的保护管理工作，同样，各级地方政府下设的规划、建设部门负责具体的实施工作，同时对住房和城乡建设部和地方政府负责。

2）建筑遗产保护的发展历程

我国的建筑遗产保护，相对于欧洲起步较晚。从实践而言，在代价与摸索中逐渐探索出一套适合我国建筑遗产特点的方法。最初的保护观念以保护"革命文物"为主。

1922 年，北京大学设立考古学研究所。这是中国历史上最早的文物保护学术研究机构。

1925 年 10 月，故宫博物院建立。这是一座以文物建筑和宫廷中收藏的历代文物为主体构成的大型综合性古代文化艺术博物馆。其工作内容是负责"掌理故宫及所属各处之建筑物、古物、图书、档案之保管、开放及传播事宜"。在封建帝制结束后，故宫通过被赋予博物馆的新功能的方式完整地得到了保护。

1929 年，在发现与研究李诫（明仲）的《营造法式》十年之后，文化界掀起了一阵研究古代建筑经籍进而关注文物古迹保存的热潮。3 月，在《营造法式》发现者朱启钤先生的周围，一群有志于研究保存中国建筑传统者聚集，发起成立中国营造学社，地址设在故宫天安门内西侧西朝房。由此开始了中国建筑历史研究的崭新篇章。

最初，营造学社无人懂建筑，朱启钤先生邀请时任沈阳东北大学建筑系主任梁思成先生加入学社并领导研究工作。研究工作主要涉及以下几方面：

（1）1931 年，学社设立的"法式部"和次年成立的"文献部"，分别在梁思成和刘敦桢先生的合作带领下，进行实地调查古建筑和访求、研究文献的工作。

（2）学社受政府部门委托进行古建筑的修缮、复原修理的规划工作，曾制订过北平城13座城楼、箭楼修理计划，曲阜孔庙修理计划，以及南昌滕王阁复原修理计划，杭州六和塔复原修理计划。但是这些计划因战争的影响或经费的缺乏大多没有实施。

在中国建筑历史研究和古代建筑的保护方面，中国营造学社贡献巨大：开始了用现代科学方法研究中国古代建筑的工作；培养了一批从事古代建筑研究和保护工作的专业人才；积累了宝贵的古代建筑实例资料，整理、出版了包括《营造法式》、《园冶》在内的建筑典籍；梁思成在学社多年的调查研究工作的基础上完成了中国的第一部建筑历史专著——《中国建筑史》，以及英文版的《图像中国建筑史》（A Pictorial History of Chinese Architecture）。由此开创了"中国建筑史"这一科学技术史的新分支，并为日后中国建筑史学科的发展及中国不可移动文物的保护工作奠定了理论与实践的基础。

1930年至1935年国民政府又陆续颁布《古物保存法》《古物保存施行细则》《保护城垣办法》《中央古物保管委员会组织条例》。

1935年1月"旧都文物整理委员会"及其执行机构"北平文物整理实施事务处（简称'文整会'）"成立。这个机构就是目前国家文物局直属单位"中国文化遗产研究院"的前身。至此中国近代以来从事古代建筑修缮保护工程的专门机构正式成立，成为20世纪前半叶中国建筑遗产保护实践的核心机构。

1948年，梁思成先生为在解放战争中保护文物建筑编写全国重要文物建筑简目。

1951年5月7日，《中央人民政府文化部、内务部令》明确规定了对国内所有名胜古迹等的保护条令。

1961年，国务院颁布了《文物保护暂行条例》。

1974年8月，国务院发布的《加强文物保护工作的通知》上规定："保护古代建筑，主要是保存古代劳动人民在建筑、工程、艺术方面的成就，作为今天的借鉴，向人民进行历史唯物主义教育。……要加强宣传工作，说明保护文物的目的和意义，……在修缮中要坚持勤俭办事业的方针，保存现状或恢复原状。不要大拆大改，任意油漆彩画，改变它的历史面貌。对已损毁的泥塑、石雕、壁画，不要重新创作复原……"反映出当时对文物建筑的"原真性"的认识——要保持文物建筑的历史面貌，不要复原已经不存在的内容。

20世纪80年代以后，在继续重视保护革命文物的同时，我国逐渐开始关注20世纪遗产的更广泛内容，加强对20世纪遗产的全面保护、抢救、研究和合理利用。1982年全国人大正式颁布了《中华人民共和国文物保护法》。其总则中规定的受国家保护的文物即包括"与重大历史事件、革命运动和著名人物有关的，具有重要纪念意义、教育意义和史料价值的建筑物、遗址、纪念物"，为以20世纪遗产为主要内容的近现代遗产保护提供了法律依据。1996年，国务院在公布第四批全国重点文物保护单位时，采用了"近现代重要史迹及代表性建筑"的类别名称。在这一背景下，更多近现代建筑遗产列入各级文物保护单位。

1992年5月召开的全国文物工作会议上，明确提出了"保护为主、抢救第一"的保护方针，1997年国务院下发《关于加强和完善文物工作的通知》。

2000年中国ICOMOS公布了《中国文物古迹保护准则》。

2002年全国人大修订了《中华人民共和国文物保护法》。

2003年国家文物局颁布《文物保护法实施细则》和《文物保护工程管理办法》。

2005 年国家文物局颁布《全国重点文物保护单位保护规划编制要求》、《全国重点文物保护单位保护规划编制办法》、《文物保护工程勘察设计资质管理办法》、《文物保护工程施工资质管理办法》。建筑遗产的保护才真正提到国家的议事日程上来。从那时开始，文物保护法律法规不断完善，建筑遗产的保护对象由文物保护单位（1961 年）发展到历史文化名城（1982 年）、历史文化街区（1986 年）、工业建筑遗产（2006 年）。保护的内涵由建筑遗存本体扩大到它的空间及环境，合理利用也作为重要内容。市县级、省级和国家级文物保护单位的公布到国家财政的投入都发生了巨大的变化。

总之，中国的建筑遗产保护正在逐渐走出一条适合自身特点的道路。

3.3　中国建筑遗产的保护原则和方法

由于中西方文化价值体系、建筑结构体系的不同，所产生的古建筑遗产保护的方法与精神也不同。众所周知，西方文化的源头希腊和东方文化的鼻祖中国，在公元前 5 世纪的奴隶制社会，各自均出现过重要的建筑：雅典卫城和曲阜孔庙。当时，前者几乎是精美雄壮的雕刻品，而后者是以宅立庙的三间小屋。然而今天的现状是，雅典卫城以破损的柱廊和倒塌的山花倾诉着史诗般的悲壮和崇高，展现一种令人屏息的残缺美和凝固美；而曲阜孔庙则以纵深 600 余米的轴线、优美的屋顶和终年常青的松树林，表达出炉火纯青的完善和历史流动的盎然生机。对于这些人类共同的文化遗产，在各自历史变迁过程中形成的外观霄壤之别但又魅力不减。

在中国，对文物建筑进行修缮、保养、迁移的时候，遵守不改变文物原状的原则。所谓"原状"，是指该建筑初建时的状况，是健康的而不是残破的状况，是未经现代后人改扩建的状况，而不是改建后面目全非的状况。如果恢复原状的史料和根据不足，可以先"保存现状"，以便在依据充足时再"恢复原状"。但不管"保存现状"还是"恢复原状"，都是指文物的健康状态，而非残破衰败的状态。梁思成先生曾说过，文物建筑的保护"是使它延年益寿，不是返老还童"。对于中国以木结构为主的古建筑，尤其是一些大型宫殿庙宇，"延年益寿"的不是建筑实体（建筑往往在整个使用时期已经多次更新换代），而是一种稳定的建筑风格的保持。1953 年，梁思成先生对正定隆兴寺建筑保护提出"输血打针"，不要"涂脂抹粉"，便是强调要注重历史的环境和风格。

保护这些不可再生的建筑遗产，必须坚持"保护为主、抢救第一、合理利用、加强管理"的大方针。"保护"和"利用"这对矛盾体既对立又统一。"保护"永远是第一位的，它是"利用"的基础和前提，所有的"利用"，也是为了更好的"保护"和展示文化遗产的价值。抢救第一，也是指出在保护时应该"先救命，后治病"。"合理利用"，指灵活而合理的使用可以使文化遗产得到持续发展和永续利用，但过度利用只会减少文化遗产的寿命和价值。

保护建筑遗产，应当充分体现保护理念，即真实性、完整性、延续性、安全性、"原址保护"、"减少干预"、"保护现有实物原状与历史信息""必须保护文物环境"等基本理念和工作底线，以及"修缮不允许以追求新鲜华丽为目的"的明确要求。

为了尽可能突破建筑遗产所携带的历史信息的局限性和片面性，争取获得更为真实有效地背景资料，以便科学有效地保护这些遗产，我们需要做好充分的"四有"工作。

第一，要确认建筑遗产划定必要的保护范围。其目的一是为使建筑遗产和历史环境不被破坏；二是进入建筑遗产区域应有一个过渡空间。保护范围的划定视文物保护单位的类别、规模、地理位置和周围环境不同而不同。

第二，做出标志和说明介绍。我们有责任也有义务向世界、向我们的子孙展示这些承载历史和价值的遗产。

第三，建立科学记录档案。档案的内容包括文献、文字记录、拓片、照片、模型、实测图纸、录像、影片等。其目的一是宣传研究；二是为建筑遗产的保护修缮提供科学有效的依据；三是作为历史资料永久保存。

第四，设立专门保管机构和有效的保护措施。设立专门保管机构是为了把保管的责任落实到具体机构上，便于保管和研究。

3.4 古建筑遗产的保护

3.4.1 我国古建筑遗产的特点

古建筑的主体营造材料多样，有木、砖、石、夯土、琉璃、金属等，它们都是我国优秀文化遗产的重要组成部分，其中木构建筑是中国传统建筑的主体。

早在六七千年前，我国广大地区就开始创造原始的木架建筑，例如黄河流域的木骨泥墙、长江流域的干阑式建筑。因为木构建筑具有取材方便、适应性强、抗震性能较好、施工速度快、便于修缮搬迁等优势；且古时尚能满足人类对木材的需求量，再加上传统观念的束缚以及没有强有力的外来因素的冲击，直到 19 世纪末、20 世纪初，木构建筑仍然牢牢占据我国建筑的主流地位。如不遇天灾人祸，木构建筑被匠人修修补补后可以使用相当长久的时间。我国现存最早的木构建筑山西五台南禅寺距今已有 1200 多年历史。

但是木构建筑也有其致命的劣势。一是易遭火灾。明永乐十九年（公元 1421 年），故宫三大殿因遭雷击引起火灾，大火熊熊，势不可挡。在这场大火之后的十几年时间内，宫内几乎年年失火，所以故宫三大殿直到 19 年之后才重新修复。二是易糟朽和糟虫蛀，潮湿的环境不仅会使木头腐朽而且为白蚁的生存提供温床。白蚁隐藏在木结构内部，破坏或损坏其承重点，往往造成房屋突然倒塌。三是木材也有生命，需要人的生活气息滋养。长期无人居住或者废弃的木构建筑很容易糟朽，甚至倒塌。山西晋东南地区深藏着大量亟待保护修缮的古建，以村庙居多，虽然政府及专家学者以及民间志愿者呼吁并修缮，但仍有大多被废弃，并任由自生自灭；有些是全国文保单位，有些是市级，有些甚至没有认定保护级别。有些虽然文物等级低，但不一定文物价值低，任由这些宝贵的建筑遗产自生自灭，令人不禁心痛（图 3-11）。

另外，夯土、土坯砖这类建筑容易受潮，长时间裸露室外易风化。相比较而言，砖石、琉璃、金属等材质的建筑遗产主要以清洗、修补、烧制等工艺为主，不像木构建筑保护修缮的情况那么复杂。

3.4.2 古建筑遗产保护方法

对于古建筑遗产的保护，根据古建筑的实际质量情况，可采用以下几种方法：

图 3-11　山西长子县唐代玉皇庙（图片来源：唐大华摄）

（1）经常性的保养。

（2）抢救性的加固。

（3）有重点的加固。

（4）"修旧如旧"的复原。

（5）落架。"落架"专指当木构架中主要承重构件残损，有待彻底整修或更换时，先将木构架局部或全部拆落，修配后再按原状安装的维修方法。同时，落架只适合于木结构的建筑，许多近现代建筑是砖混结构，如果拆掉，就不可能恢复原状。山西晋祠圣母殿曾因沉降之势不断加剧而落架大修，殿内珍贵的彩画、密布的雕塑以及纵横交错的梁架都得以完整保护（图 3-12）。

图 3-12　晋祠圣母殿（照片来源：搜狐网）

3.4.3　案例介绍

河北蓟县独乐寺是全国重点文物保护单位，位于县城西大街北侧，寺内现存观音阁为辽统和二年（公元 984 年）重建（图 3-13、图 3-14）。明万历二十五年和清顺治十五年、乾隆十八年、光绪二十七年都进行过修缮，但木构件仍保持辽代建筑风格，主体建构保持完整，没有大修的痕迹。

图 3-13　蓟县独乐寺观音阁外观　　　　图 3-14　观音阁室内（照片来源：
（照片来源：腾讯网"我国典型榫卯建筑"）　　　　凤凰网"华人佛教"）

20 世纪 90 年代初，天津大学等单位联合对观音阁进行勘测，其中大木架柱网的现状问题是："①柱网变形普遍存在，不甚规则；②三层柱网变形相互影响；③三、四轴线柱子变形较大，为薄弱部分。"针对上述问题，采取以下修缮对策：一是局部落架拨正；二是木构架加固；三是观音菩萨像的保护。

3.5　近现代建筑遗产的保护与再利用

在中国近代建筑历史进程中，一方面是中国传统建筑的延续，另一方面是西方外来建筑的传播。这两种建筑活动的相互作用，构成了中国近代建筑史的主线。

3.5.1　近现代建筑遗产的保护历程

中国近代的文物保护观念和方法开始于 20 世纪 30 年代。中华人民共和国成立以后，在有效保护了一大批濒于毁坏的古迹的同时，形成了符合我国国情的保护理论和指导原则，并颁布了《中华人民共和国文物保护法》（简称《文物法》）和相关的法规。在此基础上，参照以 1964 年《国际古迹保护与修复宪章》（《威尼斯宪章》）为代表的国际原则，于 2002 年制定并颁布了《中国文物古迹保护准则》。它是在《文物法》的体系框架下，对文物古迹保护工作进行指导的行业规则和评价工作成果的主要标准，也是对保护法规相关条款的专业性阐释，同时可以作为处理有关文物古迹事务时的专业依据。

《文物法》第四十七条定义"历史建筑"，是指各地方政府根据城市自身历史和建筑特点对"历史建筑"进行级别评定。如上海市将有特色的历史建筑称为"优秀历史建筑"，按照其价值分为一至四类保护级别；天津市称为"历史风貌建筑"，分特殊、重点、一般三个保护等级。

3.5.2　近现代建筑遗产再利用的原则

1）保护与利用相结合

在严格遵循文物保护或历史建筑保护要求的前提下，妥善合理地利用文物建筑或历史建筑，是保护并使其传之久远的一个好方法。它不仅有助于保护，而且赋予历史建筑新的活力。

2）根据性质区别对待

对具有考古价值的建筑，不应触动建筑结构和改变其周围环境；对具有宗教信仰价值的建筑，应当绝对保持该建筑的纯粹性，并在一定的时候严格限制参观游览活动；对具有较高经济价值的建筑，应当在兼顾其他价值的同时致力于开发利用。

3）尽可能保持原功能

保持建筑的原有功能意味着可对建筑进行最少的变更，因为有利于保存文物建筑各方面的价值。

4）应与恢复周边地段活力相结合

《内罗毕建议》提出："在保护和修缮的同时，要采取恢复生命力的行动"。为此，许多国家和地区在对文物建筑进行保护、修缮和使用的同时，还制定了专门的政策，以复苏历史建筑及其所在地区的社会文化发展中起促进作用，同时把保护和重新利用历史建筑同城市建设过程结合起来，使之具有新的意义。

3.5.3 近现代建筑遗产利用方式

1）继续原有的用途与功能

宗教、行政、园林等类型的建筑遗产，由于其自身悠久的历史底蕴和丰富的文化内涵，使得它们相对于其他新建的同类建筑具有更大的建筑魅力。因此，对于这些建筑继续保持其原有用途与功能是一种最佳的利用方式，同时这也是最有利于建筑遗产保护的利用方式。

2）改变原有用途另作他用

（1）作为博物馆使用

博物馆的功能与建筑遗产深厚的文化内涵最为契合，这种方式被公认为能够最大限度发挥效益的使用方式，如罗马的梵蒂冈博物馆和我国的故宫博物院。

（2）作为学校、图书馆等文化设施使用

建筑遗产的文化底蕴能够很好地彰显大学校园、图书馆等文化类建筑的人文气质。欧洲许多大学都是利用古建筑作为教学楼，我国也不乏实例，如北京国家图书馆、上海图书馆等。

（3）作为旅游服务设施使用

对于一些保护要求较低的旧建筑，改造为旅馆、餐馆等旅游服务设施使用，可以为当地带来较大的经济效益，同时提高地区的吸引力。

（4）留作城市地标或参观游览场所

有些建筑遗产，由于各种原因而不能或不宜继续保持原有用途，但它却代表了城市发展历史中重要的阶段或事件，代表了某一时期的建筑艺术或技术的成就。对这类文物应该维护其既有状况，保留其作为城市地标，以时刻让人们感受到城市发展的历史脉络，同时亦可作为参观游览场所。

3）案例介绍——上海科学会堂保护修缮工程

位于上海市南昌路 47 号的科学会堂，始建于 1904 年，原为法商球场总会、法国学校。其砖混木屋架混合结构，是一座具有法国文艺复兴特征的古典式建筑，新中国成立后辟为科技工作者活动场所，由陈毅市长题名为"科学会堂"并使用至今。该建筑历经改扩建之后形成东西延展长达130余米、错落有致的红瓦坡屋顶建筑。1994年被公布为上海市第二批优秀历史建筑和卢湾区登记不可移动文物。

该工程的前期资料搜集至关重要，包括历史图纸、历史照片、相关档案、现状调查等。首先应当充分熟知这些资料，并将资料与实景对应。考虑到上海科学会堂修缮后将成为科协接待专家贵宾、举行人数略少的学术交流活动的重要场所，所以明确保护修缮的重点方向是功能完善和设备更新、外立面修缮与复原、展示历史信息和宣传保护理念。另外，根据三大保护修缮方向，深入进行切实有效的保护修缮设计。

功能完善和设备更新。修缮设计在尊重结构形式的基础上首先疏通廊道、梳理交通流线，并根据历史图纸结合使用需求，恢复高畅的大空间格局。修缮设计除利用地垄墙空间设置电缆外，主要利用坡屋面屋架空间布置暖通、消防、电气管线，既合理利用木屋架空间，也便于设备检修。在不影响南北主要立面风貌的情况下，设计通过东庭院内增设无障碍坡道、利用原内天井增设无障碍电梯、加建无障碍卫生间等方式，满足无障碍需求，提升历史建筑的使用品质。

外立面修缮与复原（图3-15）。外墙采用青砖，面层做鹅卵石饰面。但在修缮之前，已被岁月留下的若干层涂料覆盖，在内天井地板下发现为涂刷涂料的早期灰黑色鹅卵石饰面，经过近一年数十次的工艺试样及专家现场论证后，最终采取将原卵石取下清洗掉涂料后，按照原工艺重新制作卵石饰面的施工方案，卵石数量不足的采用同粒径、色彩、配比的卵石补充。另外还有南平台和落地窗根据历史图纸以及功能需要进行复原。

展示历史信息和宣传保护理念（图3-16）。每一个历史建筑都有其独特的建筑特征和历史信息，通过保护工程，梳理建筑的历史、人文资料，并将其中的特色予以说明展示，也是保护建筑历史信息和宣传历史建筑保护理念的重要内容。

图3-15　修缮后南立面（照片来源：宿新宝摄）　　图3-16·修缮后的主楼梯（照片来源：宿新宝摄）

3.5.4　工业建筑遗产的保护与再利用

国际工业遗产保护联合会于2003年7月在下塔吉尔通过《关于工业遗产的下塔吉尔宪章》。宪章对工业遗产的定义是："凡为工业活动所造建筑与结构、此类建筑与结构中所含工艺和工具，以及这类建筑与结构所处城镇与景观及其所有其他物质和非物质表现，均具备至关重要的意义……工业遗产包括具有历史、技术、社会、建筑或科学价值的工业文化遗迹，包括建筑和机械、厂房、生产作坊和工厂矿场以及加工提炼遗址，仓库货栈，生产、转换和使用的场所，交通运输及其基础设施以及用于住所、宗教崇拜或教育等和工业相关的社会活动场所。"2007年，第三次全国文物普查增加了工业遗产、乡土建筑、老字号等新的文化遗产品类。工业遗产被正式纳入我国建筑遗产的行列。

1）工业遗产的定义

工业遗产也称"产业遗产"，是指工业文明的遗存。它们具有历史的、科技的、社会的、建筑的或科学的价值。这些遗存包括建筑、机械、车间、工厂、选矿和冶炼的矿场和矿区、货栈仓库，能源生产、输送和利用的场所，运输及基础设施，以及与工业相关的社会活动场所，如住宅、宗教和教育设施等。

工业考古学是对所有工业遗存证据进行多学科研究的方法。这些遗存证据包括物质的和非物质的，如为工业生产服务的或由工业生产创造的文件档案、人工制品、地层和工程结构、人居环境以及自然景观和城镇景观等。工业考古学采用了最适当的调查研究方法，以增进对工业历史和现实的认识。

具有重要影响的历史时期始于18世纪下半叶的工业革命，直到当代，当然也要研究更早的前工业和原始工业起源。此外，也要注重对归属于科技史的产品和生产技术研究。

2）工业遗产的价值

（1）工业遗产是工业活动的见证，这些活动一直对后世产生着深远的影响。保护工业遗产的动机在于这些历史证据的普遍价值，而不仅仅是那些独特遗址的唯一性。

（2）工业遗产作为普通人们生活记录的一部分，并提供了重要的可识别性感受，因而具有社会价值。工业遗产在生产、工程、建筑方面具有技术和科学的价值，也可能因其建筑设计和规划方面的品质而具有重要的美学价值。

（3）这些价值是工业遗址本身、建筑物、构件、机器和装置所固有的。它存在于工业景观中，存在于成文档案中，也存在于一些无形记录，如人的记忆与习俗中。

（4）特殊生产过程的残存、遗址的类型或景观，由此产生的稀缺性增加了其特别的价值，应当被慎重地评价。早期和最先出现的例子更具有特殊的价值。

3）工业遗产的保护历程

（1）国外工业遗产保护的发展历程

工业遗产是人类工业文明、历史文化遗产资源的重要载体，是城市文化的重要组成部分。狭义工业遗产建筑，是指18世纪从英国开始，以采用钢铁等新材料、煤炭、石油等新能源，采用机器生产为主要特点的工业革命后的工业遗存。在19世纪末期英国出现了"工业考古学"，强调对工业革命与工业大发展时期的工业遗迹和遗物加以记录和保护。

1978年，在瑞典召开的第三届工业纪念物保护国际会议上成立了有关工业遗产保护的国际性组织，即国际工业遗产保护联合会，引起世界各国对于工业遗产的关注。1980年，英国利用铁桥谷工业旧址进行工业遗产旅游，开始关注在整体景观框架中保护工业遗产价值的理念。1986年，铁桥谷工业旧址以"第一个工业遗产"被联合国教科文组织列入《世界遗产名录》，截至2008年7月，包括了广义的工业遗产在内的，有22个国家34处世界遗产是工业遗产，占现有878处世界遗产总量的3.9％。2003年7月，国际工业遗产保护联合会在俄国下塔吉尔通过保护工业遗产的《关于工业遗产的下塔吉尔宪章》，阐述了工业遗产的定义。它包括建筑和机械、厂房、生产作坊和工厂、矿场以及加工提炼遗址、仓库货栈、交通运输及其基础设施，以及用于住所、宗教崇拜或教育等和工业相关的社会活动场所。还指出工业遗产的价值，以及认定、记录和研究的重要性。并就立法保护、维修保护、教育培训、宣传展示等方面提出了原则、规范和方法的指导性意见。自欧洲工业革命结束至今，工业遗产从逐步形成保护概念，到今天工业遗产保护对象的时间跨度、保护对象的范围，以及保护内容方面所具有的丰富内涵与外延逐渐被全世界关注和认知，保护工业遗产，保护文化的多样性，已成为国际社会义不容辞的历史责任。

（2）中国工业遗产保护发展历程

我国从 19 世纪末 20 世纪初以来，在现代化进程中保留下来的工业遗产资源非常丰富。国家文物局从 20 世纪 90 年代末开始，选择一些具有文物价值的建筑群、厂矿旧址、交通运输、生产设施等工业遗产列为文物保护单位予以保护。至迟在 2001 年国家文物局报请国务院公布的第五批全国重点文物保护单位名单中，大庆油田第一口油井和位于青海省的中国第一个核武器研制基地等被列入国家保护名单。现已有中东铁路建筑群、南通大生纱厂、钱塘江大桥、云南个旧市鸡街火车站等 10 余处工业遗产成为全国重点文物保护单位。

2006 年，值"4·18"国际古迹遗址日，国家文物局在无锡举办了首次中国工业遗产论坛，通过了我国首部关于工业遗产保护的共识文件——《无锡建议》。会后下发了《关于加强工业遗产保护的通知》，拉开了工业遗产保护的序幕。2007 年开始的第三次全国文物普查，国家文物局要求各地将工业遗产列为重点普查对象。一些地方政府开展了工业遗产保护与利用的尝试，许多工业遗产建筑被公布为历史保护建筑，或列入近现代建筑名单的保护对象。一些城市在城市化进程和工业布局调整中，重视工业遗产保护，取得了令人称道的业绩，出现了专业博物馆、主题公园或会展中心、历史陈列馆、文化艺术创意中心、旅游购物相结合的商业场所或原生态保护等多种工业遗产利用模式。如上海 632 处优秀历史建筑中有 40 处属工业遗产建筑，陆续公布的四批 78 处现代创意园区中，有 75 处园区位于工业遗产的保护区域；在进行苏州河改造工程的同时，对历史地段的功能重新定位，沿河的传统工业建筑群逐渐成为建筑设计、广告策划、艺术展示等业态的聚集地。

4）工业建筑遗产的保护与再利用的原则

工业遗产作为生活和城市的记忆，是文化遗产中不可分割的一部分。我们倡导，在我国文化遗产保护事业中，深入探讨我国工业遗产保护的整体思路和工作方式，逐步形成完善、科学、有效的保护管理体系。建立认定、规划、保护制度，完善法规和技术规范，搭建不同学科、领域、部门密切协作的平台，尽可能挖掘、保护工业遗产在历史、社会、文化、经济、科技和审美等多方面的价值，赋予工业遗产以新的内涵和功能，注入新的活力，融入当代城市生活，实现工业遗产保护与城市经济社会环境的互动发展。首先，对工业遗产尽快进行普查，摸清家底，备案登记，建立遗产清单，研究工业遗产保护办法，确定分级分类保护标准。第二，继续做好将具有一定文物价值的工业遗产及时公布为文物保护单位，或登记为不可移动文物，并分类制定保护规划，依法对一些不同时期代表性工业遗产进行整体、系统保护。近期，我们将结合正在进行的第三次全国文物普查和即将展开的第七批全国重点文物保护单位申报、遴选、制定作为文物保护单位保护的工业遗产的认定、评估标准。第三，对于较为集中的一些工业遗产，应编制工业遗产保护专项规划实施，整体保护，纳入城乡规划。第四，各种工业遗产保护与利用模式，要根据工业遗产自身的功能、建筑特点和其自身所承载的历史文化信息，结合城市或地区社会、经济、文化建设，在不破坏工业遗产整体价值的前提下，合理利用，保护好不同发展阶段有价值的工业遗存，给后人留下工业发展尤其是近现代工业化的风貌，留下相对完整的社会发展轨迹。

5）案例介绍

大华纱厂是西安最早的现代纺织企业，始建于1935年。受大华纱厂的影响，陕西曾一度成为全国重要的棉纺织工业基地。20世纪80年代，大华纱厂开始亏损，最终于2008年破产。大华纱厂占地面积27.04万 m^2，建筑面积19.32万 m^2，破产前在职员工3000多人，年生产能力为纱7000t、布3500万m，拥有多座生产车间，形成一片工业建筑群。

合理保护和利用该工业建筑遗产首先是最大程度地将原有建筑风貌与现代城市功能相结合，利用原有民用建筑材料与现代装饰材料相对衬，注重公共空间和交流空间的合理改造，承袭珍贵的近代工业文明遗存，集合现代社会城市的综合功能，定位为涵盖文化艺术中心、工业遗产博物馆、小剧场集群、购物街区等城市生活多种功能、多样文化、多元消费的文化商业区（图3-17，图3-18）。

图3-17 大华纱厂改造后室外   图3-18 大华纱厂改造后的博物馆室内
（照片来源：西安市曲江新曲管委会.   （照片来源：作者自摄）
《裂变中的西安文化特色》. 2014）

3.6 历史文化名城名镇名村保护

中国有关历史文化名城保护的大规模讨论开始于20世纪80年代初期。特别是改革开放之后，对文化遗产的保护，以及文物建筑周边环境和城市历史文化特征的保护开始成为学界关心的问题。2008年4月22日，国务院公布了《历史文化名城名镇名村保护条例》。

保存文物特别丰富并且具有重大历史价值或者革命纪念意义的城市，由国务院核定通过后才可成为历史文化名城。申报历史文化名镇名村，由省、自治区、直辖市人民政府批准公布。

历史文化名城名镇名村具备以下四个特点：

1）保存文物特别丰富；

2）历史建筑集中成片；

3）保留着传统格局和历史风貌；

4）历史上曾经作为政治、经济、文化、交通中心或者军事要地，或者发生过重要历史事件，或者其传统产业、历史上建设的重大工程对本地区的发展产生过重要影响，或者能够集中反映本地区建筑的文化特色、民族特色。

1982年，国务院公布了第一批国家历史文化名城，一共有24个城市，分别是北京、承德、大同、南京、苏州、扬州、杭州、绍兴、泉州、景德镇、曲阜、洛阳、开封、江陵、长沙、广州、桂林、成都、遵义、昆明、大理、拉萨、西安、延安。在1982年、1994年分别公布了第二批和第三批国家历史文化名城，共计75个城市。随后又增补了若干座历史文化名城，截止到2014年8月17日，已有125座城市（琼州市已并入海口市，两者算一座）列入国家历史文化名城的名单中（表3-3）。

国家历史文化名城表　　　　　　　　　　　　　　　　　　表3-3

国家历史文化名城（截至2014年8月）		数量
（直辖市）	北京市、天津市、上海市、重庆市	4
黑龙江	哈尔滨市、齐齐哈尔市	2
吉林	吉林市、集安市	2
辽宁	沈阳市	1
内蒙古	呼和浩特市	1
山西	大同市、平遥县、新绛县、代县、祁县、太原市	6
河北	承德市、保定市、正定县、邯郸市、山海关区	5
山东	曲阜、济南市、聊城市、邹城市、青岛市、临淄区、泰安市、蓬莱市、烟台市、青州市	10
河南	洛阳市、开封市、商丘市、安阳市、南阳市、浚县、郑州市、濮阳市	8
安徽	亳州市、歙县、寿县、安庆市、绩溪县	5
江苏	南京市、苏州市、扬州市、淮安市、常熟市、徐州市、镇江市、无锡市、南通市、宜兴市、泰州市	11
浙江	杭州市、绍兴市、宁波市、衢州市、临海市、金华市、嘉兴市、湖州市	8
江西	景德镇市、南昌市、赣州市	3
福建	泉州市、福州市、漳州市、长汀县	4
湖北	荆州区、武汉市、襄阳市、随州市、钟祥市	5
湖南	长沙市、岳阳市、凤凰县	3
广东	广州市、潮州市、肇庆市、佛山市、梅州市、雷州市、中山市	7
广西	桂林市、柳州市、北海市	3
海南	海口市	1
陕西	西安市、延安市、韩城市、榆林市、咸阳市、汉中市	6
宁夏	银川市	1
甘肃	武威市、张掖市、敦煌市、天水市	4
青海	同仁县	1
新疆	喀什市、吐鲁番市、特克斯县、库车县、伊宁市	5
四川	成都市、阆中市、宜宾市、自贡市、乐山市、都江堰市、泸州市、会理县	8
贵州	遵义市、镇远县	2
云南	昆明市、大理市、丽江市、建水县、巍山县、会泽县	6
西藏	拉萨市、桑珠孜区、江孜县	3

历史文化名城包含以下几种类型：

（1）古都型：以古都的历史遗存物、风貌为特点的城市，如北京、西安等。

（2）传统风貌型：保留了一个或几个历史时期积淀的完整建筑群的城市，如商丘、平遥等。

（3）风景名胜型：建筑与山水环境的叠加而显示出鲜明个性特征的城市，如桂林、苏州等。

（4）地方及民族特色型：以地域特色或独自的个性特征、民族风情、地方文化构成城市风貌主体的城市，如丽江、拉萨等。

（5）近现代史迹型：反映历史上某一事件或某个阶段的建筑物或建筑群为其显著特色的城市，如上海、重庆等。

（6）特殊职能型：某种职能在历史上占有极突出的地位的城市，如"瓷都"景德镇、"盐城"自贡等。

（7）一般史迹型：分散在全城各处的文物古迹为历史传统主要体现方式的城市，如济南、长沙等。

历史文化名城批准公布后，历史文化名城人民政府应当组织编制历史文化名城保护规划。历史文化名镇名村批准公布后，所在地县级人民政府应当组织编制历史文化名镇名村保护规划。保护规划应当自历史文化名城名镇名村批准公布之日起1年内编制完成。

保护规划应当包括下列内容：

（1）保护原则、保护内容和保护范围；

（2）保护措施、开发强度和建设控制要求；

（3）传统格局和历史风貌保护要求；

（4）历史文化街区、名镇名村的核心保护范围和建设控制地带；

（5）保护规划分期实施方案。

在对历史名城名镇名村的保护措施中，一定做到整体保护，保持传统格局、历史风貌和空间尺度，不得改变与其相互依存的自然景观和环境。按照保护规划，控制历史文化名城名镇名村的人口数量，改善历史文化名城名镇名村的基础设施、公共服务设施和居住环境。在保护范围内从事的建设活动，应当符合保护规划要求，不得损害历史文化遗产的真实性和完整性，不得对其传统格局和历史风貌构成破坏性影响。

第4章 场地生境营造

"场地生境营造"是涉及生态性原则的景观设计原理与方法之一。它是指通过对城市建设场地中日照、通风、水文、温湿度、地貌地形、土壤、植被等自然环境因素和建构筑物、道路铺地、基础设施等人工环境因素的影响的分析和利用；基于场地设计，保护、恢复和营造自然与人工环境要素，形成"人工干预、自然形成"的物种群落栖息场所；目的是与人类社会生活相协调，营建健康优美的人居环境。

4.1 场地与生境

4.1.1 场地与场地设计

1）场地

场地也可称为基地，是人们开展项目策划和营建活动的具体实施建设用地。它是由用地内日照、通风、水文、温湿度、地貌地形、土壤、植被等自然环境因素和建构筑物、道路铺地、基础设施等人工环境因素，用地周边环境以及所处自然、人文及社会区位环境共同构成的。一般场地的范围小于 $1.0km^2$，相当于一个厂区、居民小区或自然村。

2）场地设计

在一块或几块建设用地上，按照一个总体设计方案实施的一个或几个工程项目的综合，称为建设项目。为使项目的总体建设与开发达到功能实用、经济合理、技术先进并符合规范的目的，必须对各类设施及其间的各种活动在时空中做出具体合理的组织与安排。

场地设计是对场地内各种建筑物、道路、管线工程及其他构筑物和设施所做的综合布置与设计，是决定建筑和景观环境建成后成功与否的重要环节。它一般包括以下7个方面的内容：

（1）现状分析。分析场地及其周围的自然条件、建设条件和城乡规划的要求等，明确影响场地设计的各种因素及问题，并提出初步解决方案。

（2）场地布局。结合场地的现状条件，分析研究建设项目的各种使用功能要求，明确功能分区，合理确定场地内建筑物、构筑物及其他工程设施相互间的空间关系，并具体进行平面布置。

（3）交通流线组织。合理组织场地内的各种交通流线，避免各种人流、车流之间的相互交叉干扰，并进行道路、停车场地、出入口等交通设施的具体布置。

（4）竖向布置。结合地形，拟定场地的竖向布置方案，有效组织地面排水，核定土石方工程量，确定场地各部分的设计标高和建筑室内地坪的设计高程，合理进行场地的竖向设计。

（5）管线综合。合理进行场地的管线综合布置，具体确定各种管线在地下的走向、平行敷设顺序、管线间距、架设高度或埋设深度等，避免其相互干扰。

（6）环境设计与保护。合理组织场地的室外环境空间，综合布置各种环境设施，有效控制噪声等环境污染，创造优美宜人的室外环境。

（7）技术经济分析。核算场地设计方案的各项技术经济指标，满足有关规划的控制要求，核定场地室外工程量与造价，进行必要的技术经济分析与论证。

由于场地的自然条件、建设条件的差异，以及建设项目的不同，场地设计的内容因具体情况而有所侧重。地形变化大的场地须重点处理好竖向设计；滨水场地要解决防洪问题；处在城市建成区以外的场地，应着重处理好与自然环境、农业环境的协调关系。

4.1.2 场地中的生境

1）生境与生境因子

生境一词是来自生态学，又称栖息地。指生物的个体、种群或群落栖息演替的生活环境，包括必需的生存条件和其他对生物起作用的生态因素。生境是由生物和非生物因子综合形成的，而描述一个生物群落的生境时通常只包括非生物的环境。

生境因子是指环境中对生物的个体、种群或群落的生长、发育、繁殖和分布有直接或间接的影响因素，主要有光、热（温度）、水分、空气和土壤；其他影响因子有地形、人为活动和生物等。通过改变或创造上述生境因子，从而影响生物生长状况与分布规律。景观设计中的植物设计要素，是生物个体、种群和群落中的重要构成。

生境因子在具体环境中存在着主次限定等不同的影响作用，构成植物群落栖息演替的生境条件。生境条件包含：大环境的影响，如不同自然地理区的气候、海拔高度及地质地貌、水文土壤等条件；小环境的影响，如日照、通风、温湿度，以及土壤、水、地形和生物（包括动物、植物、微生物）等因素保持原状；它们共同构成植物的生长环境。同一气候条件下，植物的种植类型、群落组织以及生长演替形成的特征，受到上述各种生态因子主要和次要、有利或有害的生态作用，且随着时间和空间的不同而发生变化。

2）场地中的生境

每一座城市都存在着不同的原始生态系统及其所依赖的生境，由于人类的使用需要，改变了原始生物个体、种群和群落的生境，城市建设和发展过程，是保护、恢复和营建新的生态系统的过程，形成健康安全的城市生态环境。城市建设场地中的建筑物、地形、植物、水体、土壤以及自然环境条件决定着场地中的日照、风向和排水条件，也决定场地内植物个体、种群和群落的生境条件。

4.1.3 生境营造

今天中国城市扩张，意味着大范围的生态环境破坏。城市户外环境中的大量场地，特别是绿地，是城市生态建设的重要内涵。城乡生境环境的营建和形成过程与自然环境不同，除了自然环境因素的影响，更依赖于人工地形、水系、建筑、构筑物、道路、铺地及基础设施等场地实体要素的空间布局，影响种植设计中植物个体和群落的空间分布和生长。

"生境营造"主要指群落生态系统与场地设计相结合，通过人工营建来改善适宜生物群落自然演替生境条件的生态设计理论与方法。目的是用适生群落栖息地所构成的多样化城乡绿地空间，形成人工干预下安全的生态过程，提高城乡人居生态环境质量（图4-1）。

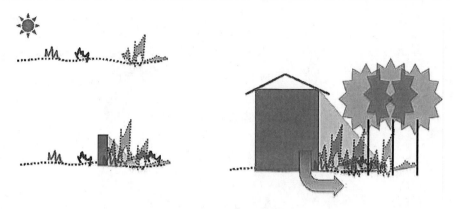

图 4-1　生境营造原理示意图

生境营造的具体内容，首先应该调查分析地域自然环境中的不同本土植物群落生长的生境条件类型；其次，在设计用地布局和空间组织中，通过水系、地形竖向、道路铺地、建筑与构筑物的优化布局与设计，营建和改善影响植物生长的生境因子，营造植物群落生长演替的环境条件，表现自然内在秩序的空间组织，为物种提供适宜的生长演替空间。

4.2　人工湿地生境营造

4.2.1　整体生境格局

湿地是生物多样性最为丰富的环境，城市中人工湿地生境的保护、恢复和营建，是重要的生境营造途径。通过场地设计达到生境营造的目的和价值，需要通过两个层面实现：一是在满足功能活动空间和流线组织基础上，进行场地内外水系和竖向环境的空间布局，形成整体的生境格局；二是生境格局中不同节点，人工改善营造生境因子，形成不同类型的植物群落的生境条件。

根据环境分析，场地中的生境格局布局首先应依据场地原有的生境条件特点，并与其周围环境的水系、地貌、植被群落建立一定的关系。一般而言，建设项目的用地范围，不一定代表了完整的场地生境格局。场地生境格局是通过利用组织场地及周边环境中的水系、地形、植物群落的自然秩序，营造不同生境条件的空间组织关系。主要通过两个途径：一是利用场地竖向条件，建立水系等线性或带状生境空间的联系网络。二是通过水系布局，营造多样化生境条件。

下面通过西北某个城市人工湿地公园设计案例来分析：

1）建立联系与连接，形成合理的水系规划布局

该湿地公园场地中水系的连接和布局构思，是为了修复基地外围大环境的湿地生态，同时营建场地中的各种生境环境（图4-2）。

经过现场调查和自然环境分析，建设基地与整个城市和周围的山系水系成为一体，通过基地东侧人工渠引水，补给西侧大片湿地，水系形成廊道，保护山麓带状空间；同时，

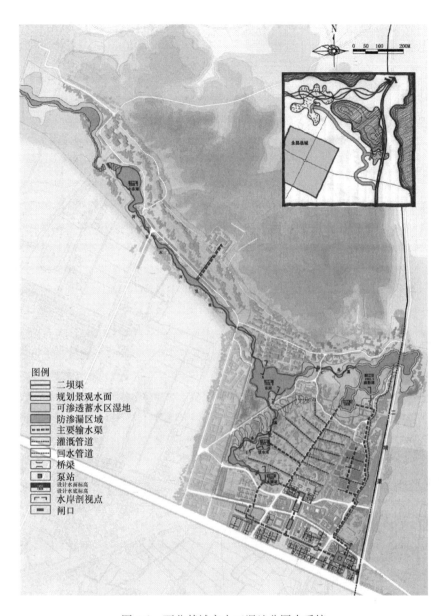

图例
二坝渠
规划景观水面
可渗透蓄水区湿地
防渗漏区域
主要输水渠
灌溉管道
回水管道
桥梁
泵站
设计水面标高
设计水底标高
水岸剖视点
闸口

图 4-2　西北某城市人工湿地公园水系统

恢复原有山脚下坝区河道湿地（图 4-2）。

2）营造多样化生境条件

该湿地公园，因为地处中国西北半干旱地区，水因子成为该地区生境中的主导因子，是生境营造的主导线索。同时，围绕水的组织，形成水的各种不同形态，如较大湖面，溪流，浅滩，潜流，湿地，洼地，沼泽、泥潭等；结合山地、坡地、平地等地形条件，形成多样、丰富的场地生境条件。对于植物的生长而言，所有的场地生境条件营造了各不相同的生长容器，也通过植物群落景观的布局和配置，进而影响视觉感知，构成生态景观。

3）水系设计

水系设计不仅是视觉水景形态的设计，还包含土壤水分条件的创造。水系设计主要包括静态水面、动态溪流、地表径流的构成，以及水岸线设计和相关的水量计算。

（1）水面、溪流与径流——营造生境的基本骨架。该湿地公园的水体由景观水面和生态水系两个系统重叠构成。根据地形，水系由三个比较大的水面串珠形成盆状湖体，在盆湖底部范围采用防渗处理，形成常态的湖面景观，满足视觉审美要求。水盆上部边缘的水土交接处，不作防渗，形成自然下渗地带。水面之间用溪流连接，水岸线拉长，变化丰富。根据水深及土壤含水量的不同种植沉水—浮叶—挺水—湿生—中生—旱生植物，自然驳岸处理形式多样，形成具有不同生态意义的生境条件和植物景观。

（2）利用地形和水的自重力，引水做"功"。该湿地公园基地东侧的灌溉主渠道原为自然河流，由于下游水库蓄水需要，河道在原有河床位置全部渠化。基地东北角的低洼处，有几处泉眼溢出，形成的百米见方的小片湿地。根据坡向，在基地的南侧灌溉主渠道取水，在基地内由自重力作用向北蜿蜒穿越并分为两个水系，向东在东北角恢复原有湿地景观，在基地内下游处再汇入水渠。

（3）水岸岸线的连续和完整。水岸是生态形廊道，保证其完整性和连续性是构成整体生境格局的重要内容。水岸的边缘保持曲折性和一定的宽度；水岸与道路交叉处，采用架空的栈桥，使得岸线不被割断。

（4）水源与水量计算。湿地水系是一个动态平衡的过程，作为人工营造的湿地水系，希望在不断的水流动态变化中保持水面相对稳定和水量相对恒定。因此确定湿地补水、耗水和给水的各项源头及去向，明确湿地水体运行规律，是进行合理水系设计的必要过程。水量计算比较复杂，包含各个因素：①水源：降雨，河流引水，中水，地下水；②湿地耗水：水面保持，湿地下渗，蒸发，植物蒸腾，生物栖息；③水的去向：补充地下水，补充河水，再灌溉和回用。湿地用水量计算公式：

$$W_{总} = W_{换水} + W_{渗透} + W_{蒸发} + W_{灌溉} - W_{降雨}$$

式中：

$W_{总}$——湿地生态环境总需水量（m^3）；

$W_{换水}$——湿地年换水量（m^3）；

$W_{渗透}$——湿地年渗透量（m^3）；

$W_{蒸发}$——湿地年蒸发量（m^3）；

$W_{降雨}$——湿地年降雨量（m^3）。

其中：$W_{换水} = W_{容量} \times n$；$W_{渗透} = \alpha \cdot F$；$W_{蒸发} = E \cdot F$；$W_{降雨} = X \cdot F$

式中：

$W_{容量}$——湿地内水体总容量，是由常水位下各个需换水区面积与平均水深所计算出来的；

n——年换水次数；

F——需换水区域的面积（m^2）；

α——地层渗透系数（m/s）；

E——多年平均蒸发量（mm）；

X——多年平均降雨量（mm）。

4.2.2 地形与竖向设计

1）地形与竖向设计的基本概念

地形是地表的外观,直接联系着土地的利用、排水组织、小气候等众多的环境因素。小尺度的地形一般分为土丘、坡地、平地、洼地、台地等类型。这类地形也被称为"小地形"或者"微地形"。大尺度的地形一般包括山体、川谷、丘陵、平原、草原等类型。这类地形也被称为自然式地貌。大尺度地形的塑造一般形成自然地貌的阴、阳坡面,影响外部环境的局地气候条件。

根据建设项目的使用功能要求,结合场地的自然地形特点、平面功能布局与施工技术条件,在研究建、构筑物及其他设施之间的高程关系的基础上,充分利用地形,减少土方量,因地制宜地确定建筑、道路的竖向位置,合理地组织地面排水,有利于地下管线的敷设等,并解决好场地内外的高程衔接关系。这种对场地地面及建、构筑物等的高程做出的设计与安排,通称为竖向设计。

2)地形与竖向设计的关系

竖向设计是对地形的总体设计,是将地形设计付诸工程建构实施所应涉及的平面形态的尺寸、坡度和位置并与其他建设工程协调的设计过程。因此,地形是竖向设计的主要对象和成果表现。

在景观设计中,地形一般分为两类:人工设计场所的地形和自然式景观地形。在人工设计场所中,通过竖向设计,地形一般以不同标高的地坪和微地形的形式出现,以此营建不同空间层次的环境。在自然式景观中,通过竖向设计,地形一般以土丘、坡地、平地、洼地、台地等形式出现,以此营造不同特征的空间环境。

3)竖向规划与竖向设计

竖向规划是为了满足道路交通、地面排水、建筑布置和园林景观等各方面的综合要求,对自然地形进行综合改造、利用,通过确定坡度、控制高程和平衡土石方等技术手段进行的规划设计。

竖向设计是场地设计中一个重要的有机组成部分,提出包括高程、坡度、朝向、排水方式等内容的设计方案,以保证工程的安全、改善环境小气候以及游人的审美要求等。

竖向设计一般包括场地竖向设计和道路竖向设计。场地竖向设计是从工程角度对场地提出合理的标高、坡度、坡向、排水方向、排水设施(包括雨水口、管沟、渗井等设施)布局方案,整理场地和计算土石方(填挖方量计算)等。道路竖向设计是从工程角度对道路提出合理的标高、坡度(纵坡、横坡)、坡向、排水方向、排水设施(包括雨水口、管沟、渗井等设施)布局方案,计算道路基础的土石方(填挖方量计算),提出道路断面设计方案等。

4)地形与竖向设计中的水的利用

场地竖向形成地表径流——滞与蓄。在降雨条件下,地表通常承担着场地的自然排水功能。而今天的景观设计所关注的地表不仅仅承担场地的排水功能,更多的是通过竖向设计来引导地表水的流动,对地表水进行收集和利用,控制排水与汇水,达到滞流。地表径流的滞留,会带来与迅速排入城市排水系统截然不同的生态和景观效果(图4-3)。

竖向设计构成湿地环境——洼地。地形与竖向设计除了引导场地的排水与汇水,还能通过地形设计塑造能够汇水的洼地或者湿地,使其成为承载地表水的"容器",改变洼地或者湿地的水文条件,为植物群落的演替创造新的生长环境,使地形具有生态效益,成为营造生境的重要内容。美国在某一生态停车场设计中,通过雨水汇集分区和停车场场地的

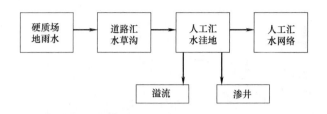

图 4-3　某湿地公园雨水利用系统图

整体竖向关系，设计连续的下沉式洼地，以净化停车场的地表径流水质，营建湿地植物生境（图 4-4）。

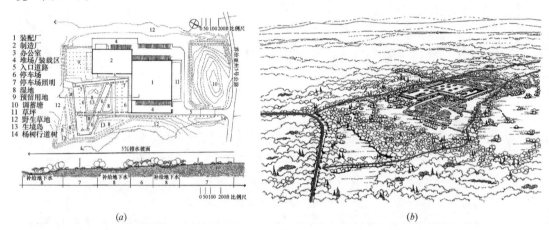

图 4-4　某工厂停车场的生态设计（2005 年美国景观设计师协会获奖作品）

（a）生态停车场总平面图、剖面图；（b）生态停车场鸟瞰图

（a）图片来源：根据 Nigel Dunnett and Andy Clayden. RAIN GARDENS Managing water sustainably in the garden and designed landscape ［M］. Porland（USA）：Timber Press，Inc. 2007. 改绘

4.2.3　道路系统

为了减少道路对植物生境系统的破坏，湿地环境中园路规划设计应该满足以下几方面的要求：

1）增加道路廊道的联系作用，减少割裂

路作为一种特殊的廊道，它具有双重作用：一方面作为脉络和纽带的联系作用，具有引导游览、组织交通、构景等功能；另一方面，它将一个大的生境斑块划分成若干小斑块，破坏了生态系统的完整性。

2）降低主要车行园路比例和路网密度

道路用地比例和路网密度决定着格局中生境斑块的大小、形状等因素，对生物多样性产生重要影响。目前的园林设计理论将园路和广场归为同一类用地，推荐一般综合性公园的园路用地比例为 10%～15%。

3）合理选线，保证地表径流的联通

道路的修建与自然地形相适应，避免切坡和填挖，减少土方填挖对自然生境的破坏。在道路选线与地表径流交叉处，道路尽量采用架空的处理方式或采用过水路面，保持地表

72

径流的联通（图4-5）。

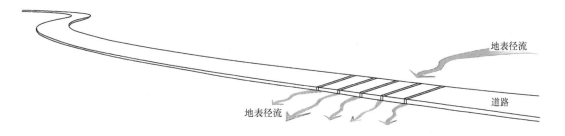

图4-5　过水路面示意图

4）工程措施

采用窄路优于宽路，曲路优于直路，采用自然材料的简易路优于整体路，沥青路优于水泥路，路堑型优于路堤型，无缘石优于有缘石，目的是使自然降水可以流入路旁的绿地洼地（图4-6）。

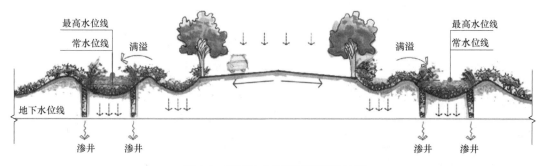

图4-6　某湿地公园园路断面设计图

4.2.4　建、构筑物的布局

建、构筑物布局方式需要考虑地表径流的组织，在干旱地区还要考虑水源供给的可能性，如组团、群组集中式布局，有利于雨水由屋顶汇集到室外铺装场地，从而成为水源。屋顶雨水，建筑外场地的雨水及建筑内的中水处理都可以成为水源。同时在干旱半干旱地区，建、构筑物的阴影能够减少蒸发，保护水源。

4.3　雨水花园设计

4.3.1　雨水花园的内涵

1）雨水花园

雨水花园是场地中引入景观设计元素来利用和管理降雨而营建的人工设施，以减少城市洪水和污染方面的问题。它是由自然形成的或人工挖掘的浅凹绿地，汇聚吸收来自屋顶或地面的雨水，通过植物、沙土的综合作用使雨水得到净化，并使之逐渐渗入土壤，涵养地下水；或使之补给景观、灌溉等功能用水。它是一种生态可持续的雨洪控制与雨水利用设施。

2）雨水花园的功能

雨水花园的主要功能包含三个方面：一是减少城市内涝。通过场地内对屋面和地面非渗透表层雨水的吸收、汇聚和下渗，减缓雨水向城市管网外排，进而缓解城市内涝，和下游的洪峰灾害。二是净化水质。通过浅凹绿地的植物和沙土砾石等介质土层，使雨水下渗过程中得到净化，减少源头污染；三是增加湿地环境，改善生境条件，营造健康的生态环境。

雨水花园对于生物的多样性是非常有效的，具有丰富的动植物景观，特别是鸟类、昆虫和其他的一些无脊椎动物的出现。其原因是死去的植物和冬季的一些禾本科植物都可以为生物提供冬眠之处；同时植物的种子又可以提供给鸟类食物；特别是在晚夏和晚秋的时候，多种多样的花卉也是花蜜的来源。

4.3.2 雨水花园设计原理

1）雨水链的构成

雨水链就是雨水从降落、排走、收集储存并利用的过程，以及这个过程产生的影响。"雨水花园"就是合理地利用和改变这一过程的空间环境和场地设计。

雨水链的技术内容包括：雨水降落到地表面的方式；减少蒸发并储存那些渗透的雨水；暂时储存并以一定的速率释放滞留雨水；雨水从降落到能储的运输过程（图4-7）。

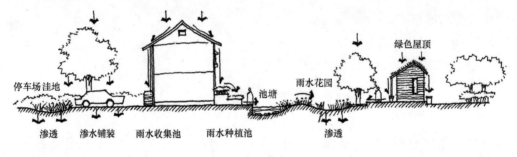

(a)

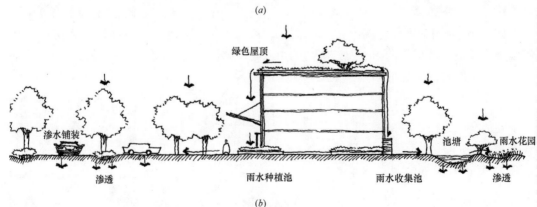

(b)

图4-7　住宅和商业区典型雨水链示意图

(a) 住宅典型雨水链示意图；(b) 商业区雨水链示意图

图片来源：根据 Nigel Dunnett and Andy Clayden. RAIN GARDENS Managing water sustainably in the garden and designed landscape [M]. Porland (USA)：Timber Press，Inc. 2007. 改绘

2）雨水链的基本原则

保证雨水链过程按照严格的顺序联系起来，从建筑屋顶的雨水落水设施开始，然后考虑到地形和场地竖向；让雨水和雨水处理过程能看得见，而不是掩盖起来；这个过程要有创意，随处寻找体现创造性的机会。

3）雨水收集的基本方法

雨水花园可以从场地和屋顶获得水资源。场地中通过雨水的收集和搬运过程的造型设计，不仅可以体现庭院的可持续性价值，并能丰富场地空间环境的美感（图4-8）。

图 4-8　雨水收集示意图

（*a*）雨水渠；（*b*）雨水收集桶；（*c*）集雨铃；（*d*）落水口雨水收集构造一；（*e*）雨水渠；（*f*）落水口雨水收集构造二

图片来源：（*c*）Nigel Dunnett and Andy Clayden. RAIN GARDENS Managing water sustainably in the garden and designed landscape ［M］. Porland（USA）：Timber Press，Inc. 2007.

（*d*）（*f*）根据 Nigel Dunnett and Andy Clayden. RAIN GARDENS Managing water sustainably in the garden and designed landscape ［M］. Porland（USA）：Timber Press，Inc. 2007. 改绘

溢流和水渠——溢流是指雨水脱离了雨链或溅出。水渠是一条在路面或天井内设置的浅水渠。

雨水种植池——雨水种植池是直接从屋顶获得雨水，因为排水管直接通向其中，从而将水渗透或者将其排到雨水链的另一个阶段中（图4-8*d*、*f*）。雨水种植池有两种形式：一种是渗透式，即水分直接渗透到土壤中（图4-8*f*）；另一种是穿过式，即溢出水进入雨

水链的过程（图 4-8d）。其作用可为建筑下部提供种植机会；减少或者使过量的水流走；可以溶入庭院，并成为其中的景观。

雨水渗透——雨水渗透有利于调节微气候，所以要求铺地材料和铺地竖向结构有利于吸收雨水和融雪。其一般方法有：用多孔的可渗水的块石；在铺设单元之间不封缝；设置透水层（图 4-9）。

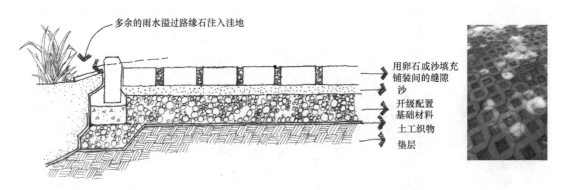

图 4-9　透水铺装断面图

图片来源：根据 Nigel Dunnett and Andy Clayden. RAIN GARDENS Managing water sustainably in the garden and designed landscape［M］. Porland（USA）：Timber Press，Inc. 2007. 改绘

景观沼泽——景观沼泽的作用是储备和转移流下的水，减少一般暴风雨的地表流水。其作用包括：作为储备库为周边景观提供水，并可作为花园、商业发展、停车场、街道、高速公路的水资源储备。在其边上的灌木、乔木、多年生的植物以及野草等可以减少其蒸发量，还可为植物提供水源。在水渗入地下之前，能容纳数个小时或者几天，保持土壤的水分含量，这一过程让污染物沉淀和过滤。种植可选用本土植物，不需要过多的维护管理。

4）雨水花园中的植物种植设计

提倡更为多样和丰富的种植，最有效的是采取"马赛克"形式的栖息地：比如草坪、湿地、森林和灌木丛。雨水花园正是一个很好的营造这种景观的途径。草本和禾本植物在雨水花园中生长茂盛，并且环绕着草坪，依次将草本植物、灌木丛和树林的边缘联系起来。如此群落交错的构建可最大限度地提高生物的价值。两种植被形式和栖息地之间的边界可使动物能够从各个栖息地来共享这个空间。

单一的种植草皮，不利于处理水中的污染物质，而且需要大量的水浇灌，防虫害等免疫的能力也比较低，需要花费大量的金钱去管理。

提倡多样性本土种植。提倡自然的本土种植，让它们延续自生，不断演替，减少管理费用。

影响花园植被生长的因素：

一是水中所富含的营养素——水通过沼泽渗透到池塘，沼泽的植被是过滤器，在水渗透的过程中，这些植被将会得到充足的营养物。而且，水里富含营养素将导致藻类的生长，从而营造一个绿色水环境。

二是控制射入水中的光线——通过植物的遮挡能够控制大部分射到水中的光线。这一点非常重要，因为射入水中光线越多，水里的海藻就生长得越快，如果超过适当值则易导致富营养化。池塘表面百分之五十面积如果有阴影，这个阴影就会减缓藻类的生长。

雨水花园中植被的分类及其作用——边缘植物通常生长在水体边缘的湿润土地上。它们常常都颜色绚丽并且在潮湿的土地上开花。这些植物和草类的花朵和种子可以为野生动物提供食物来源。

浅水浮游植物生长在浅水区的泥土里，而它们的茎、叶子和花却伸入到空气中。芦苇和灯心草就是这种植物的典型，它们是水生无颈椎动物的食物补给站（图4-10）。

图4-10 雨水种植园

深水浮游类水生植物生活在深水处，扎根在池塘的基底，荷花就是其中的一种。它们可以为池塘提供庇荫处，叶子可以为鱼遮阳。水下的浮游植物大多数都一直生长在水面以下，是水里的主要充氧器，并且为水生无颈椎动物和其他水中的生命提供食物资源和遮蔽物。

4.3.3 相关案例

1）东楼花园

东楼花园位于西安建筑科技大学校园内，建筑学院教学楼的北侧，某东、南、西三面环绕着二层和四层建筑物，面积约550m²。建设花园之前，此处是杂物堆场。

花园的设计和施工——通过四处雨水收集设施，截流建筑水落管流下的雨水，使之通过曲折的水渠岸线，以延长水在花园中的流经路径，创造土壤含水条件；结合微地形设计，以及建筑落影和场地内原有的高大乔木所提供的光线条件，营造建筑物阴生环境下的场地生境条件（图4-11）。

花园种植丰富的适应性植物，如芦苇、菖蒲、鸢尾、水蓼、玉簪等和自生的湿生耐阴植物，其他耐旱、耐阴植物分布在地形的高地，如八角金盘、竹子。植物种类的多样为蚯蚓、蜘蛛、蟾蜍、蟋蟀等提供了生存条件，也为鸟类的食源、饮水、停留提供环境。

因为生境的多样，形成丰富的景观效果，吸引人们，增加了驻足频率与驻足时间。

该花园也是风景园林专业与生境实践基地，目的是让学生在种植实践中理解植物生长空间中微地形、光照、水分、土壤等生境因子的影响。

2）柏林路88号雨水花园（德国）

该案例位于住区环境中。它是将来自屋顶及场地的积水过滤后，储存在蓄水池中，通过景观设计，组织场地中的水体景观，在嘈杂的城市环境中创造了一个自然优美的人居场

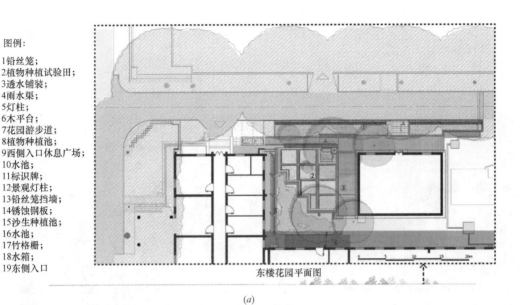

图例:

1铅丝笼;
2植物种植试验田;
3透水铺装;
4雨水渠;
5灯柱;
6木平台;
7花园游步道;
8植物种植池;
9西侧入口休息广场;
10水池;
11标识牌;
12景观灯柱;
13铅丝笼挡墙;
14锈蚀钢板;
15沙生种植池;
16水池;
17竹格栅;
18水箱;
19东侧入口

东楼花园平面图

(a)

图 4-11 东楼花园案例

(a) 平面图;(b)、(c)、(d)、(e) 实景

所。(图 4-12)。

　　该案例是运用了两种专门的湿地形式布置在住宅区内部和周围场地空间中,即街道湿

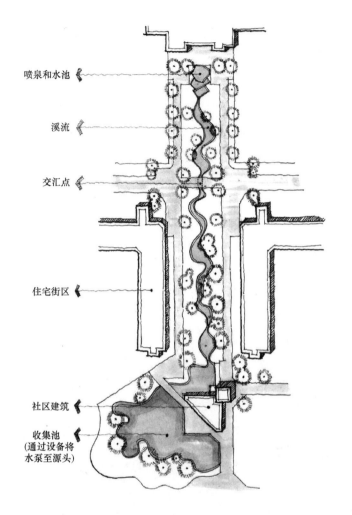

喷泉和水池

溪流

交汇点

住宅街区

社区建筑

收集池
(通过设备将
水泵至源头)

图 4-12　德国柏林，柏林路 88 号雨水花园案例

图片来源：根据 Nigel Dunnett and Andy Clayen. RAIN GARDEAS Managing water Sustainably in the garden and designed loudscape［M］. Porland（USA）：Timber Press，Inc. 2007 改绘

地和停车场湿地。街道湿地将街道上的雨水直接汇入有种植的街道湿地。停车场湿地是雨水通过渗透性的块石路面渗入地下或者溢流进入洼地。其主要方法是"雨水收集池"→"小溪"→"喷泉和池塘"，在对降雨吸收有限的小院子中，利用洼地安装溢流管，把过量的雨水排入总排水管。

植被覆盖的缓坡地区可以起过滤带的作用，它可以从邻近的不透水表面汇集雨水，减缓水流的速度。同时，截留沉淀物和污染物，从而减少小型暴雨径量。

4.3.4　雨水花园建造的注意事项

花园的位置如果接近建筑物时，所有的下渗装置都应该保持距建筑 3m 的距离，以防止水渗入建筑的基础。如果雨水花园位于全部或部分的阳光下，这样不仅能够增加植物的多样性，还能增加水的蒸发，提高花园环境的空气湿度，在热季可以降低花园环境的温度（图 4-13、图 4-14）。

降雨

收集建筑落水   收集建筑落水

溢流   径流

下渗

雨水桶   雨水渠 透水铺装 铅丝笼   溢流口 雨水池 阴生植物种植区   雨水管   建筑屋面集水

图 4-13　雨水花园建造示意图

图 4-14　雨水花园案例——群力国家湿地公园，哈尔滨
（图片来源：海绵城市网/www.CALID.cn）

4.4　种植群落设计

4.4.1　植物群落的内涵及设计应用

1）概念与内涵

"植物群落"是单种植物或多种植物的复杂集合体。但不是所有的植物集合体都可以称为植物群落，只有经过一定的发展过程（也就是选择过程），有一定的"外貌"，有一定的植物种类的配合（种类成分）和一定的"结构"的植物集合体才称为植物群落。

植物群落的外貌、种类组成和结构是植物群落最重要的特点。群落的"外貌"就是群落反映在人们眼中的样子，也称为"相观"。它由四方面因素构成：植物的生活型、植物的种类、植物的季相和植物的生活期。群落中的种类配合称为"种类成分"。它是由优势种构成植物群落的外貌特征，而由种类间的更迭构成植物群落变化的过程序列。

在不同的环境条件下所形成的植物群落，其群落特点是不相同的。在同一个气候区域内相似的环境条件下所形成的植物群落，群落特点是相同的。也就是说，植物群落的特点是和环境相互作用之下而形成的，所以植物群落的概念包含环境在内。因此，植物群落是最能够表达地带性植被与环境的融合特征，最具有地域生境特征的因素。例如：我们视觉中看到郁郁葱葱的常绿阔叶林，即是亚热带气候典型的特征；看到冬季落叶，只有树木枝干的光影，即是暖温带落叶阔叶林区的特征。

2）种植群落设计与一般种植设计的区别

传统的种植设计是在场地、道路、建筑等建设好后，在闲置和空余的地方种植植物。这种设计过程将环境置于配角角色，所设计的种植植物系统仅仅强调其观赏价值及附带功能，对植物种类的选择绝大部分是为了满足审美的需求和植物成活所必需的立地条件，而未能从植物与植物，植物群体与其所生存的空间容器之间的关系等角度去考虑。

相比古老的造园活动的种植设计，植物群落设计是在对自然生境条件的科学、明确解读的条件下，设定预期的植物群落营造的阶段目标，并控制群落动态演替过程中的构成特点，使其有利于持续性进展的植物外貌、种类、结构组织的设计方法。

在生境背景条件下对植物种植所形成群落的低耗、动态、稳定的组织方式，使种植植物群落中的植物种类与立地环境之间建立最佳的配置体系，并同时能够带给人们对自然秩序的美学感知，同时提高城乡、片区、地段、场地等不同级别的空间尺度中的生物多样性。

3）种植群落设计的意义

群落生态设计是城乡建设过程中，对生态建设的切实可行的有效途径。一方面可以更有效地保护自然原生植物群落的良性演替进程，有利于人类的未来；另一方面，面对建设区及周边广布的人工绿地系统，种植群落的设计是城乡生态系统构件重要内容之一，包括有关植物群落的创造、改造和利用等景观设计的研究在内。

4.4.2　种植群落设计的原理与方法

种植群落设计需要符合场地生境特征中的植物立地条件，符合生境的稳定以及植物的美学功能。

1）生境判断与最适宜物种类型的筛选

依据对生境空间中地形、水体、土壤、光照条件、局部气候条件等的概括与判断，往往可以在这些相互制约的因素之中，找到作用于基地的主导或主要制约生境因子。

比对自然条件下，与基地、场地相似生境中，植物群落的构成方式，在建立的数据库中寻找相似的植物种类构成方式；总结植物种类的构成规律。

2）植物群落模式建构——群落垂直构成

确立林地（乔木层）——选择乡土植物和地带性植物，先建立起乔木层，再逐渐加入灌木层和地被。

确立灌丛（灌木层）——灌木种类丰富，株型和色彩多样，是绿地植物群落的重要构成部分，对形成多层次的稳定植物群起着关键作用。

确立草地与地被层。

3）微生境单元的植物序列选择

依据植物生长序列选择速生与慢长植物——在群落结构的下一层级单元中，按照种群、种类来确定和建立优势种群和优势种；建群种及种群、伴生种及种群；优势种构成植物群落的主体。其所占比例各种类不同，且不断变化；自然群落和人工环境的群落中优势种也不相同；建群种在群落的优势层、亚优势层，对群落具有决定性的作用和影响能力。

依据植物季相序列确立观花、观果、观形的植物组织——观花，带来人们对四季的体验和自然的美感；观果，具有经济价值，同时富有地方特色；观形，个体的植物审美和群体观形的优美林冠、林缘线。

依据植物群落传播序列组织自播植物、人工播种序列：自播植物——保留原场地的自然植被，既可以减少投资，又能形成场地特色和最适应场地、最稳定的植物群落。人工播种序列——按照群落整体性和功能性设计群落体系，完成群落的物种选择、结构、序列设计的目标；或对自然群落进行完善、补充性设计，丰富物种，调整树种等。

第5章　场地竖向设计基础知识

5.1　场地竖向设计含义、基本任务及原则

5.1.1　场地竖向设计含义

场地竖向设计或称垂直设计，是对基地的自然地形及建、构筑物进行垂直方向的高程设计，一般在总体布局之后进行。其既要满足使用要求，又要满足经济安全和景观等方面的要求。

5.1.2　场地竖向设计的基本任务

场地竖向设计的基本任务是利用和改造建设用地的原有地形：

（1）选择场地的竖向布置形式，进行场地地面的竖向设计；

（2）确定建筑物室内外地坪标高，构筑物关键部位（如地下建筑的顶板）的标高，广场或活动场地的设计标高，场地内道路标高和坡度；

（3）组织地面排水系统，保证地面排水通畅，不积水；

（4）安排场地的土方工程，计算土石方填、挖方量，使土方总量最小，填、挖方接近平衡；未平衡时选定取土或弃土地点。

（5）进行有关工程构筑物（挡土墙、边坡）与排水构筑物的具体设计。

5.1.3　场地竖向设计原则

1）满足建、构筑物的功能布置要求

要按照建、构筑物使用功能要求，合理安排其位置，使建、构筑物间交通联系方便、简捷、通畅，并满足消防要求，符合景观环境及生态环境要求。

2）充分利用自然地形

充分利用自然地形，对地形的改造要因地制宜，因势利导。改造地形时，应考虑建筑物的布置及空间效果，减少土石方工程量和各种工程构筑物的工程量，并力求填、挖方就近平衡，运距最短，从而降低工程造价。设计上应采取措施，避免造成水土流失，尽可能保护场地原有的生态条件和原有的风貌，体现不同场地的个性与特色。

3）满足各项技术规程、规范要求，保证工程建设与使用期间的稳定和安全

4）解决好场地排水问题

建设场地应有完整、有效的雨水排水系统，重力自流管线尽量满足自然排放要求，且与周边现有的或规划的道路排水设施等标高相适应。当进行坡地场地、滨水场地设计时，应特别考虑防洪、排洪问题，以保证场地不受洪水淹没。

5）满足工程建设要求，防止地质、水文等负效影响

竖向设计要以安全为原则，充分考虑地形、地质和水文的正效、负效影响，采取可靠的防治措施。对挖方地段应防止造成产生滑坡、塌方和地下水位上升等恶化工程地质的危害。

5.2 场地竖向设计的基础资料及步骤

5.2.1 基础资料

设计人员通过业主提供、购买或调研、查证等方法收集以下有关基础资料：

1）现状地形图

1∶500 或 1∶1000 建设场地现状地形图。在考虑场地防洪时，为统计径流汇水面积，需要 1∶2000～1∶1000 的地形图

2）总平面布置图及道路布置图

必须准确掌握场地内建、构筑物的总平面布置图及道路布置图；当有单独的场地道路时，该道路的平面图、横断面图等设计条件也必须掌握。

3）地质条件和水文资料

了解建筑场地土壤与岩石层的分布、地质构造和标高等；不良地质的位置、范围，对场地影响的程度；场地所在地区的暴雨强度、洪水位及防洪、排涝状况、洪水淹没范围。

4）地下管线的状况

了解各种地下管线，包括给水、污水、雨水、电力、电信、燃气和热力等管线的埋置深度、走向及范围；场地接入点的方向、位置、标高，重力管线的坡度限制与坡向等。

5）填土土源和弃土地点

不在场地内部进行挖、填土方量平衡的场地，填土量大的要确定取土土源，挖土量大的应寻找余土的弃土地点。

5.2.2 场地竖向设计的一般步骤

建设场地的地形有时候不需要进行平整，就能够满足使用要求，如大多数位于城市市区的平坦场地中的基地；有时候需要进行平整，经过地形设计后才便于使用，如位于城市郊区和郊外的一些场地的基地及大多数坡地中的基地。相应的竖向设计步骤有显著的不同。

1）不进行场地平整时的基地

对于不进行场地平整的基地，竖向设计的一般步骤是：

（1）确定道路及室外设施的竖向设计

道路及室外设施（如室外活动场地、广场、停车场、绿地等）的竖向设计，按地形、排水及交通要求，定出主要控制点（交叉点、转折点、变坡点）的设计标高，并应与四周道路高程相衔接。根据技术规定和规范的要求，确定道路合理的坡度与坡长。

（2）确定建筑物室内、室外设计标高

根据地形的竖向处理方案和建筑的使用、经济、排水、防洪、美观等要求，合理考虑

建筑、道路及室外场地之间的高差关系，具体确定建筑物的室内地坪标高及室外设计标高等。

（3）确定场地排水设计

首先根据建筑群布置及场地内排水组织的要求，确定排水方向，划分排水分区，有组织地排放。应保证本场地雨水不得向周围场地排泄。正确处理设计地面与散水坡、道路、排水沟等高程控制点的关系，对于场地内的排水沟，也需要进行构造选型。

2）进行场地平整的基地

（1）确定地形的竖向处理方案

根据场地内建、构筑物布置、排水及交通组织的要求，具体考虑地形的竖向处理，并明确表达出设计地面的情况。设计地面应尽可能接近自然地面，以减少土方量；其坡向要求能迅速排除地面雨水；选择设计地面与自然地面的衔接形式，保证场地内外地面衔接处的安全和稳定。在山谷地段开发建设时，如果设置了排洪沟，需进行相应的平面布置、竖向布置和结构设计。

（2）计算土方量

针对具体的竖向处理方案，计算土方量。若土方量过大，或填、挖方不平衡而土源或弃土困难，或超过技术经济要求时，则调整设计地面标高，使土方量接近平衡。

（3）进行支挡构筑物的竖向设计

对于支挡构筑物包括变坡、挡土墙和台阶等，需进行平面布置和竖向设计。

为防止坡面形成的"山洪"对建筑物冲刷，应进行截洪沟设计，以保证场地的稳定和安全。

5.3　平坦场地的竖向设计

平坦场地的竖向设计的关键是做好'设计地面'的设计，即对'设计地面'的形式，坡度、标高，'设计地面'与自然地面的关系以及与场地建、构筑物与边坡或挡土墙的距离进行合理的设计。

5.3.1　设计地面的形式

设计地面（或整平面）是将自然地形加以适当整平，使其成为满足使用要求和建筑布置的平整地面。平坦场地设计地面的竖向布置形式通常称为平坡式，（图5-1、图5-2）。一般使用于平坡、缓坡坡地。

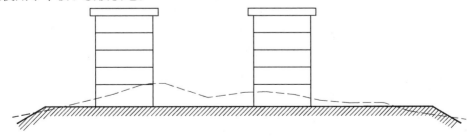

图 5-1　平坡式竖向布置

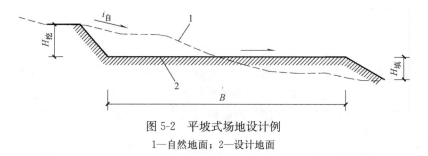

图 5-2 平坡式场地设计例

1—自然地面；2—设计地面

平坡和缓坡地，可使建筑物垂直等高线布置在坡度小于 10% 的坡地上，或平行等高线布置于坡度小于 12%～20% 的坡地上。各个整平面之间以平缓的坡度连接，无显著的高差变化。

如果自然地形是单向斜坡，地形起伏不大，可以设计一个设计地面。如果地形起伏较大，可设计成双坡或多坡。设计地面必须与地形的排水方向一致，这样可以节约土方量，利于场地排水。同一个地形根据起伏变化可以设计成单坡、双坡或多坡，因此形成的竖向布置将有所不同，见图 5-3。

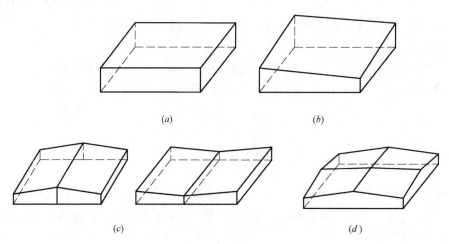

图 5-3 设计地面的形式

(a) 水平型；(b) 单坡型；(c) 双坡型；(d) 多坡型

5.3.2 设计地面的坡度

为使建、构筑物周围的雨水能顺利排除，又不至于冲刷地面，场地平整坡度根据当地暴雨强度、本场地地面构造形式和采用地面材料不同而确定。对降雨量大的地区，坡度要稍大些，以便于雨水尽快排除。一般坡度为 0.5%，最小坡度为 0.3%，最大坡度为 6%。力求各种场地设计标高适合雨水、污水的排水组织和使用要求，避免出现凹地。

5.3.3 设计地面的标高

设计地面的标高是指经过场地平整形成的设计地面的控制性高程。在滨水场地、坡地场地和地质条件复杂时，或需要围海造地时，场地设计标高往往决定了工程造价，设计上要慎重对待。当有控制性详细规划时，设计地面的标高应采用其竖向规划标高；否则，应在方案设计时综合分析下列因素，推算出设计地面的标高。

1）防洪、排涝

进行滨水场地设计时，应保证场地不能被洪水淹没，不能经常有积水，雨水应顺利排除。因此，设计地面的标高应高出设计频率洪水位及壅浪高最少 0.5m 以上（图 5-4）；否则，应有有效的防洪措施。设计洪水位视建设项目的规模、使用年限确定。

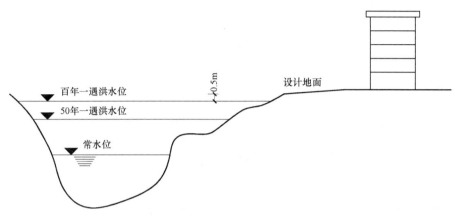

图 5-4　滨水场地设计地面的要求

2）土方工程量

在地形起伏不大的地方，可以根据设计范围内的自然地面标高的平均值初步确定设计地面的标高。

在地形起伏较大的地方，应充分利用地形，适当加大设计地面的坡度，反复调整设计地面标高，使设计地面尽可能与自然地面接近；两者形成的高差较小才能减少土石方工程量及支挡构筑物和建筑基础的工程量（图 5-5、图 5-6）。

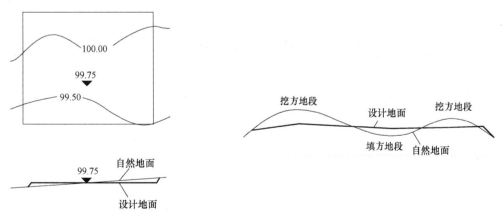

图 5-5　地形起伏较小时（单位：m）　　　　图 5-6　地形起伏较大时

3）城市下水管道接入点标高（图 5-7）

面积较大的平坦场地，由于地势平坦，重力自流管线又有纵坡的关系，场地雨水和污水排水口的标高可能比较低，如果低于城市下水井接入点的标高，场地的雨水和污水就不能顺利排放。这时，城市下水管线的接入点标高就成为制约设计地面标高的一个因素。设计地面标高的确定应使建、构筑物和工程管线有适宜的（防冰冻和防机械损伤）埋置

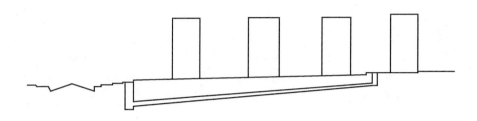

图 5-7　城市下水井接入点标高限制

深度。

4）地下水位高低

地下水较高的地段不宜挖方，以减少处理地下水的工程及费用。地下水较低的地段，可考虑适当挖方，以获得较高的地耐力，减少基础埋深。

5）环境景观要求

在场地平整中，应根据环境景观的不同要求采取不同措施。如文物保护项目中，文物地理位置及标高较高者，就应以文物为主决定其标高。而将次要的、新建的项目置于低处或隐蔽处（图 5-8）。在风景名胜区中，场地标高的确定则是以烘托风景名胜为出发点，应按此要求确定有关标高。对于场地内个别古树、古迹，则以保护为原则，保持其原貌，而将其余场地另作处理。

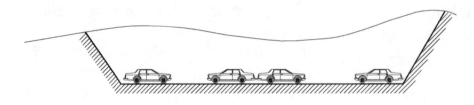

图 5-8　某景区下沉式停车场

5.3.4　设计地面与自然地面的连接

1）边坡（图 5-9）

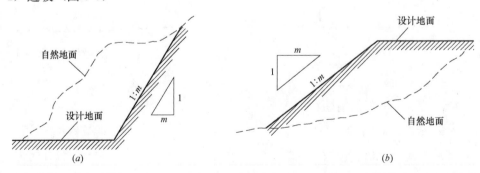

图 5-9　边坡坡度

(a) 挖方边坡；(b) 填方边坡

斜坡面必须具有稳定的边坡坡度，一般用高宽比表示。其数据根据地质勘察报告推荐值选用，或可参照《工业企业总平面设计规范》中边坡坡度容许值表确定。边坡坡度的大小决定了边坡的占地宽度和切坡的工程量。

对于处于自然的悬崖、陡坡的土壤，由于坡度较大，土质疏松，土壤易受雨水冲刷而塌落，为此，对此类边坡应进行防护、加固。对于易风化的、有裂缝的边坡，也要采取加固防护措施。应根据当地的自然条件、常用材料与习惯做法，以及场地的具体情况进行选用。

2）挡土墙

当设计与自然地形之间有一定高差时，切坡后的陡坎，或处在不良地质处，或易受水流冲刷坍塌，或有滑动可能的边坡，当采用一般铺砌护坡不能满足防护要求时，或用地受限制的地段，宜设置挡土墙。

5.3.5 建筑物与边坡或挡土墙的距离要求

设计地面至少要能满足建设项目的使用和所有设施的布置，在用边坡或挡土墙时还要保证边坡或挡土墙与建筑物的结构安全距离。因建筑物与边坡或挡土墙的位置关系不同，处理方式与要求也不一样，一般有以下两种类型：

1）建、构筑物位于边坡或挡土墙顶部地面

此类型的场地边坡或挡土墙除应满足建、构筑物及附属设施、道路、管线和绿化等所需用地的要求，并考虑施工和安装的需要外，其重点是防止基础侧压力对边坡的影响。

位于稳定边坡坡顶上的建、构筑物，基础与边坡坡顶的关系见图 5-10。

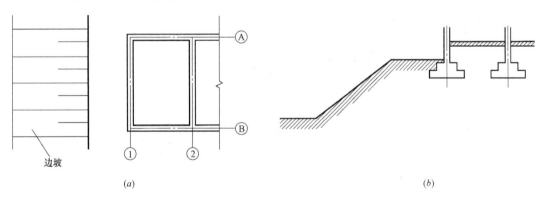

图 5-10　基础与边坡坡顶的关系
（a）平面图；（b）断面图

2）建、构筑物位于边坡或挡土墙底部地面

建、构筑物位置一般要离开边坡或挡土墙底部一定的距离。这一距离除满足建、构筑物及附属设施、道路、管线和绿化等所需用地，施工和安装的需要，防止基础侧压力对边坡的影响要求外，尚应满足采光、通风、排水及开挖基槽对边坡或挡土墙的稳定性要求，见图 5-11。图中 S 为最小宽度，不小于 3m，困难时不小于 2.5m。S1 为散水坡宽度；S2 根据埋设管线采光、通风、运输、消防、绿化及施工要求决定；S3 为排水沟宽度；S4 为护坡道宽度。

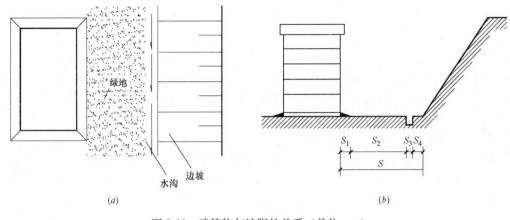

图 5-11　建筑物与坡脚的关系（单位：m）
(a) 平面图；(b) 断面图

5.4　坡地场地的竖向设计

5.4.1　坡地场地竖向设计的特点

坡地场地的自然地形，不论是单体建筑场地或群体建筑场地，通常都需要做出改变，以满足建筑的使用。特别是群体建筑场地的规划设计，其功能分区、路网、设施位置及总平面布置形式，除满足规划设计要求的平面布局外，还特别受到地形条件的制约。所以，在考虑总体布局时，必须兼顾竖向设计的技术要求。在规划设计程序上，也与平坦场地有所不同。首先，必须进行道路的规划设计；然后，开始建筑布局；接着，进行竖向设计；根据竖向设计情况调整总体布局方案；最后确定总体布局和竖向设计的全部内容。设计过程中需要多次反复协调，使规划既经济合理，又符合竖向设计的基本要求。

坡地场地设计地面是由几个高差较大的不同标高的设计地面连接而成，在连接处通常采用台阶式竖向布置形式（图 5-12）。采用台阶式，土石方工程量可以相应地减少，但台阶之间的交通和管线敷设条件较差。

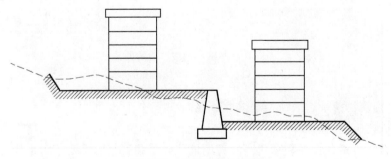

图 5-12　台阶式竖向布置

5.4.2　坡地场地的设计地面：台阶式地面（台阶式竖向布置）

台阶式竖向布置具体设计内容有：台阶布置、台阶宽度、台阶高度以及设计地面与自然地形之间的连接处理。

1）台阶布置（图 5-12）

台阶的纵轴宜平行于自然地形的等高线布置，台阶连接处应避免设在不良地质地段，台阶的整体空间形态结构应符合场地景观要求。

2）台阶宽度（图 5-13）

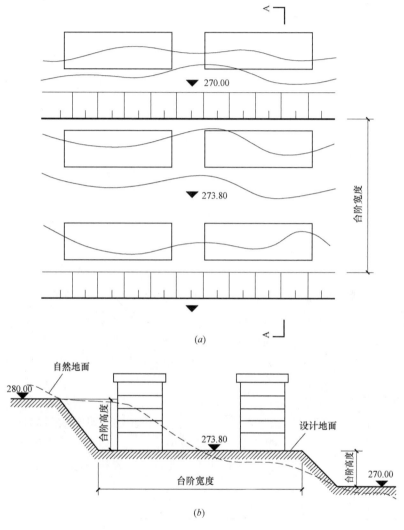

图 5-13　台阶式的几何要素（单位：m）

（a）平面图；（b）A—A 断面

台阶宽度是垂直于等高线方向的设计地面宽度，按生产、生活、交通运输的要求、建（构）筑物的布置、管线敷设以及绿化景观需要和施工操作等因素综合确定。

3）台阶高度

相邻设计地面之间的高差称为台阶高度，主要取决于场地自然地形横向坡度和相邻设计地面各自的宽度形成的高差。台阶高度可大可小，一般情况下，台阶的高度不宜小于1m。在地形坡度较大的地段，台阶宽度较大或自然地形的限制，台阶高度可以稍稍加大，如中坡至陡坡地带可达 10m 以上。在进行居住区规划设计时，还可以根据住宅楼的层高来确定台阶高度，便于设置住宅两侧出入口。

设计地面之间、设计地面与自然地形之间经常采用边坡、挡土墙或两者结合的方式处理：

（1）边坡

边坡的设计要求与平坦场地的要求相同，但坡地场地的高差往往较大，对于稳定的石质边坡，可采用护墙，确保其稳定。

（2）挡土墙

坡地场地中，挡土墙的高度一般较高，数量较多。挡土墙作为人工构筑物，在自然环境为主的风景名胜区内，应尽量减少使用。当场地有显著高差存在时，对于建筑物之间、建筑物与相邻填方、挖方边坡之间以及建筑物与道路之间要保留足够的间距布置边坡或挡土墙。

（3）边坡与挡土墙结合

这种形式是下部为挡土墙，上部为边坡，既保证边坡的稳定，又可以减少挡土墙的高度，从而降低挡土墙的投资。

5.4.3 坡地场地的交通联系

常用方式有踏步、坡道和灵活设置建筑物入口

1）踏步

踏步是室外不同高程地面步行联系的主要设施，对于场地环境的美化起着重要的作用。踏步与坡道结合布置，能形成活泼、生动、富有情趣的场地景观，成为场地的标志。如风景区的大步道，既连接了不同设计地面，又是景观要素。

步行交通系统的形式比较自由，除了满足交通功能外，还是场地空间的有机组成部分，可以与步行广场、庭院、室外运动场地等结合，同时应与建筑形态、环境景观结合设计。其平面形状可为直线形、曲线形、折线形，也可对称布置，或与建筑造型协调。

踏步高不宜超过 15cm，踏步宽不宜小于 30cm。连续踏步数最好不超过 18 级；18 级以上时，应在中间设休息平台。宽度不大而踏级数超过 40 级时，不宜设为一跑式，应在中间休息平台作错位或方向转折，这样有利于行人减轻疲劳和心理上的单调感。

2）坡道

为了在台阶间方便手推车、自行车和轮椅等的上下推行，常在踏步的一侧或两侧布置小坡道。坡道的纵向坡度考虑到无障碍设计不应超过 8％，踏步和坡道的材料与构造需考虑防滑的要求。为了在台阶间通行汽车，需要在台阶侧边或某处设置混凝土或石质汽车坡道。

3）灵活设置建筑物入口（图 5-14）

利用地形的高低变化和道路布置情况，可分别在不同层次的高度上设置建筑物入口，既可以设在底层、中层、上层的任何一层，也可以从几层分层入口。这样，可相对减少上楼的层数，不做或少做电梯，避免内部的穿行与互相干扰，特别适合于坡地场地的交通联系。这时，建筑物出入口的设置非常灵活，这是坡地场地建筑设计与平坦场地的不同之处。

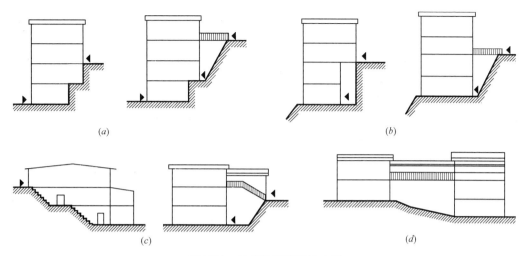

图 5-14　灵活设置建筑物入口

（*a*）双侧分层入口；（*b*）单侧分层入口；（*c*）利用室外楼梯或踏步；（*d*）天桥式

在此，建筑物室内地坪标高应考虑所处的台阶的设计地面标高和建筑物室内外高差确定。分层入口的上层入口处理可依据上述原则安排，但一般一幢建筑室内±0.00 标高只有一个，即在首层室内地面处。上部入口室内外高差处理，要注意防止水倒灌入室。

5.4.4　坡地场地建筑结合地形布置

当坡地场地的建筑单体布置时，并不需要完全把地形变成整平面，而是用设计使建筑适应地形变化。传统的民居在解决建筑与地形的竖向关系方面，积累了很多效果良好的经验。它既可以节约土石方量，又使建筑与地形有机地结合在一起。常用手法有以下几种：

1）提高勒脚（图 5-15）

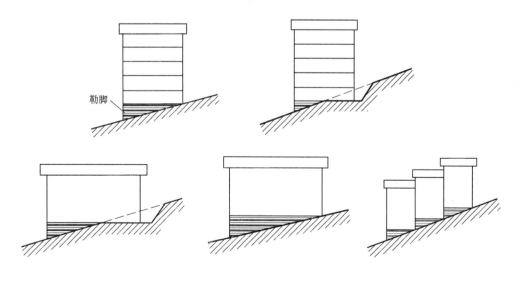

图 5-15　提高勒脚处理

在山体坡度较缓，但局部高低变化多、地面崎岖不平的山地环境中，将建筑物四周勒脚高度按建筑标高较高处的勒脚要求，调整到同一标高，建筑内部亦成同一标高或成台阶状（建筑垂直等高线布置时）。这是一种简捷、有效的处理手法，适用于缓坡、中坡坡地。其宜于垂直等高线布置在坡度小于8%的坡地上，或平行等高线布置于坡度小于10%～15%的坡地上。

通常，勒脚高度随地形坡度和房屋进深的大小而变化，当基地坡度较大时，还可以将勒脚做成台阶状。

2）跌落（图5-16）

当建筑物垂直于等高线布置时，以建筑的单元或开间为单位，顺坡势沿垂直方向跌落，处理成分段的台阶式布置，以节约土方工程量。其内部的平面布置不受影响，布置方式比较自由，通常在住宅建筑中运用较多。跌落高差和跌落间距可随地形不同进行调整，如跌落处理时，跌落的台阶宽度或为一个建筑单元宽度，或比一个单元小一点。此时，在本层可减少一户或一个开间，从二层开始则形成标准单元。此形式对坡度的适应能力较强。

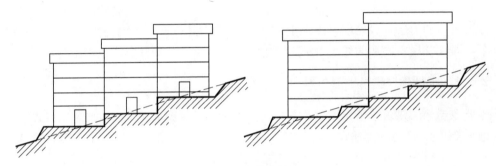

图 5-16　跌落处理

3）错层（图5-17）

在地形较陡的山坡场地中，为了减少土石方工程量，适应坡面地形的变化，往往将建筑内部相同楼层设计成不同的标高，垂直等高线布置于坡度为12%～18%的坡地上或平行等高线布置于坡度为15%～25%的坡地上。错层适应于倾斜的地形，因为它可以使建筑与地形的关系较紧密。

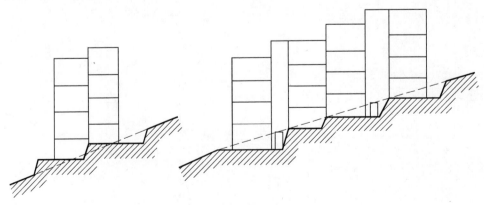

图 5-17　错层处理

错层主要依靠楼梯的设置来实现。对于单元住宅来说，可以利用双跑楼梯的平台分别组织住户单元的入口，使住宅沿房屋的横轴或纵轴错开半层高度；也可以根据地形坡度的大小，采用三跑、四跑或不等跑楼梯，使单元内错 1/2、1/3、2/3 层或 1/4、3/4 层；也可以在单元间错层，形成不同高度的错层处理。

4）掉层（图 5-18）

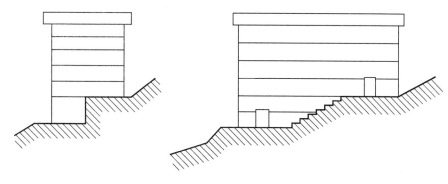

图 5-18　掉层处理

当坡地地形高差大，将建筑的底部作成台阶状，使台阶高差等于一层或数层的层高时，就形成了掉层。掉层一般适用于中坡、陡坡坡地，可垂直于等高线布置在坡度为 20％～25％的坡地上，或平行于等高线布置在坡度为 45％～65％的坡地上。道路一般沿等高线分层组织，两条不同高差的道路之间的建筑可用掉层处理。

当建筑布置垂直等高线时，其出现的掉层为纵向掉层。纵向掉层的建筑跨越等高线较多，底部常以阶梯的形式顺坡掉落。其适合面东或面西的坡地，掉层部分的采光通风均较好。当坡地面南时，纵向掉层会使大量房间处在东西向，横向掉层的建筑多沿等高线布置；其掉层部分只有一面可以开窗，通风不好；局部掉层的建筑，在平面布置和使用上都较特殊，一般是在复杂地形或建筑形体多变时采用。

5）错叠（图 5-19）

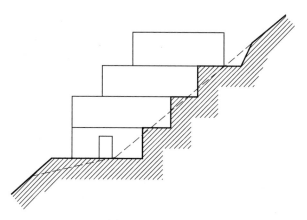

图 5-19　错叠处理

当坡地场地坡度很陡（50％～80％），建筑垂直于等高线布置时，可顺坡逐层或隔层作一定距离的错动和重叠，形成阶梯状布置，通称错叠布置。

错叠式与跌落式相类似，也是由建筑单元组合而成，通常建筑在单坡基地上。其主要特征是单元或建筑沿山坡重叠建造，下单元的屋顶成为上单元的平台，其外形是规则的踏步状。错叠式的优点是与坡地结合紧密；与跌落式不同的是，前者单元横向联结，后者单元之间是上下错叠联结。该形式较适合住宅、旅馆建筑；可以通过对单元进深和阳台大小的调节，来适应不同坡度的坡地地形。这种处理的最大缺陷是靠山体一侧房间通风采光均不好。为克服这类缺陷，常将靠山体一侧设成走廊；此时，建筑进深就不能很大。

错叠式建筑最基本的形式是建筑与坡地等高线正交。此外，在朝向、日照允许的情况下，错叠式坡地建筑还可以采取与等高线斜交的方式，以适应地形坡度的要求和建筑平面布置的需要。

在设计错叠式建筑时应注意视线干扰问题，特别是住宅。因为这类建筑下层平台正处在上层平台的视线之下，有损于下层住户的私密性。为了阻止视线，通常将上层平台的栏杆做成具有一定宽度的花台，避免正常情况下上下层的对视。

为了充分利用用地面积，适应地形的复杂变化，节约基础工程量，还可以通过悬挑、架空与吊脚和附岩等形式在有限的基底面积上，将上部建筑向四周扩展，以争取更多的使用空间，但需要建筑与结构特殊设计。

第6章 基地负效因素的危害与防治

6.1 基地负效因素主要类型

6.1.1 基地负效因素主要类型

（1）粉尘污染含 P. M 级微尘污染

（1P. M＝10^{-12}m＝1 微微米＝1 毫纤米＝1 沙米＝1picom）

（2）滑坡与泥石流

（3）地震与海啸

（4）地湿陷与地湿涨

（5）台风

（6）洪水

（7）热、光、声污染

（8）核裂变危害

（9）核衰变危害

（10）雷击

（11）人为水、气污染

6.1.2 基地负效因素来源

1）粉尘污染源

（1）全国成亿计的生产单位，尤其是钢铁、化工、建材、矿山作业与建设（含建筑施工现场）产生的粉尘。

（2）全国成亿计的大小宾馆、餐饮、家庭、小卖、炊事产生的烟尘。

（3）全国成亿计的人吸烟呼气的烟尘及卷烟燃烧的烟尘，含 8 千多种化合物，其中有 60 多种致癌粉尘。

（4）全国城乡广泛采用的扫路干作业粉尘。

（5）动物（含人类）和植物新陈代谢的皮屑、细胞屑。

（6）沙尘暴的沙尘。

（7）火山灰。

2）滑坡与泥石流源

下雨使黏土渗水润滑以及地震促发是滑坡与泥石流的主要根源，例如：

（1）甘肃东乡西勒山黏土渗水润滑使 6000 万平方米山体滑出 300 多米。

（2）在四川省东部距离武西县所在地 500 米处山体滑坡。滑坡掩埋 107 人，挖救出

60 人中 34 人已死亡①。

（3）四川省武西县山体滑坡，使一座 5 层建筑（17 户人家）倒塌，截至报导时止已发现至少 41 人被压死，另 40 人仍被压在碎砖破瓦中①。

（4）2008 年 5 月 12 日，四川汶川 8 级大地震就曾发生多起滑坡与泥石流灾害。

3）地震与海啸的根源

地壳是由几大板块组成的。中国地壳处于太平洋板块、印度板块和菲律宾海板块挤压中，是多震国家。曾发生过多次大地震，例如：

（1）明嘉靖三十四年（公元 1556 年），陕西渭南地区和山西蒲州等地区大地震（当时无震级划分）死亡 83 万多人，伤无数！

（2）1976 年 7 月 28 日唐山 8 级大地震，死人 24 万多，伤 14 万多！

（3）2008 年 5 月 12 日，四川汶川 8 级大地震，波及全国及邻国有震感，并促发多处滑坡与泥石流。

海底地震还易引起海啸：

（1）清同治六年（公元 1867 年 12 月 18 日），台湾基隆北面海中地震引发海啸，海水暴涨，溺数百人。

（2）2004 年 12 月 26 日，印尼附近印度洋海底 9.3 级垂直运动地震引发海啸，人死 30 多万，伤 500 多万！

（3）2011 年 3 月 11 日，日本近海 9 级海底地震引发浪高超 10m 的海啸，使福岛核电站发生核泄漏灾害，遗患长存！

4）地湿陷与地湿涨的根源

（1）陕西、甘肃、宁夏、青海等省区有的黄土结构具有竖向细孔，竖向细孔遭水侵入后即会塌陷，称湿陷。湿陷会引起基土或房屋不均匀下沉。

（2）江西、湖南等省区有的红土含不溶于水的颗粒，遭水侵入后，体积会膨胀，称湿涨。湿涨会引起地面及构筑物不均匀隆胀以及失水后的不均匀沉陷。

（3）人为不合理取用地下水也会使地面塌陷，全国大中城市案例甚多。

5）台风

太阳辐射热蒸发海水与大气环流合作是形成台风的操手，每年我国城乡与海域都要受到多次台风灾害，狂风夹暴雨，树倒、房塌、洪涝、杀命、毁财！

6）洪水

我国由山洪汇集成的大小河流的洪水，形成山洪及大小河流洪水灾害年年都有，以子弟兵解放军为主，军、政、警民团结抗洪的场景历历在目。产生洪水的根本原因仍是太阳辐射热导的结果。每年雨季（5～8 月）正是我国太阳辐射热蒸发海水最多季节，大气环流增大，将饱含水蒸气的大气运至西北高原，遇冷后变成雨降落，形成山洪。山洪汇集大小河流的洪水，沿途造成山洪及大小河流的灾害。

7）热、光、声污染源

（1）热污染源

严寒、酷热、雪灾、冰雹、雾霾（雾是冷凝的细水珠，霾是含有微尘的细水珠）无不

---

① 两例引自英文中国日报。

是地球大气的对流层气象与各地方气候相结合的热学产物。

不合理的玻璃幕墙乃是局部热污染的元凶。

（2）光污染源

不合理的玻璃幕墙、位置不当的高亮度大屏幕光辐射不仅会产生眩光刺眼，还易引起交通事故。

（3）声污染源

环境声的污染主要来自交通噪声、建筑施工现场噪声如：巨声爆破作业、拆房作业、锤击破坏路面作业、汽锤击打桩作业等。

8）核裂变危害的根源

（1）侵略与反侵略：1945 年日本广岛、长崎两市被美国（反侵略方）两颗核裂变原子弹夷为平地，30 多万人死亡，更多人受核辐射遗害！

（2）1984 年，苏联契尔诺贝利核裂变电站核泄漏，30 多万人死，大范围生态环境遗害长存！这是完全无核安保措施所致。这类核泄漏世界发生过多起。全球现有核裂变电站隐患令人担忧。

（3）现存并仍在增长的相关国家的核弹及其制造设备则是霸权、军国主义与反霸、反军国主义的产物。

9）核衰变危害根源

全球频繁的火山喷发，哪儿来的这么巨大的喷发能量呢？天天都有的地壳板块挤压产生的地震，是谁推动这些巨大无比的板块互相挤压呢?! 原来它们都是由地内铀、钍、镭等放射性元素长期核衰变累积的巨大能量冲撞释放的产物。

这里要特别提出的是，由镭衰变成的另一种核素叫氡，乃是一种放射性强致癌气体。

氡无色无味无臭，基地氡的主要来源是基土（含岩石：碱性岩和花岗岩放射核元素最高，石灰岩、大理石含量较低）。

10）雷击

地球表面与大气云层正负电子巨量累积达瞬间放电称闪电（闪电温度可达 2 万 5 千℃！）会使局部区域毁财、害命，甚至使影响范围内电器设备瘫痪，称为遭雷击。

11）人为水、气污染

缺乏环保意识、不顾公共卫生，是人为水、气污染的根本原因：

中国生产、生活排放的污水已使全国 80％以上地表水与地下水受到污染！尤其是排放的大气温室气体，例如 CO_2 等已经并正在使大气温室效应加剧，气候过暖加剧！

6.2 基地负效因素危害的防治

我们建议应采取：科技第一，政策推行，观念到位 12 字原则。

6.2.1 科技第一，有效应对

科技第一的含义就是针对不同的负效因素危害采取并加快研发对症下药的科技措施。

1）以"洁"代"污"

凡需使用动力的作业应尽快用清洁能源取代有污染物质挥发的煤、气、油、柴以及燃煤火电。

我国当代即可采用的清洁能源主要有：

（1）太阳能电池板电网电动力；

（2）太阳能蒸气汽轮机电网电动力；

（3）水动力（水落差、潮汐）能水轮机电网电动力；

（4）风能电网电动力；

（5）沼气能及其他生物质能动力，尤其大中城市原料丰富，应大办沼气能动力；

（6）锂离子电动力以及燃烧氢（H_2 动力）；

（7）开发以氢为原料的燃料电池动力；

（8）海水中可燃水（$CH_4 + 8H_2O$）；

（9）室温核聚变发电，超导体输电的电动力；

（10）相关国（含中国）协约开发月球上的高效、安全核聚变发电原料——He-3（氦-3）。

2）"吸水增重，分离再利用"

对于钢铁、化工、矿山和建筑施工作业产生的粉尘可采用喷、淋、洒水措施使粉尘吸水增重，受重力吸引降落，经过滤使水与粉尘分离。水可循环再利用，粉尘可制块材（例如砖）或板材。

3）"封闭作业，抑制飞灰"

对于建材水泥产业，宜采用封闭空间封闭飞灰，并用智能化操作静电吸附、振落，回收再利用措施。

4）"有效排烟，回收利用"

炊事灶烟尘建议用排烟罩通过烟囱排烟。烟囱内采用扩大截面降速及喷水，使烟尘降落，回收，再利用。

炊事热能可采用多种类型太阳能灶，如反射聚焦式、透过聚焦式以及前述清洁能源的电热能。

5）消减车辆交通尾气粉尘

（1）用清洁能源作运行动力。

（2）大力发展有轨交通，例如我国正大力发展的高铁。人居环境，尤其大城市应大力发展地下有轨交通（冬暖夏凉，室外坏气候影响最小）。

（3）政策给力，大力推行人力自行车、轮滑出行。

6）防治滑坡与泥石流

（1）造林、蓄水、固土；

（2）筑护坡防滑；

（3）改建或搬迁危房。

7）防治地湿陷与地湿涨

（1）在可能湿陷或湿涨的土上造房，可采用桩基（预制挤压桩或现场浇注桩）。

（2）采用孔管灌注水玻璃或氢氧化钠（碱）堵塞湿陷土或湿涨土毛孔，消除湿陷或湿涨性。

（3）重锤（山西某工地曾用1t重混凝土锤）夯实，消除湿陷或湿涨性。

8）防台风

（1）对重点树木（例如街道、园林大树）按预案先行支架加固；

（2）国家资助对房屋加固；

（3）对供电、供水等重要民生资源，加强安全保护措施；

（4）提前组织好党、政、军、警、民救险队及相关设备。

9）防治热、光、声污染

（1）发挥地下空间与自然通风优点，消除严寒、酷暑、冰雹危害。

（2）喷水消减雾霾危害。

（3）用墙面绿化、太阳能电池板、太阳能热水板等能量形式转变构件取代玻璃幕墙。

（4）妥善选址安装大屏幕光屏，按规范控制光屏亮度，设置监控设备。

（5）采用微声挤胀爆破；用挤压打桩取代锤击打桩等消减施工噪声污染。

10）防治核裂变——核害

大力资助对现有核裂变电站研发万无一失的安保措施；不再建核裂变电站。

11）防治核衰变——核害

（1）对于火山喷发，加强科研，尽早精准预报，使相关者（例如飞机航行、人群疏散）尽早获知信息做准备。

（2）对于地震，同样应加强科研，尽早精准预报。建筑及构筑物按相关规范建造。

（3）从长远看人类应探索火山喷发与地震的脉络，变地下突发核衰变能为可控渐放能，并加以利用。这将是人类与自然顶峰级的和谐相处的境地！

12）多功能防患措施——基地建筑及环境绿化

（1）与沼气及可燃冰有良性循环机理

沼气燃烧：$CH_4 + 2O_2 \rightarrow CO_2 + 2H_2O +$ 热光能量

可燃冰燃烧：$CH_4 + 8H_2O + 2O_2 \rightarrow CO_2 + 10H_2O +$ 热光能量

（无机物）

植物光合作用：$6CO_2 + 6H_2O \rightarrow C_6H_{12}O_6 + 6O_2$

（碳水化合物）（有机物）

沼气和可燃冰燃烧产生 CO_2 和水 H_2O，植物光合作用：叶面吸收 CO_2，根系吸收水，并将碳水化合物——无机物变成有机物，为人类及动物提供物质资源与能量资源，产生的 O_2 则供沼气与可燃冰燃烧。

（2）吸尘减噪（消减声污染），改善空气质量

$1hm^2 = 15$ 市亩 $= 10000m^2$ 森林可吸收 30t 烟尘。

樟树、丁香、枫树、橡树、榆树等有很强吸收 SO_2，CL（氯）气等有害气体性能。松树等能分泌一种杀菌素杀死白喉、痢疾、结核等病菌。

（3）提供色美、味香、富氧景观环境

6.2.2 政策推行、观念到位

基地负效因素的危害实质就是自然负效因素与人为负效因素对人聚环境的污染与危害。很多环境污染是没有界限的，例如水和空气的污染、粉尘污染、沙尘暴等。很多自

然负效因素与人为负效因素对环境的危害要靠人类科技水平的不断提高，甚至要以"世纪"计时探寻解答，例如：变火山喷发能和地震突发能为可控渐放能，并加以利用；平衡大气温室效应控制气候过暖；消减台风灾害等。人类都必须有"百年育人才，百年兴科技，百年消灾"的规划。有关科研者，政策制定者，特别是有关领导必须首先"观念到位"，才能组织制订相关政策大力推行相关科研，使"天、地、人、和"不断进到更好的境界。

第7章 建筑设计标准化与个性化

7.1 建筑设计标准化的由来和必要性

模数是选定的尺寸单位,作为尺寸协调中的增值单位。中国古代木结构建筑以材和斗口为模数,作为衡量建筑尺度的标准,形成了明确的标准化体系。北宋时期,李诫编纂的《营造法式》中就包括一整套从城市规划到单体建筑设计的模数设计方法,其中总结了盛唐建设实践中逐渐形成的标准化和模数化。如图7-1《营造法式》中描述"凡构屋之制,皆以材为祖,材有八等,度屋之大小,因而用之。"材作为基本单位,决定建筑的高度、进深、屋檐的曲折。

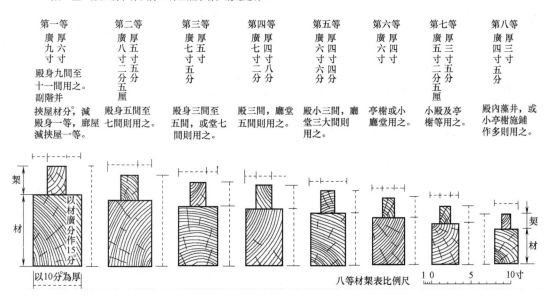

图7-1 材分八等

在古希腊、古罗马,以柱径作为模数单位,形成一整套比例严谨的建筑立面形式,也形成了明确的标准化体系。古罗马建筑师维特鲁威(Vitruvius)纂写的《建筑十书》中十分系统地总结了希腊和早期罗马建筑的实践经验,对柱式和一般建筑的比例原则给出了

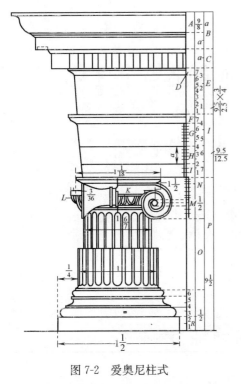

图 7-2 爱奥尼柱式

明确的量的规定，其影响一直持续到 20 世纪早期。如图 7-2《建筑十书》中所示爱奥尼柱式，以柱径为"1"，相应柱础宽度为 1.5，柱高 P 为 9.5，柱头高 0.5，设计者可以由柱径的尺寸得到完整的柱式建筑各细部及整体尺寸。

模数的产生为建筑从构件到整体的协调统一奠定了基础。

建筑模数包括基本模数、扩大模数和分模数。基本模数是模数协调中选用的基本尺寸单位，基本模数的数值为 100mm，其符号为 M，即 1M 等于 100mm。扩大模数是基本模数的整数倍数，水平扩大模数基数为 3M、6M、12M、15M、30M、60M，其相应的尺寸分别为 300、600、1200、1500、3000、6000mm。竖向扩大模数的基数为 3M 与 6M，其相应的尺寸为 300mm 和 600mm。分模数是整数除基本模数的数值，分模数基数为 1/10M、1/5M、1/2M、其相应的尺寸为 10、20、50mm。基本模数最为常用，扩大模数常用于建筑空间设计，分模数常在建筑细部和构配件中使用。

第二次世界大战后，为解决房荒问题产生了住宅工业化，由此推动了建筑生产的工业化，建筑标准化工作得到很大发展。

我国标准化工作从 20 世纪 50 年代开始，对模数数列及扩大模数展开研究。至 20 世纪 60 年代初，编制了多种建筑标准设计图集，并制定了一些技术标准。

标准化是为在一定的范围内获得最佳秩序，对实际的或潜在的问题制定共同和重复使用的规则的活动。活动主要是包括制定、发布及实施标准的过程。标准化的重要意义是改进产品、过程和服务的适用性，减少和消除贸易技术壁垒，并促进技术合作。标准化是一个活动过程，主要是指制定标准、宣传贯彻标准、对标准的实施进行监督管理、根据标准实施情况修订标准的过程。这个过程不是一次性的，而是一个不断循环、不断提高、不断发展的运动过程。每一个循环完成后，标准化的水平和效益就提高一步。标准是标准化活动的产物。

标准化的基本特性包括抽象性、技术性、经济性、连续性、约束性和政策性六个方面。随着科学技术的发展，标准化的作用愈来愈重要。

标准化针对建设工程提出统一的技术要求，制定相应的标准。建设工程的标准包括建设工程的设计、施工方法和安全要求；工程建设的技术术语、符号、代号和制图方法。

对需要在全国范围内统一的技术要求，应当制定国家标准。国家标准由国务院标准化行政主管部门制定。对没有国家标准而又需要在全国某个行业范围内统一的技术要求，可以制定行业标准。行业标准由国务院有关行政主管部门制定，并报国务院标准化行政主管部门备案；在公布国家标准之后，该项行业标准即行废止。对没有国家标准和行业标准而又需要在省、自治区、直辖市范围内统一的要求，可以制定地方标准。地方标准由省、自治区、直辖市标准化行政主管部门制定，并报国务院标准化行政主管部门和国务院有关行政主管部门备案；在公布国家标准或者行业标准之后，该项地方标准即行废止。企业生产的产品没有国家标准和行业标准的，应当制定企业标准，作为组织生产的依据。企业的产品标准须报当地政府标准化行政主管部门和有关行政主管部门备案。已有国家标准或者行业标准的，国家鼓励企业制定严于国家标准或者行业标准的企业标准，在企业内部适用。

国家标准、行业标准分为强制性标准和推荐性标准。保障人体健康，人身、财产安全的标准和法律、行政法规规定强制执行的标准是强制性标准，其他标准是推荐性标准。省、自治区、直辖市标准化行政主管部门制定的工业产品的安全、卫生要求的地方标准，在本行政区域内是强制性标准。强制性标准，必须执行。不符合强制性标准的产品，禁止生产、销售和进口。推荐性标准，国家鼓励企业自愿采用。如图 7-3 所示，GB 代表国家标准，JGJ 代表建筑行业标准，DB 代表地方标准。

图 7-3　建筑各类标准示意

制定标准应当有利于保障安全和人民的身体健康，保护消费者的利益，保护环境。制定标准应当有利于合理利用国家资源，推广科学技术成果，提高经济效益，并符合使用要求；有利于产品的通用互换，做到技术上先进，经济上合理。制定标准应当有利于促进对外经济技术合作和对外贸易。标准会随着社会的发展而发展。标准实施后，制定标准的部门应当根据科学技术的发展和经济建设的需要适时进行复审，以确认现行标准继续有效或者予以修订、废止。

标准化实施对于发展商品经济，促进技术进步，改进产品质量，提高社会经济效益，维护国家和人民的利益起到重要作用。

7.2　建筑设计标准化与个性化的关系

西方进入工业时代后，掀起了商品生产的标准化浪潮，为全世界带来了巨大改变。以模数化构建标准化，以标准化推动工业化，以工业化促进产业化，目前仍适用于大量性的住宅产业。然而对于建筑的个性化的需求从未停止过脚步，各种对于建筑的思考和探索的建筑思潮、流派和主义层出不穷，建筑文化性、地域性以及针对不同人群需要的前提下，建筑的个性化也是不可或缺的。这如同肯德基和麦当劳在中国，麦当劳的标准化服务享誉全球，从进入中国的第一家店开始即征服了国人，特别是青少年人群。然而麦当劳并没有独霸中国的快餐连锁市场，肯德基超越了它。肯德基在标准化的服务上并没有超越前者，只是做了麦当劳没有做的事情——因地制宜，推出结合中国饮食习惯的多样产品，满足了忠于中国美食的客人。肯德基注重中国的饮食的地方性，做到了区别于标准店的个性化、特色化，已经被市场证明取得了成功。麦当劳在世界范围内做得更出色，说明标准化对于快餐业的重要性；而肯德基在中国的成功说明注重个性化的重要性。

建筑设计标准化与个性化之间的关系也是相辅相成的。标准化是个性化的基础，个性化又是标准化的必要条件。在标准化应用最广的住宅产业中，工业化住宅已经很普及，标准化是工业化的重要内容。标准化是技术和产业形态的提升，短期内可能由于技术研发方面的需要，成本高于人力密集型的开发方式，但从长远来看，大量应用后可以有效降低成本，缩短建设工期，控制质量及降低人力成本，使企业提高市场竞争力。同时，建筑标准化并不意味着单一化。在标准化的基础上，将标准模块进行组合拼装，形成多种形式，多种效果，从而形成建筑的多样性。在这里标准化是方法和过程，多样性体现为结果，以一定的标准为前提，客户的个性化需求是可以满足的。

图7-4 单元式幕墙工程

以单元式幕墙为例，以层高为模数，建筑师设计具有个性化的幕墙单元、分格和构造。幕墙制作时，因为幕墙划分为标准的单元构件，不需要现场加工，玻璃和框料等可以在工厂加工、检测好后，运至现场直接安装，大大降低建设工期，同时也为幕墙的维修、更换提供了方便。不同的建筑幕墙因为划分、材质、框料形式不同差异很大，但单元式幕墙又可以实现标准化施工，符合现代建筑建设需求，已经成为幕墙产业发展趋势。如图7-4单元式幕墙工程立面实例，幕墙每个单元高即为层高，一个柱距由4个单元组成。

7.3 建筑设计标准化的未来

建筑标准化是建筑业的一项技术基础工作。要通过建筑标准化推广应用各专业领域中先进的经验和成果，加速科学技术转化为生产力的步伐，促进建筑业技术进步，使建筑业获得最佳的经济效益和社会效益。

　　建筑标准化工作的基本任务是制定建筑标准（含规范、规程），组织实施标准和对标准的实施进行监督。建筑标准是建筑业进行勘察、设计、生产或施工、检验或验收等技术性活动的依据，是实行建筑科学管理的重要手段，是保证建筑工程和产品质量的有力工具。

　　建筑标准化工作的目标是：加快制定建筑业发展急需的技术标准，进一步提高标准的配套性，并使主要标准的技术水平接近或达到国际先进水平；积极创造条件，促进现行标准化体制向建筑技术法规与建筑技术标准相结合的体制过渡，以适应我国社会主义市场经济发展的需要。

　　以北京住宅节能设计标准为例，北京地方标准《居住建筑节能设计标准》DB11/891-2012 于 2013 年 1 月 1 日起正式实施。标准在国内首次提出建筑节能设计 75％的要求，高于国内相关国家标准和地方标准，同发达国家水平相当。为贯彻国家节约能源、保护环境政策、实现可持续发展的战略目标，北京以地方节能标准为引领，实现分步实施，从提出建筑节能设计 50％的要求，到提出建筑节能设计 65％的要求，再到 75％；对居住建筑的节能从平面设计到各项技术措施均需要改进和提高，对于促进建筑业技术进步和取得良好的经济效益和社会效益具有重要的意义。

　　建筑设计的标准化在设计初期即可应用。设计者参考不同类型建筑常用的开间、柱距、层高等数据，在相同的功能中重复使用。在重复的开间、柱距和层高形成的规则空间中为使用者提供空间的多样性，同时也在标准化的重复中形成建筑空间及立面上的韵律感。建筑群体的组合也常常由一个或一组基本单元排列、组合组成，如设计中母题设计方法。即以一个母题为标准，通过不断重复、变化，形成更大规模的空间组合，每个空间保持了内在联系，又相互统一。

　　在建筑的未来发展中，建筑的标准化还会在住宅的产业化道路上有长足发展，尤其是在我国现阶段政府为中低收入住房困难家庭所提供的限定标准、限定价格或租金的住房，即保障性住房的建设中。北京从 2015 年起已经将住宅的产业化要求直接写入规划条件当中："公共租赁住房、经济适用房、限价商品房、棚户区改造安置房等新建项目地上建筑应 100％实施住宅产业化"。其对于建筑的水平、垂直构件，建筑内、外墙以及室内装修都提出技术要求。

　　住宅的产业化一方面是指住宅科技成果的产业化，一方面是指住宅生产方式的产业化，我们通常所说的住宅产业化，更多的是指住宅生产方式的产业化。住宅产业化就是利用现代科学技术，先进的管理方法和工业化的生产方式全面改造传统的住宅产业，使住宅建筑工业生产和技术符合时代的发展需求。就是住宅的生产方式（或者是技术手段），运用现代工业手段和现代工业组织，对住宅工业化生产的各个阶段的各个生产要素通过技术手段集成和系统的整合，达到建筑的标准化，构件生产工厂化，住宅部品系列化，现场施工装配化，土建装修一体化，生产经营社会化，形成有序的工厂的流水作业，从而提高质量，提高效率，提高寿命，降低成本，降低能耗。如图 7-5，在住宅平面内标示了预制构件的分布，建筑外墙、户内楼板、阳台板、空调板、楼梯梯段为预制构件，公共区走廊、电梯部分为现浇构造，在某些预制化项目中，内隔墙及室内装修均采用预制构件，卫生间为成品整体安装。

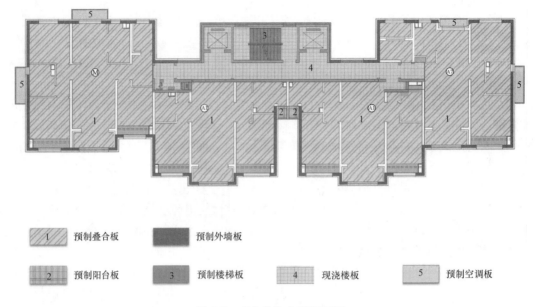

	预制叠合板		预制外墙板
	预制阳台板		预制楼梯板		现浇楼板		预制空调板

图 7-5 产业化住宅平面实例

住宅产业现代化是住宅产业化发展的更高阶段。住宅产业现代化是指以科技进步为核心，用现代科学技术改造传统的住宅产业，进一步通过住宅设计的标准化，住宅生产的工业化，采用新技术、新材料、新工艺、新设备的大量推广应用，提高科技进步对住宅产业的贡献率，大幅提高住宅建设、管理的劳动生产率和住宅的整体质量水平，全面改善住宅的使用功能和居住质量，高速度、高质量、高效率地建设符合市场需求的高品质住宅。

在建筑设计领域，以设计标准为基础的 BIM 的探索正在全面展开。BIM（Building Information Modeling 建筑信息化模型）萌芽于 20 世纪 70 年代到 80 年代的建筑全生命周期管理及虚拟建造概念，至 2002 年此概念正式提出，从理论到实践，从内涵到外延都得到了成熟和丰富。BIM 的本质是一种面向全行业的信息整合平台，是通过建立一个数字

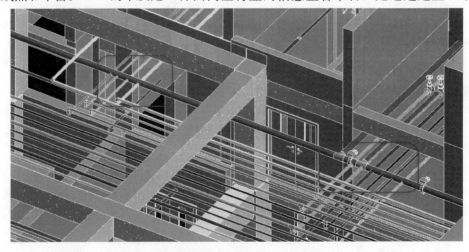

图 7-6 由 BIM 模拟的管线安装检查碰撞问题

模型来模拟、整合建筑全生命周期内的所有信息，包含设计、建造、管理等各个环节。如图 7-6 为 BIM 模拟的设备管线安装中可能出现的碰撞问题，方框的区域反映出管线有交叉，需要调整。BIM 适用于住宅产业化，由至 2015 年香港房屋署将在所有公屋项目中采用 BIM，可以看出 BIM 在住宅产业化实践中的作用。对于量大面广的建筑如保障房，借用这项技术可将有限的空间充分利用，挖掘各种可能性，在成本控制方面做到极致，尤其能避免施工中的错漏碰缺，有效减少施工变更，并通过各项性能分析提升建筑的整体建设水平。

第8章 无障碍设计基础知识

8.1 国内外无障碍设计的背景

8.1.1 历史背景

人类正共同面对史无前例的挑战——如何在生态、经济和人文三方面可持续发展？人文环境的可持续发展关系到人类社会中每个个体的平等权利，因此"无障碍设计"不仅仅是关于非主流社会中少数人的课题，而是必须受全社会关注的一个长期的、可持续的任务。

人类文明进程中最重要的进步之一就是对弱势成员的照顾和相应的福利设施的发展。福利设施的发展源于需要照顾年老、生病及需要帮助的人。1863年国际红十字协会在日内瓦成立，以保护人类的生命、健康和尊严为目标，从此为不同国籍、种族、宗教信仰、意识形态及政治观念的人们，提供平等的帮助。直到20世纪70年代，残疾不再被单一地看作是个人在身体、精神或智力上的缺陷，而是需要全社会共同解决的问题。全世界越来越多的组织、机构和个人参与到讨论制定保护和帮助残疾人的制度和法律中，人们逐渐认识到要想给予残疾人平等的机会和权利，必须在关注残疾人个体的同时，关注他们生活的物质环境和社会环境。

20世纪80年代中期，"无障碍设计"的概念应时而生，反映了社会的关注扩展到了个体及其生活的相关环境。这一定义逐渐发展，到2001年世界卫生组织将"无障碍"定义为："无障碍的建筑环境，交通设施，技术设备，信息传播系统，视听信息和沟通设备，及其他与人类日常生活息息相关的空间环境是那些能够保证具有不同程度生理伤残缺陷者在没有其他人帮助时能正常出入及使用的环境设施"。无障碍设计及建设的目标是为了创造一个可以最大程度被不同年龄及身体状况的全社会成员独立使用的环境。

8.1.2 相关定义及统计数字

联合国建议应将残疾人定义为：由于长期身体、心理情况和健康问题而造成持续困难、使其从事活动的种类或数量受到限制者；只有持续六个月以上的残疾才应包括在内。

1990年通过的《中华人民共和国残疾人保障法》第二条中定义：残疾人是指在心理、生理、人体结构上，某种组织、功能丧失或者不正常，全部或者部分丧失以正常方式从事某种活动能力的人。残疾人包括视力残疾、听力残疾、言语残疾、肢体残疾、智力残疾、精神残疾、多重残疾和其他残疾的人。

全世界的残疾人口比例相当巨大，2004年，世界卫生组织估计在全球65亿人口中，有约1亿人中度或严重残疾；全世界有约五亿以上的人口由于心智上、身体上或是感官上的缺陷而致残。据中国残联 2005 年年底统计，中国有残疾及生理缺陷的人 8296 万。

另外，随着人口年龄比例的变化，全球多个国家出现了老龄化社会结构。据研究，从 2000 年到 2050 年世界人口中，60 岁及以上年龄人口的比例预计将增加一倍，从 10％增至 21％；到 2050 年发展中国家中老龄人口的比例预计将从 8％增加到 19％。

虽然老年人因某些身体和感官能力下降而造成生活能力的变化不足以把老人纳入残疾人群体之中，但是无障碍设计应包含老年人设计。无障碍设计的范围拓展到关注老年人作为建筑环境的使用者所面临的问题。

8.1.3 国内外相关法律法规

1961 年，美国制定了世界上第一个《无障碍标准》。此后，英国、加拿大、日本等几十个国家和地区相继制定了法规。亚太地区残疾人约有 2 亿，近年来日本、马来西亚、菲律宾、韩国等国的无障碍设施建设都比较好。日本目前的无障碍设施比较普及，国家制定的统一建设法规中包括无障碍设计。香港的《残疾人通道守则》自 1976 年至 1984 年作了多次修订。香港的建筑物、道路、公共交通车、巴士、地铁等处的无障碍设施十分完善。

从 20 世纪 90 年代起，澳大利亚标准局就先后出版并更新了四册无障碍设计标准，针对城市道路、建筑出入口、建筑物内的人车通道、垂直升降梯及交通核、洗（浴）手间、家具、卫生洁具、指示系统及标志物和所有以上空间或元素的材料提出了具体要求。其中有专门的分册特别提出对残障少年儿童使用设施的设计要求，可谓"无微不至"，至今为止成效显著。在澳大利亚建筑规范中，处处要求执行与规范相平行的无障碍设计标准，使无障碍设计成为建筑设计中最受法律法规约束的内容之一。

我国最早提出无障碍设施建设是 1985 年 3 月，由中国残疾人福利基金会、北京市残疾人协会、北京市建筑设计研究院联合发出的"为残疾人创造便利生活环境"的倡议；同年 4 月，全国人大六届三次会议和政协六届三次会议上，部分人大代表、政协委员提出了"为残疾人需求的特殊设置建设"的提案和建议。

1990 年，全国人大常委会审议通过颁布了《中华人民共和国残疾人保障法》。这是一部保护残疾人权益、发展残疾人事业的基本法律，是每个公民和一切组织对待残疾人问题的行为规范。

1986 年 7 月，建设部、民政部、中国残疾人福利基金会共同编制了我国第一部《方便残疾人使用的城市道路和建筑物设计规范（试行）》，1989 年颁布实施。2001 年由中华人民共和国建设部、民政部、中国残疾人联合会联合颁布的中华人民共和国行业标准 JGJ 50—2001《城市道路和建筑物无障碍设计规范》正在被最新的一部国家标准取代。

2012 年 3 月，中华人民共和国住房和城乡建设部颁布中华人民共和国国家标准：《无障碍设计规范》GB 50763—2012，从 2012 年 9 月 1 日起施行。

8.2 无障碍设计基本原则及设计要点

8.2.1 人体工程学是无障碍设计的基础

人体工程学是一门"研究人和机器、环境的相互作用及其合理结合，使设计的机器和环境系统适合人的生理及心理等特点，达到在生产中提高效率、安全、健康和舒适目的的科学"（维基百科定义）。人体工程学是由 6 门分支学科组成，即：人体测量学、生物力学、劳动生理学、环境生理学、工程心理学、时间与工作研究（百度百科）。

其中人体测量学主要是用测量和观察的方法来描述人类的体质特征状况，通过其测量数据，运用统计学方法，对人体特征进行数量分析。进行人体测量最终目的就是为设计者利用其数据。前人根据大量的人体测量数据进行归纳和总结了在设计中常用的数据，表 8-1 是常用部分。根据表中的应用条件和注意事项，为无障碍设计提供了依据和参考。

主要人体尺寸应用标准　　　　　　　　　　　　　　　　　　表 8-1

人体尺寸	主要应用	备注
身高	确定门和通道的高度，及头顶上障碍物的高度	设计师在具体设计时，不能一成不变，需要考虑到成人、儿童、妇女、轮椅残疾人等，还要考虑到不同人种的身体高度、宽度及人体在不同的季节所穿的衣服厚度都是不一样的
坐（立）姿眼高	确定电影院、剧院、会议室等处的视线高度，展品、广告牌等高度	
肘部高度	确定柜台、工作台面、桌子及厨房案台等高度。在家具设计中，肘部高度非常重要	
挺直坐高	确定座椅上方障碍物的高度，室内隔断及双层床时都需要考虑这个高度	
坐姿高度	确定电影院屏幕高度、桌椅高度及视线的最佳视区	
肩宽	确定电影院、汽车、火车和办公室等室内桌椅的间距	
两肘之间宽度	确定餐桌、会议办公桌和柜台等周围座位的距离	
肘部平放高度	确定工作台、餐桌、书桌等高度。这个数据应该和其他数据在一起考虑	
大腿厚度	确定书桌、电脑桌、柜台、家具、会议桌高度，还要注意障碍物的高度	
膝盖高度	确定桌子、柜台从地面到底面的关键尺寸	
腿弯高度	确定座椅面部高度	
臀部至腿弯长度	确定座椅，尤其是确定前后排椅子之间的距离	
人体最大厚度	确定较小空间及需要排队的地方	
人体最大宽度	确定走廊宽度、通道宽度及门的宽度	

8.2.2　无障碍设计原则

由于残疾人致残原因不同，他们的需求也有差异，城市公共环境无障碍设计要充分考虑不同残疾类型对环境设计的要求，为其提供方便舒适的环境。

无障碍环境涉及的人群对环境设计有不同的要求：视障者担心在不平的道路上磕绊或被障碍物绊倒，在不熟悉的环境里迷路。有明晰标识的设计会有助于他们，盲道设计适合盲人。听障者需要视觉警告，而不是扩音系统，或者是需要协助听力的系统。平衡协调能力不好的人容易摔跤、行走不稳，扶手、大的把手、坡道及电梯有助于他们。呼吸系统有问题、耐久力差的人容易疲劳，走不了长路、陡坡及楼梯，需要时常休息。有些人手或手指不灵活，最好使用易于操作的开关、龙头、把手等。还有些人难于转身、弯腰、够东西，需要易于接近所需拿到的东西。

无障碍设计应遵循联合国在《建立残疾人无障碍物质环境导则及实例》中的基本原则：可接近性、可到达性、安全性、人性化及无障碍。可达性指障碍人群可以借助无障碍设施到达目的地；安全性指保障障碍人群能安全使用无障碍设施，安全到达目的地；人性化指所有障碍设施充分考虑到不同的障碍人群的使用，并尽可能给其他人群提供方便。

8.3 无障碍设计在城市及建筑环境中的应用

许多国家均颁布了建筑环境无障碍设计规范，在设计细节和要求方面有所不同，中国相关法律及设计规范要求城市行政建制区划管辖范围（含区、县、乡、镇、民族乡及街道办），以及规划控制区建设的公共建筑、居住建筑的有关部位及相应措施均应进行无障碍建设。

8.3.1 城市道路与桥梁无障碍设计的范围

城市道路与桥梁无障碍实施的范围及部位见表8-2。

城市道路与桥梁无障碍实施的范围及要求　　　　　　　　表 8-2

道路类别		道路类别	备注
城市道路	城市市区道路 城市广场 卫星城道路、广场 经济开发区道路 旅游景点道路	1. 人行道	缘石坡道、坡道梯道、盲道、标志等的设置应满足规范要求
		2. 人行横道	应按规范设置安全岛及过街音响信号
		3. 人行天桥、人行地道	设置坡道、提示盲道、升降梯、扶手及无障碍标志应满足规范要求
		4. 公交车站	主要道路和居住区应设盲道和盲文站牌
		5. 桥梁涵道、立体交叉	缘石坡道、坡道梯道、盲道的设置应满足规范要求

8.3.2 公共建筑无障碍实施范围

（1）办公、科研建筑无障碍实施的范围及部位见表8-3。

办公、科研建筑无障碍实施的范围及部位　　　　　　　　表 8-3

建筑类别	实施范围	实施部位	备注
办公、科研建筑	各级政府办公建筑 各级公安服务建筑 各级司法部门建筑 企、事业办公建筑 老年、残联办公及 活动中心等建筑 其他办公、科研建筑	1. 建筑基地	设人行通路、停车车位
		2. 主要入口和接待服务入口	设无障碍入口
		3. 主要楼梯和电梯	设无障碍电梯
		4. 一般接待室、贵部接待室	方便轮椅出入
		5. 报告厅、审判庭、多功能厅	设轮椅席位
		6. 公共厕所	设无障碍厕所、厕位
		7. 服务台、业务台、公用电话	设无障碍标志牌

113

（2）商业、服务建筑无障碍实施的范围及部位见表 8-4。

商业、服务建筑无障碍实施的范围及部位 表 8-4

建筑类别	实施范围	实施部位	备注
商业建筑	百货公司、综合商场自选超市、专业商厦餐馆、饮食中心、食品店、菜市场等	1. 主要入口、门厅、大堂	宜设无台阶入口
		2. 客用楼梯和电梯	设无障碍电梯
		3. 营业区、自选区	方便乘轮椅者通行、购物
		4. 宾馆、饭店公共服务部分	方便轮椅到达和进入
		5. 休息室、等候室	设在首层和楼层
服务建筑	金融、邮电、书店、宾馆、饭店、旅馆、培训中心、娱乐中心综合服务建筑殡仪馆建筑等	6. 公共厕所、公共浴室	含无障碍厕所、厕位及浴位
		7. 标准间无障碍客房	设在出入口方便位置
		8. 总服务台、业务台、取款机、查询、结算通道、公用电话、饮水器等	设无障碍标志牌

（3）文化、纪念建筑无障碍实施的范围及部位见表 8-5。

文化、纪念建筑无障碍实施的范围及部位 表 8-5

建筑类别	实施范围	实施部位	备注
文化建筑	文化馆建筑图书馆建筑科技馆建筑博览建筑档案馆建筑等	1. 建筑基地	设人行通路、停车车位
		2. 主要入口和接待服务入口	设无障碍入口
		3. 客用楼梯和电梯	设无障碍电梯
		4. 目录及出纳信息及查询	方便乘轮椅者到达和使用
		5. 报告厅、视听室、阅读室	设轮椅席位
纪念性建筑	纪念馆纪念塔纪念碑纪念物等	6. 公共厕所	设无障碍厕所、厕位
		7. 休息室、等候室	设在首层和楼层
		8. 售票处、总服务台、公用电话、饮水器等	设无障碍标志牌

（4）观演、体育建筑无障碍实施的范围及部位见表 8-6。

观演、体育建筑无障碍实施的范围及部位 表 8-6

建筑类别	实施范围	实施部位	备注
观演建筑	剧场、剧院建筑电影院建筑音乐厅建筑礼堂、会议中心等	1. 建筑基地	设人行通路、停车车位
		2. 各主要入口、前厅和休息厅	方便乘轮椅者进入
		3. 观众楼梯和电梯	设无障碍电梯
		4. 主席台、包厢及贵宾休息室	设轮椅席位
体育建筑	体育馆、体育场游泳馆、游泳场溜冰场、溜冰馆综合活动中心等	5. 舞台、后台、乐池、化妆室	乘轮椅者可到达和使用
		6. 训练及热身场地、比赛场地	为无障碍场地
		7. 公共厕所、公共浴室	含无障碍厕所、厕位及浴位
		8. 售票处、总服务台、公用电话、饮水器等	设无障碍标志牌

（5）交通、医疗建筑无障碍实施的范围及部位见表 8-7。

交通、医疗建筑无障碍实施的范围及部位　　　　　　　　　表 8-7

建筑类别	实施范围	实施部位	备注
交通建筑	空港航站楼建筑 铁路旅客站建筑 汽车客运站建筑 城市轨道交通站 港口客运站建筑	1. 站前广场	设人行通路、停车车位
		2. 旅客、病人出入口及公共通道	设无台阶入口、走道
		3. 楼梯和电梯	设无障碍电梯
		4. 联检通道、旅客等候、中转区	为无障碍通道
		5. 登机桥、天桥、地道、站台	方便轮椅通行
医疗建筑	综合医院、专科医院 疗养院建筑 康复中心建筑 急救中心建筑 社区医疗站建筑等	6. 门诊、急诊、住院同房及放射、检验等医用房	方便乘轮椅者到达、进入和使用
		7. 公共厕所、公共浴室	含无障碍厕所、厕位及浴位
		8. 服务台、挂号、取药、公用电话、饮水器、查询台收费处及购票等	设低位服务和无障碍标志牌

（6）学校、园林建筑无障碍实施的范围及部位见表 8-8。

学校、园林建筑无障碍实施的范围及部位　　　　　　　　　表 8-8

建筑类别	实施范围	实施部位	备注
学校建筑	高等院校建筑 专业学校建筑 特殊教育院校建筑 中小学校及托幼建筑	1. 建筑基地	设人行通路、停车车位
		2. 主要入口、门厅、大厅	设无障碍入口
		3. 楼梯和电梯	设无障碍电梯
		4. 普通教室、合班教室、电化教室	方便轮椅进入
		5. 实验室、图书馆及礼堂等	设轮椅席位
园林建筑	城市广场、综合公园 街旁游园、儿童公园 动物园、植物园 海洋馆、游乐园 古建筑及旅游景点等	6. 园路、观展路、儿童乐园	为无障碍区域
		7. 公共厕所、公共浴室	含洗手盆、小便器
		8. 售票处、总服务台、公用电话、饮水器及餐饮等服务设施	设无障碍标志牌

8.3.3 居住建筑无障碍实施范围

（1）高层、中高层住宅及公寓建筑无障碍实施的范围及部位见表 8-9。

高层、中高层住宅及公寓建筑无障碍实施的范围及部位　　　　　　　　　表 8-9

实施范围	实施部位	备注
高层住宅 中高层住宅 高层公寓 中高层公寓 社区会所、物业 等服务性建筑	1. 建筑入口	设无障碍入口
	2. 入口平台	方便轮椅回转
	3. 候梯厅	方便乘轮椅者等候
	4. 电梯轿厢	设无障碍电梯
	5. 公共走道	方便轮椅通行
	6. 无障碍住房	方便老年人残疾人使用

（2）设有残疾人住房的多层、低层住宅及公寓建筑无障碍实施的范围及部位见表8-10。

多层、低层住宅及公寓建筑无障碍实施的范围及部位　　　　　表8-10

实施范围	实施部位	备注
多层住宅 低层住宅 多层公寓 低层公寓	1. 建筑入口	宜设无障碍入口
	2. 入口平台（平台宽度）	方便轮椅回转
	3. 公共通道	一侧设扶手
	4. 楼梯	两侧设扶手
	5. 无障碍住房	没有电梯应设在首层

（3）设有残疾人住房的职工和学生宿舍建筑无障碍实施的范围及部位见表8-11。

职工和学生宿舍建筑无障碍实施的范围及部位　　　　　表8-11

实施范围	实施部位	备注
职工宿舍 学生宿舍	1. 主要入口	设无障碍入口
	2. 入口平台（平台宽度）	方便轮椅回转
	3. 公共通道（宽度）	方便轮椅通行
	4. 公共厕所、公共浴室	
	5. 无障碍住房（男、女各一间）	没有电梯应设在首层

8.4　无障碍设施的细部设计

8.4.1　城市道路无障碍设计

人行道路的无障碍设施及设计要符合以下规定：

图8-1　缘石坡道下口高出车行道地面处理

（1）人行道在交叉路口、街坊路口、单位出口、广场入口、人行横道及桥梁、隧道、立体交叉口等路口应设坡道。缘石坡道下口高出车行道地面不得大于2cm，见图8-1。

（2）城市主要道路、建筑物和居住区的人行天桥和人行地道，应设轮椅坡道和安全梯道；在坡道和梯道两侧应设扶手。城市中心地区可设垂直升降梯取代轮椅坡道。

（3）城市中心区道路、广场、步行街、商业街、桥梁、隧道、立体交叉及主要建筑物地段的人行道应设盲道；人行天桥、人行地道、人行横道及主要公交车站应设提示盲道。提示盲道的长度宜为4~6m。人行天桥下面的三角空间区，在2m高度以下应安装防护栅栏，并应在结构边缘外设宽 0.30～0.60m 提示盲道。

（4）人行横道的安全岛应能使轮椅通行；城市主要道路的人行横道宜设过街音响信号。

（5）在城市广场、步行街、商业街、人行天桥、人行地道等无障碍设施的位置，应设国际通用无障碍标志。

8.4.2 建筑出入口

建筑无障碍入口分不设台阶的平地入口、只设坡道的入口及设台阶和坡道的入口三类。

1）不设台阶的平地入口设计要求

（1）无台阶平地入口室内外地面不应光滑，且不积水；室外地面排水坡度宜为 1%～2%。

（2）地面滤水箅子孔的宽度不应大于 15mm。

（3）入口的门可退进墙面设置，或在入口上方设雨罩，或在入口设门头及门廊等。

2）只设坡道的入口设计要求

（1）坡道入口的坡度不应大于 1：20～1：30；在坡道两侧宜设扶手。

（2）坡道入口的净宽度不应小于 1.8m（挡台内侧边缘距离）。

3）设台阶和坡道的入口设计要求

（1）台阶的踏面不应光滑，三级及三级以上台阶两侧应设扶手，少于三级台阶的可不设扶手，应在两侧设挡台。

（2）坡道可设计成直线形、L 形、折返形。

（3）采用 1：12 坡道高度达到 0.75m（水平长度 9m），需设深度不小于 1.5m 休息平台。

（4）坡道的净宽度不应小于 1.2m（挡台内侧边缘距离）。

（5）坡道两侧应设扶手，扶手高 0.85m。扶手起点与终点应水平延伸 0.3m，扶手截面为 35～45mm。当坡道高度小于 0.45m（坡度小于 1：8）可在两侧设挡台，不设扶手。

（6）坡道的坡面应平整，不应光滑（不宜设防滑条或礓礤式坡面）。

（7）坡道的起点与终点的水平深度不应小于 1.5m。

4）不同的地面高度可选用不同坡道的坡度（最低标准表 8-12）

不同坡道的高度和水平长度的最低限定 表 8-12

坡道坡度	1：4	1：6	1：8	1：10	1：12	1：16	1：20
坡道高度（m）	0.15	0.30	0.45	0.60	0.75	0.90	1.20
坡道长度（m）	0.60	1.80	3.60	6	9	14	20

5）建筑入口平台

建筑入口的平台不应光滑，平台的宽度应大于坡道的宽度，并符合轮椅通行与回转要求（图 8-2）。

高于二级台阶的平台在不通行的边缘应设栏杆或挡台（挡台高度大于 100mm）。

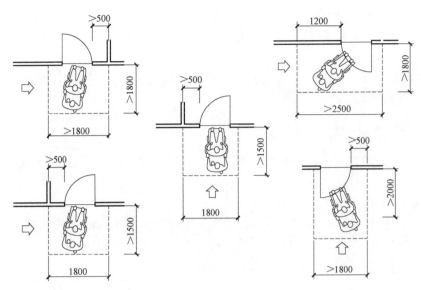

图 8-2 建筑入口平台宽度示意图（单位 mm）

8.4.3 建筑物内的通道及门窗

1）门厅及过厅深度应符合图 8-3 所示的尺寸要求

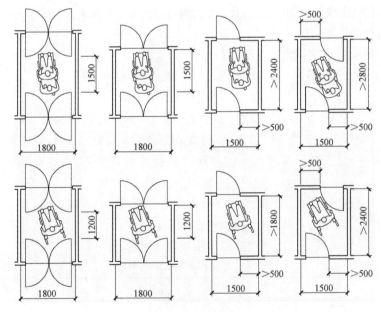

图 8-3 门厅及过厅深度要求示意图（单位 mm）

2）轮椅通行的走道宽度应符合下列规定（图 8-4）

（1）大型公共建筑走道大于 1.80m，中小型公共建筑走道大于 1.50m，小型公共建筑走道宽度不应小于 1.2m（但应有轮椅回转面积）；

（2）走道的地面应平整，不光滑，走道地面有高差时设坡道和扶手；

（3）向走道开启的门扇和窗扇以及向走道墙面有突出大于 0.1m 的设施和高度大于

0.65m 的设施，应设凹室或防护措施，使其不影响走道的安全通行。

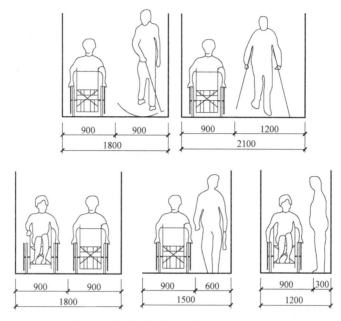

图 8-4　走道通行宽度示意图（单位 mm）

3）门的设计应符合下列规定

（1）供行动不便者使用的门顺序为：自动门、推拉门、折叠门、平开门及无障碍旋转门；

（2）自动门净宽大于 1m，推拉门和折叠门净宽大于 0.80m，室内通道及平开门净宽大于 0.80m；

（3）在推拉门和平开门的门把手一侧的墙面，应留有不小于 0.50m 的墙面净宽；

（4）建筑入口及公共建筑通道的门扇，应安装视线观察玻璃；

（5）平开门应设横执把手和关门拉手，在门扇的下方应安装高 0.35m 的护门板。

8.4.4　垂直升降梯及楼梯

1）电梯厅无障碍设施与配件要求

（1）公共建筑及高层住宅电梯厅宽度不宜小于 1.8m，多层住宅电梯厅宽度不宜小于 1.6m；

（2）电梯厅按钮高度为 0.9～1.1m；

（3）电梯厅的门洞外口净宽不宜小于 0.9m；

（4）电梯厅应设电梯运行显示和抵达音响；

（5）公共建筑无障碍电梯应设无障碍标志牌。

2）电梯轿厢无障碍规格与配件要求

（1）电梯轿厢门开启净宽度大于 0.80m，门扇关闭时应有安全措施；

（2）在轿厢侧面设高 0.90～1.10m 带盲文的选层按钮；

（3）轿厢在上下运行中及到达时应有清晰显示和语音报层；

（4）轿厢正面壁上距地高 0.90m 处至顶部应安装镜子。

3）电梯轿厢的规格选定

电梯轿厢的规格应依据建筑类型和使用要求的不同来选定。最小规格为 1.4m×1.1m （轮椅可直接进出电梯），中型规模为 1.7m×1.4m （轮椅可在轿厢内旋转 180 度，正面驶出电梯），高层与老年人等居住建筑应选用担架可进入的电梯轿厢。常用电梯轿厢规格见图 8-5。

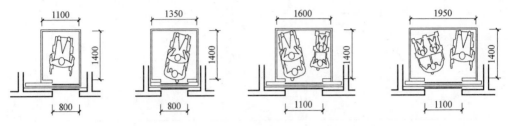

图 8-5　电梯轿厢示意图（单位 mm）

有楼层的交通建筑及商业服务建筑，体育建筑、文化纪念建筑、特殊教育院校，应设无障碍型电梯。

8.4.5　公共洗手间

（1）室外男、女厕所应各设一个无障碍厕位、一个无障碍洗手盆、一个无障碍小便器（男厕），同时设一个无障碍厕所。

（2）无障碍厕位设计要求（图 8-6）：

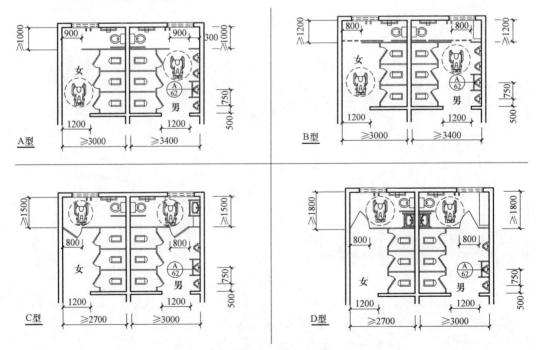

图 8-6　无障碍厕位设计示意图（单位 mm）

① 厕所入口、通道应方便乘轮椅者进入和到达厕位、洗手盆，并能进行回转；

② 地面应防滑和不积水；

③ 无障碍厕位的门应向外开启，门的净宽不应小于 0.8m。厕位面积不宜小于 1.8m×1.4m 或 2.0m×1.0m，设高 0.45m 坐便器，并在两侧设安全抓杆（安全抓杆应考虑能承受 1.3kN 的力）和高 1.2m 挂衣钩。

④ 各类学校教学楼男女公共厕所可只设无障碍厕位、洗手盆及小便器，可不再设置无障碍厕所。

（3）无障碍厕所设计要求（图 8-7）：

① 无障碍厕所位置宜靠近公共厕所，并设置无障碍国际通用标志，方便各种人士及乘轮椅者到达进入和使用。

② 厕所宜采用推拉门。采用平开门时，门扇应向外开启。

③ 门扇开启净宽不小于 0.8m，门扇内侧设关门拉手。厕所使用面积不宜小于 2m×2m。

④ 厕所设高 0.45m 坐便器，高 0.75～0.8m；洗手盆设高 0.6m，长 0.5m，宽 0.4m 的多功能台面。

⑤ 坐便器两侧设 0.7m 水平抓杆和高 1.4m 垂直抓杆。柱式洗手盆一侧或两侧设抓杆；抓杆要安全牢固（应能承受 1.3kN 的力）。台式洗手盆可不设抓杆。

⑥ 在坐便器侧前方墙面高 0.4m 处设救助按钮。

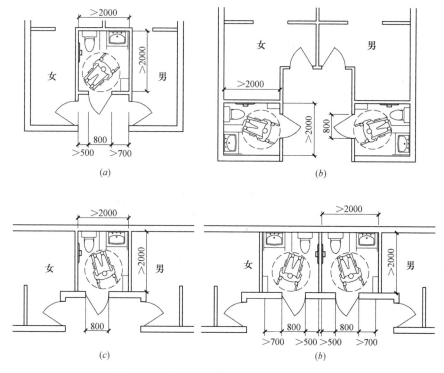

图 8-7　无障碍厕所设计示意图（单位 mm）

（4）无障碍厕所不属于专用厕所，其他人士需要时均可以使用。

8.4.6　轮椅席位

1）设有观众席、听众席等下列公共建筑应设轮椅席位

（1）影剧院、音乐厅、杂技馆、海洋馆；

（2）文化馆、图书馆、报告厅；

（3）体育场馆、游泳场馆、滑冰场馆；

（4）教学用房、礼堂、会堂；

（5）公检法法庭、档案馆建筑等。

2）轮椅席位设计要求（图 8-8）

（1）轮椅席位应设在便于到达、疏散及通道的附近；

（2）轮椅席不应设在公共通道范围内；

（3）每个轮椅席位占地面积不小于 1.2m×0.8m，在每个轮椅席旁或就近观众席设一个陪护席位；

（4）轮椅席位的地面要平坦，在边缘安装低位栏杆或栏板；

（5）在轮椅席上观看演出和比赛的视线不受遮挡，但也不遮挡他人视线。

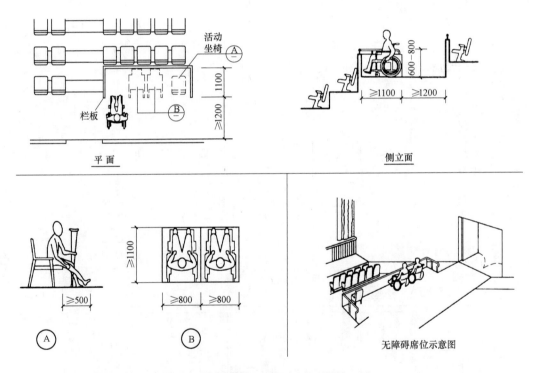

平面　　　　　　　　　　　　　　　　侧立面

无障碍席位示意图

图 8-8　轮椅席位设计示意图（单位 mm）

3）公共建筑的观众席和听众席最低轮椅席位数的规模设置（表 8-13）

轮椅席位数量　　　　　　　　　　　　　　　　　　　表 8-13

建筑类别	观众席位(个)	轮椅席位数（≥‰）
影剧院、音乐厅、文化馆等	500～1500	≥2～4
体育馆、游泳场馆等	2000～6000	≥4～12
体育场	2000～60000	≥40～120
小型场所、阅览室等	500 以下	≥1～2

8.4.7 无障碍客房

（1）设有对外营业客房的商业服务于培训中心等建筑物应设无障碍客房，其设计要求（图8-9）：

① 客房位置应便于乘轮椅者到达、进出方便和安全疏散；

② 餐厅、购物和康乐保健等公共服务设施，应方便行动有困难的老年人及乘轮椅者到达、进入和使用；

③ 客房内通道的宽度不宜小于1.5m，床位相距不应小于1.2m。

④ 客房门开启净宽度不应小于0.8m，门把手一侧墙面宽度不应小于0.4m。

⑤ 卫生间宜采用推拉门。当采用平开门时，门扇应向外开启，净宽不小于0.8m；轮椅进入后回转直径不小于1.5m。

⑥ 浴盆、淋浴、坐便器、洗面盆、毛巾架、安全抓杆等，在形式、高度和规划上应方便行动困难者和乘轮椅者使用。

⑦ 客房电气与家具的位置和高度应方便行动困难者和乘轮椅者使用。床、坐便器、浴盆高度宜为0.45m或高度一致。

⑧ 客房与卫生间应设救助呼叫按钮，其高度应方便乘轮椅者使用。

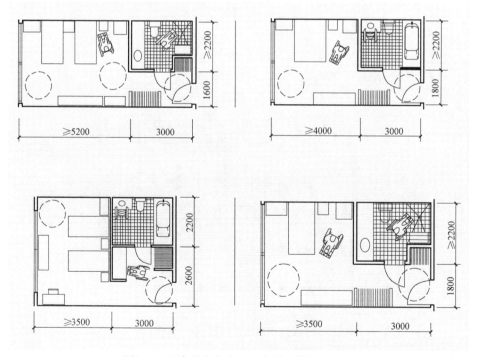

图8-9　无障碍客房布置示意图（单位：mm）

（2）无障碍客房数量可按表8-14规模设置：

无障碍客房设置数量		表 8-14
名称	标准间	无障碍客房
标准间客房	100间以下	1～2间
	100～400间	2～4间
	400间以上	5间以上

8.4.8 无障碍住房

（1）居住建筑的无障碍设计应适合行动困难者和乘轮椅者以及老年人居住。

（2）无障碍住房需按套型设计，每套住房设起居室（厅）、卧室、厨房和卫生间等基本空间，卫生间宜靠近卧室。

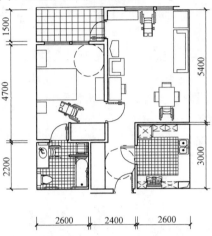

图 8-10 无障碍居室平面布置示意图
（单位 mm）

（3）居室设计要求（图 8-10）：

① 单人卧室大于或等于 7m²；

② 双人卧室大于或等于 10m²；

③ 起居室大于或等于 12m²；

④ 起居室兼餐厅、过厅大于或等于 16m²；

⑤ 地面、门洞和家具等应方便行动困难者和乘轮椅者通行和使用要求；

⑥ 起居室柜橱高度小于或等于 1.2m，深度小于或等于 0.4m；

⑦ 卧室衣柜挂衣杆高度小于或等于 1.4m，深度小于或等于 0.6m；

⑧ 居室应有良好的朝向、采光、通风和视野。

（4）户内过道与阳台无障碍设计要求（图 8-11）：

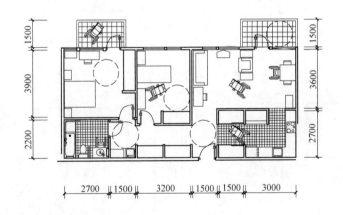

图 8-11 居室户内过道与阳台无障碍设计平面示意图（单位 mm）

① 户内门厅宽度不宜小于 1.5m；

② 通往起居室（厅）、卧室、厨房、卫生间和贮藏间的过道宽度不宜小于 1.2m，墙体阳角部位宜做成圆角或切角；

③ 在过道一侧或两侧设高 0.8～0.85m 的扶手；

④ 阳台深度不宜小于 1.5m，有良好的视野，向外开启的平开门应设关门把手；

⑤ 阳台与居室地面高差不大于 15mm，并以斜面过渡；

⑥ 阳台设可升降的晒晾衣物设施。

（5）户内门、窗和墙面无障碍设计要求：

① 门扇首先采用推拉门、折叠门，其次采用平开门；

② 门扇开启后最小净宽度及门把手一侧墙面的最小宽度应符合表 8-15 的要求。

门扇无障碍设计要求 表 8-15

类别	门扇开启净宽度（m）	门把手一侧墙面宽度（m）	平开门
公用外门	1.0～1.1	≥0.5	—
户门	0.8	≥0.45	设关门拉手
起居室（厅）门	0.8	≥0.45	—
卧室门	0.8	≥0.40	设关门拉手
厨房门	0.8	≥0.40	—
卫生间门	0.8	≥0.40	设关门拉手 宜设观察窗
阳台门	0.8	≥0.40	设关门拉手

（6）厨房无障碍设计要求：

① 厨房宜靠近门厅，并方便乘轮椅者进出，应有直接采光和自然通风。

② 厨房面积和通道应符合下列要求（图 8-12）：

a. 住宅厨房大于或等于 6m²；

b. 厨房净宽大于或等于 2m；

c. 双排布置设备的厨房通道净宽不宜小于 1.5m；

d. 宜设冰箱位置和二人就餐位置。

③ 厨房操作台设计要求（图 8-13）：

a. 操作台高度为 0.7～0.8m。

b. 操作台深度为 0.5～0.55m。

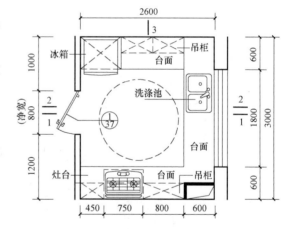

图 8-12 无障碍厨房平面示意图（单位 mm）

c. 操作台下方应方便行动有困难者靠近台面上操作，或将台面下的活动板拉出在板上操作。洗涤池下方应方便行动有困难者在靠近后可以操作。

d. 厨房吊柜柜底高度不应小于或等于 1.2m，深度小于或等于 0.25m。

④ 厨房排烟装置设计要求：

a. 燃气阀门及热水器方便行动有困难者靠近，阀门及观察孔的高度为 1.1～1.2m；

b. 设排烟及拉线式机械排油烟装置；

c. 炉灶设安全防火、自动灭火及燃气泄漏报警装置等。

图 8-13 无障碍厨房操作台示意图

125

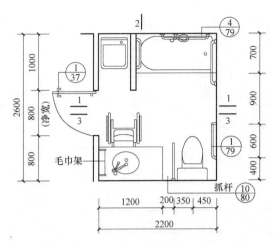

图 8-14　无障碍卫生间布置示意图（单位 mm）

（7）卫生间设计要求：

① 卫生间位置和门扇应方便行动困难者和乘轮椅者进出和开启；

② 卫生间的面积要求见图 8-14；

a. 设坐便器、浴盆、洗面盆三件洁具应大于或等于 4.5m²；

b. 设坐便器、淋浴、洗面盆三件洁具应大于或等于 4m²；

c. 设坐便器、浴盆两件洁具应大于或等于 3.5m²；

d. 设坐便器、淋浴两件洁具应大于或等于 3m²；

e. 设坐便器、洗面盆两件洁具应大于或等于 2.5m²；

f. 单设坐便器应大于或等于 2m²；

③ 卫生间坐便器的高度及浴盆、淋浴的安全抓杆等应符合行动困难者和乘轮椅者使用要求；

④ 冷热水龙头应选用混合式调节的杠杆或掀压式恒温水龙头；

⑤ 卫生间的门安装可双向开启的门锁。

8.5　无障碍设计的发展方向

在发达国家最初的无障碍设计关注的多为身有残疾的能力丧失者。到了 20 世纪 90 年代后期，无障碍设计的概念逐渐扩展至通用设计，受益人群也从残障人士扩大到老年人。

当前及未来的政策将更加关注消除障碍，提倡自强平等地对待残疾人。"通用设计"，"包容设计"，及"通行设计"等正渐渐取代"无障碍设计"的概念。这不仅仅是语义上的改进，而且代表了社会的进步。

通用设计，即充分包容具有不同程度生理伤残缺陷者和正常活动能力衰退或不足者（如残疾人、老年人、幼儿等），使设计能够满足所有人需求，并依此配备服务功能与装置，其中包括图形化的信息指示以及充分调动色彩、材料、光影等手段。

通用设计应符合七个设计原则：

（1）公平地使用——对具有不同能力的人，产品的设计应该是可以让所有人都公平使用的；

（2）可以灵活地使用——设计要迎合广泛的个人喜好和能力；

（3）简单而直观——设计出来的使用方法是容易理解明白的，而不会受使用者的经验、知识、语言能力及当前的集中程度所影响；

（4）能感觉到信息——无论四周的情况或使用者是否有感官上的缺陷，都应该把必要的信息传递给使用者；

（5）容错能力——设计应该可以让误操作或意外动作所造成的反面结果或危险的影响

减到最少；

（6）尽可能的减少体力上的付出——设计应该尽可能让使用者有效地和舒适地使用，而且丝毫不费他们的气力；

（7）提供适当的大小和空间——让使用者接近、够到、操作，并且不被其身形、姿势或行动障碍的影响。

目前，日本已经将此七条通用设计原则成功地运用到商业、研究之中，以创造一种独特的设计概念来适应日本人的特别需要。这一理念将会在全球的范围内越来越普及。

第二部分

单 体 建 筑

第9章 建筑物分类、分等、分级与组成

9.1 建筑物分类、分等、分级

建筑物依照不同的分类方法有很多分类、分等和分级。

9.1.1 建筑物依照应用范围分类

建筑依照应用范围可分为民用建筑与工业建筑。

1）民用建筑

民用建筑按使用功能可分为居住建筑和公共建筑两大类。居住建筑是供人们居住使用的建筑。公共建筑是供人们进行公共活动的建筑。公共建筑依据使用性质不同可分为会展建筑、体育建筑、旅馆建筑、办公建筑、餐饮建筑、医院建筑和商业建筑等。每类建筑根据使用标准不同又进行分级，如旅馆以星级来划分，医院以使用床位数 200 到 1000 为标准确定规模，商业建筑以建筑规模分为大、中、小三级。

民用建筑按地上层数或高度分类划分：住宅建筑按层数分类：一层至三层为低层住宅，四层至六层为多层住宅，建筑高度大于 27m 的为高层住宅，其中七层至九层为中高层住宅，十层及十层以上为高层住宅。除住宅建筑之外的民用建筑高度不大于 24m 者为单层和多层建筑，大于 24m 者为高层建筑（不包括建筑高度大于 24m 的单层公共建筑）。建筑高度大于 100m 的民用建筑为超高层建筑。

建筑根据其使用性质、火灾危险性、疏散和扑救难度等分类如表 9-1。

高层建筑分类 表 9-1

名称	一类	二类	单、多层民用建筑
住宅建筑	建筑高度大于 54m 的住宅建筑（包括设置商业服务网点的住宅建筑）	建筑高度大于 27m,但不大于 54m 的住宅建筑（包括设置商业服务网点的住宅建筑）	建筑高度不大于 27m 的住宅建筑（包括设置商业服务网点的住宅建筑）
公共建筑	1. 建筑高度大于 50m 的公共建筑 2. 任一楼层建筑面积大于 1000m² 的商店、展览、电信、邮政、财贸金融建筑和其他多种功能组合的建筑 3. 医疗建筑、重要公共建筑 4. 省级及以上的广播电视和防灾指挥调度建筑、网局级和省级电力调度 5. 藏书超过 100 万册的图书馆、书库	除住宅建筑和一类高层建筑外的其他高层民用建筑	1. 建筑高度大于 24m 的单层公共建筑 2. 建筑高度不大于 24m 的其他民用建筑

民用建筑依照设计使用年限分类如表 9-2。

设计使用年限分类   表 9-2

类别	设计使用年限(年)	示 例
1	5	临时性建筑
2	25	易于替换结构构件的建筑
3	50	普通建筑物和构筑物
4	100	纪念性建筑和特别重要的建筑

2）工业建筑

工业建筑分为单层厂房（库房）、多层厂房（库房）、高层厂房（库房）。多层厂房（仓库）是 2 层及 2 层以上，且建筑高度不超过 24m 的厂房（仓库）。高层厂房（仓库）是 2 层及 2 层以上，且建筑高度超过 24m 的厂房（仓库）。

工业建筑生产的火灾危险性根据生产中使用或产生的物质性质及其数量等因素，分为甲、乙、丙、丁、戊五类，并符合表 9-3 规定。

生产的火灾危险性分类   表 9-3

生产的火灾危险性类别		火灾危险性特征
甲	生产时使用或产生的物质特征	1. 闪点小于 28℃ 的液体 2. 爆炸下限小于 10％ 的气体 3. 常温下能自行分解或在空气中氧化能导致迅速自燃或爆炸的物质 4. 常温下受到水或空气中水蒸气的作用，能产生可燃气体，并引起燃烧或爆炸的物质 5. 遇酸、受热、撞击、摩擦、催化以及遇有机物或硫黄等易燃的无机物，极易引起燃烧或爆炸的强氧化剂 6. 受撞击、摩擦或与氧化剂、有机物接触时能引起燃烧或爆炸的物质 7. 在密闭设备内操作，温度不小于物质本身自燃点的生产
乙		1. 闪点不小于 28℃，但小于 60℃ 的液体 2. 爆炸下限不小于 10％ 的气体 3. 不属于甲类的氧化剂 4. 不属于甲类的易燃固体 5. 助燃气体 6. 能与空气形成爆炸性混合物的浮游状态的粉尘、纤维，闪点大于等于 60℃ 的液体雾滴
丙		1. 闪点不小于 60℃ 的液体 2. 可燃固体
丁	生产特征	1. 对不燃烧物质进行加工，并在高温或熔化状态下经常产生强辐射热、火花或火焰的生产 2. 利用气体、液体、固体作为燃料，或将气体、液体进行燃烧作其他用的各种生产 3. 常温下使用，或加工难燃烧物质的生产
戊		常温下使用，或加工不燃烧物质的生产

工业建筑储存物品的火灾危险性根据储存物品的性质和储存物品中的可燃物数量等因素，分为甲、乙、丙、丁、戊五类，并符合表 9-4 规定。

9.1.2 建筑依据建筑的抗震要求及建筑的重要性分类

特殊设防类——指使用上有特殊设施，涉及国家公共安全的重大建筑工程，和地震时可能发生严重次生灾害等特别重大灾害后果，需要进行特殊设防的建筑，简称甲类。

储存物品的火灾危险性分类   表 9-4

储存物品的火灾 危险性类别	储存物品的火灾危险性特征
甲	1. 闪点小于 28℃ 的液体 2. 爆炸下限小于 10% 的气体,受到水或空气中水蒸气的作用能产生爆炸下限小于 10% 气体的固体物质 3. 常温下能自行分解或在空气中氧化能导致迅速自燃或爆炸的物质 4. 常温下受到水或空气中水蒸气的作用,能产生可燃气体,并引起燃烧或爆炸的物质 5. 遇酸、受热、撞击、摩擦以及遇有机物或硫黄等易燃的无机物,极易引起燃烧或爆炸的强氧化剂 6. 受撞击、摩擦或与氧化剂、有机物接触时能引起燃烧或爆炸的物质
乙	1. 闪点不小于 28℃,但小于 60℃ 的液体 2. 爆炸下限不小于 10% 的气体 3. 不属于甲类的氧化剂 4. 不属于甲类的易燃固体 5. 助燃气体 6. 常温下与空气接触能缓慢氧化,积热不散引起自燃的物品
丙	1. 闪点不小于 60℃ 的液体 2. 可燃固体
丁	难燃烧物品
戊	不燃烧物品

重点设防类——指地震时使用功能不能中断，或需尽快恢复的与生命线相关建筑，以及地震时可能导致大量人员伤亡等重大灾害后果，需要提高设防标准的建筑，简称乙类。

标准设防类——指大量的除甲类、乙类、丁类以外按标准要求进行设防的建筑，简称丙类。

适度设防类——指使用上人员稀少且震损不致产生次生灾害，允许在一定条件下适度降低要求的建筑，简称丁类。

特殊设防类、重点设防类按高于本地区抗震设防烈度一度的要求加强其抗震措施。如抗震设防烈度为 9 度时，按比 9 度更高的要求采取抗震措施。标准设防类按本地区抗震设防烈度确定其抗震措施和地震作用，达到在遭遇高于当地抗震设防烈度的预估罕遇地震影响时不致倒塌，或发生危及生命安全的严重破坏的抗震设防目标。适度设防类允许比本地区抗震设防烈度的要求适当降低其抗震措施，但抗震设防烈度为 6 度时不应降低。

9.1.3 建筑依据构筑的材料分类

建筑依据构筑的材料不同可分为生土建筑、木结构建筑、石结构建筑、砌体结构、混凝土结构、钢结构、膜结构、冰房屋、纸房屋……

9.1.4 建筑依据结构形式分类

建筑依据结构形式不同分为砌体结构、框架结构、框架剪力墙（抗震墙）结构、剪力墙（抗震墙）结构、框架核心筒结构、筒中筒结构、板柱剪力墙（抗震墙）结构等。

依据不同的分类形式，归纳建筑的不同特点，设计者可以有的放矢地进行设计，并以此类建筑的要求对建筑设计进行界定和评价，这就是对建筑分类的意义所在。随着建筑形式、建筑材料的不断发展，建筑的类别还会更加丰富，有待进一步的研究与总结。

9.2 单体建筑组成构件

一幢建筑物的构配件种类繁多，概括起来主要是基础、墙或柱、楼地层、楼梯、屋顶和门窗等六大组成部分（图 9-1）。这六大部分所处的部位不同，发挥着不同的作用。

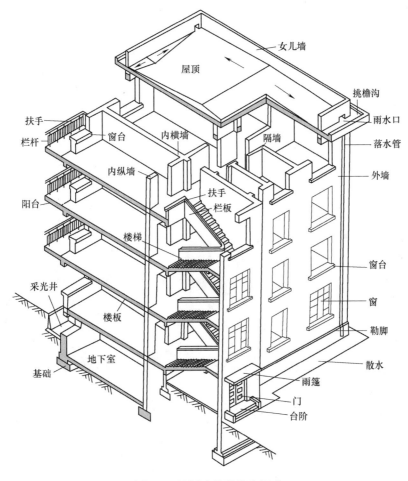

图 9-1 民用建筑的构造组成

9.2.1 基础

基础是建筑在地面以下的承重构件。它承受建筑物上部结构传递下来的全部荷载，并把这些荷载连同基础的自重一起传给地基。

9.2.2 墙和柱

墙是建筑物的竖向构件，其作用包括承重、围护、分隔室内外空间。作为承重构件，墙承受着由屋顶和楼板传来的荷载，将其传给基础。墙作为围护构件，外墙抵御着自然界各种不利因素对室内的侵袭，并起着分隔室内外空间的作用；内墙起着分隔建筑内部空间的作用，并应有隔音等围护作用。

柱也是建筑物的竖向承重构件，承受屋顶和楼板传来的荷载并传给基础。柱与墙的区别在于柱的高度尺寸远大于自身的长宽尺寸，截面面积较小，受力比较集中。

9.2.3 楼地层

楼地层是建筑物的水平分隔空间的构件，并起承重作用——承受着人、家具设备和建筑构件自身的荷载，并将这些荷载传给墙或梁柱，再传给基础和地基。

9.2.4 屋顶

屋顶是房屋最顶部起覆盖作用的围护结构，用以防风、雨、雪、尘、日晒等对室内的侵袭。屋顶是房屋顶部的承重结构，用以承受自重和作用于屋顶上的各种荷载，并将这些荷载传给墙或梁柱，同时对房屋上部起水平支撑的作用。

9.2.5 楼梯

楼梯是建筑的垂直交通构件，其作用是供人上下楼和安全疏散。楼梯还可以起到一定的锻炼身心的作用。

9.2.6 门与窗

门是建筑物及房间出入口的启闭构件，供人通行和分隔房间。

外墙窗是建筑外墙上的透光、透热、通风的构件。所有门、窗均应具有所在部位相应的维护作用。

以上六种构件中，基础、墙或柱、楼地层、屋顶四种构件共同构成房屋的承重结构，决定房屋的坚固耐久性。

外墙及其门窗、屋顶构成房屋的外围护结构。外围护结构对保证室内空间的热、声、光环境质量和建筑的外形美观起着重要的作用。

9.2.7 地基

任何建筑都离不开地基，它是承受基础传来建筑全部荷载的构件，对建筑起着最关键的稳定作用。因为它与单体建筑不直接连接，传统上不划归单体建筑的组成构件。

第 10 章 建筑方位、日照与自然通风

10.1 建筑方位（朝向）

10.1.1 建筑方位（朝向）对室内的影响

在中国大陆性季风气候条件下，建筑方位（朝向）的确定对于建筑日照、自然通风、保温隔热、节能减排、改善室内环境质量、提供一个与自然环境和谐相处的工作和生活条件至关重要，具有社会的、经济的和环保的多方面效益。

不同朝向的建筑具有不同的日照与自然通风效果。南北向建筑是我国广大地区广泛采用的朝向。南向房间夏季因太阳高度角较高，太阳光直射入室深度较浅，可减轻室内过热。冬季太阳高度角较低，阳光直射入室较深，中午前后室内均可获得较充足的日照，可提高室内热舒适度。但北向房间，阳光较少，冬季较冷，寒冷地区主要房间应避免北向。冬季不太冷的地区，如广州、昆明、重庆等地，北向房间光线柔和均匀，除贴西山墙房间外其余房间均可避免夏季西晒，改善室内热环境。

东向建筑，上午阳光入室较深，西向建筑，下午阳光入室较深，有利于提高日照效果。但在夏季，东向房上午东晒、西向房下午西晒，使室内加热，降低舒适度，尤其西晒易引起室内过热（因为周围环境近一天的日晒向外放热增多），因此，温带和亚热带地区，如广州、深圳、香港等地东西向房应慎用，或以墙面绿化减轻或消除室内过热。

对于亚寒带地区，如哈尔滨、乌鲁木齐等地，冬季争取上午多日照房，如办公楼可采用东向房；冬季争取下午多日照房，如住宅可采用西向房。

东南向建筑，全年日照良好。但该建筑的西北面日照较少，且冬季有西北风影响，故西北面不宜布置主要房间。

10.1.2 我国建筑适宜朝向选择

表 10-1 为各地区建筑朝向选择参考表。

图 10-1 为主要房间适宜朝向选择参考。

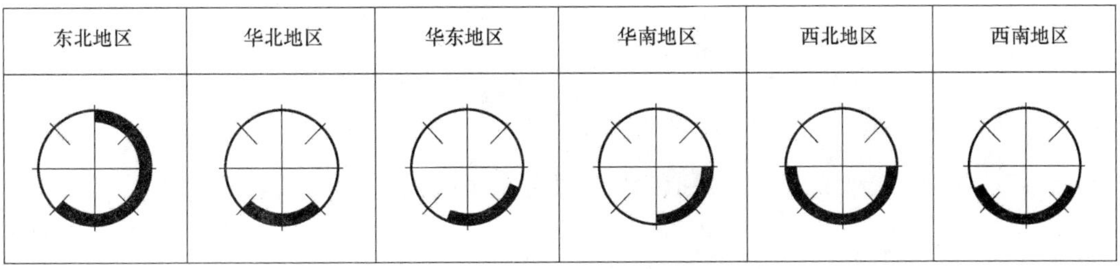

东北地区	华北地区	华东地区	华南地区	西北地区	西南地区

图 10-1 中国各地区主要房间适宜朝向图

135

地区	最佳朝向	适宜范围	不宜朝向
北京地区	南偏东 30℃ 以内;南偏西 30℃ 以内	南偏东 45°;南偏西 45°以内	北偏西 30°~60°
上海地区	南至南偏东 15°	南偏东 30°;南偏西 15°	北、西北
石家庄地区	南偏东 15°	南至南偏东 30°	西
太原地区	南偏东 15°	南偏东至东	西北
呼和浩特地区	南至南偏东;南至南偏西	东南、西南	北、西北
哈尔滨地区	南偏东 15°~20°	南至南偏东 15°;南至南偏西 15°	西北、北
长春地区	南偏东 30°;南偏西 10°	南偏东 45°;南偏西 45°	北、东北、西北
旅大地区	南、南偏西 15°	南偏东 45°至南偏至西	北、西北、东北
沈阳地区	南、南偏东 20°	南偏东至东;南偏西至西	东北东至西北西
济南地区	南、南偏东 10°~15°	南偏东 30°	西偏北 5°~10°
青岛地区	南、南偏东 5°~15°	南偏东 15°至南偏西 15°	西、北
南京地区	南偏东 15°	南偏东 25°;南偏西 10°	西、北
合肥地区	南偏东 5°~15°	南偏东 15°;南偏西 5°	西
杭州地区	南偏东 10°~15°	南、南偏东 30°	北、西
福州地区	南、南偏东 5°~10°	南偏东 20°以内	西
郑州地区	南偏东 15°	南偏东 25°	西北
武汉地区	南偏西 15°	南偏东 15°	西、西北
长沙地区	南偏东 9°左右	南	西、西北
广州地区	南偏东 15°;南偏西 5°	南偏东 22°30′;南偏西 5°至西	
南宁地区	南、南偏东 15°	南偏东 10°~25°;南偏西 5°	东、西
西安地区	南偏东 10°	南、南偏西	西、西北
银川地区	南至南偏东 23°	南偏东 34°;南偏西 20°	西、北
西宁地区	南至南偏西 30°	南偏东 30°至南;南偏西 30°	北、西北
乌鲁木齐地区	南偏东 40°;南偏西 30°	东南、东、西	北、西北
成都地区	南偏东 45°至南偏西 15°	南偏东 45°至东偏北 30°	西、北
重庆地区	南、南偏东 10°	南偏东 15°;南偏西 5°、北	东、西
昆明地区	南偏东 25°~50°	东至南至西	北偏东 35°;北偏西 35°
厦门地区	南偏东 5°~10°	南偏东 22°30′;南偏西 10°	南偏西 25°;西偏北 30°
拉萨地区	南偏东 10°;南偏西 5°	南偏东 15°;南偏西 10°	西、北

10.2 建筑日照

10.2.1 日照基本概念

太阳是日照的天然光源,也是地球最主要的能量来源——地球生命之源。

---

① 摘自《建筑设计资料集(第二版)3》

日照——阳光直接照射到物体表面的现象称为日照。

建筑日照——阳光直接照射到建筑地段、建筑物围护结构表面和房间内部的现象称为建筑日照。

可照时数（天文可照时数）——是指在无任何遮蔽条件下，太阳中心从某地东方地平线升起到落入西方地平线，其光线照射到地面所经历的时间。同一纬度的可照时数是相同的，可由公式计算，也可从天文年历或气象用表查出。

日照时数——是指一个地区接收到的太阳辐射强度超过或等于 $120W/m^2$ 累积时间长度[①]。与理论上可照时数相比，日照时数会受到地表性质和大气情况影响而有变化，因此也称为实照时数。

日照率——是以日照时数与同时间内（如年、月、日等）的可照时数的百分比。日照率越高，说明太阳被遮挡的时间越少。

我国年平均日照百分率以青藏高原、甘肃和内蒙古等干旱地区为最高（70%~80%），以四川盆地、贵州东部和北部及湖南西部为最少，不到 30%。

10.2.2　日照对建筑及人体的影响

适宜的日照，具有重大的卫生效益，见表 10-2。由于阳光照射，引起植物的各种生物光学反应，可促进生物体的新陈代谢。紫外线能预防和治疗一定的疾病，如感冒、支气管炎、扁桃腺炎和佝偻病等。其次，阳光中含有大量的红外线，冬季照射入室，所产生的辐射热，能提高室内温度，有良好的取暖和干燥作用。此外，日照对建筑的造型艺术也有一定的影响，能增强建筑物立体感，不同角度的阴影给人们的艺术感觉也有所不同。

但是，过量的日照，特别是在我国南方炎热地区的夏季，容易造成室内过热，对人体来说则是不利的，且阳光直射工作面上会产生眩光，损害视力。尤其在工业厂房中，工人会因室内过热与眩光而易于疲劳，降低工作效率，增加废品，甚至造成伤亡事故。此外，直射阳光对物品有褪色、变质等损坏作用。有些化学药品被晒，还有发生爆炸的危险。

因此，如何利用日照有利的一面，控制和防止日照不利的影响，是建筑日照设计时应当考虑的问题。

不同朝向居室的日照紫外线灭菌效果比较　　　　　　　　表 10-2

居室朝向	照射时间(h)	灭菌效率(%)		
		白色葡萄球菌	绿色链球菌	溶血性球菌
南向	1	74.5	63.2	19.2
	2	90.8	73.0	49.5
	3	95.9	80.0	51.9
北向	1	12.4	36.6	1.4
	2	38.5	46.7	10.6
	3	52.3	48.5	26.0

---

① 世界气象组织（World Meteorological Organization）对于日照时数的定义：cumulative time during which an area receives direct irradiance from the Sun of at least 120 watts per square meter.

10.2.3 不同功能的建筑对日照的需求

不同功能的建筑对日照有不同的需求，如病房、幼儿活动室和农业用的日光室等。它们对日照各有特殊的要求，病房和幼儿活动室主要要求中午前后的阳光，因这时的阳光含有较多的紫外线；而日光室则需整天的阳光；对居住建筑，则要求日照使室内有良好的卫生条件，起消灭细菌、干燥潮湿房以及在冬季使房间获得太阳辐射热，提高室温等作用。

需要避免日照的建筑大致有两类：一是防止室内过热，主要是在炎热地区，夏季一般建筑都需要避免过量的直射阳光进入室内，特别是恒温恒湿的纺织车间、高温的冶炼车间等更要注意。另一类是避免眩光和防止起化学作用的建筑，如展览室、阅览室、精密仪器车间、某些化工厂、实验室、药品车间等，都需要限制阳光直射在工作面的物体上，以免发生危害。

10.2.4 建筑日照设计任务

建筑日照设计的主要任务是根据建筑的不同使用要求，采取措施，使房间内部获得适当的日照时间、面积及其变化范围。

因此要正确选择房间朝向、布置形式和窗口的遮阳处理，并综合考虑地区气候特点、房间的自然通风及节约用地等因素。

主要是解决以下问题

（1）按照当地的地理纬度、地形条件、建筑周围环境，分析对阳光的遮挡情况及建筑阴影的变化，合理地确定规划的道路网方位、道路宽度、建筑布置形式和建筑体形。

（2）根据日照标准对建筑中各房间日照的要求，分析邻近建筑阴影遮挡情况，合理地选择和确定建筑的朝向和间距，以保证建筑内部的房间有充足的日照。

（3）根据阳光通过采光口进入室内的时间、面积确定采光口的位置、形状及其大小。

（4）正确设计遮阳构件。

10.2.5 日照变化规律

日照变化规律随地球绕太阳运行规律而定。

1）地球绕太阳运行的规律

地球的公转——地球按一定的轨道绕太阳的运动，称为公转（图 10-2、图 10-3）。公

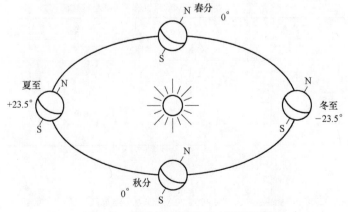

图 10-2　地球饶太阳运动一周的行程

转一周的时间为一年（365 日 5 小时 48 分 46 秒）

地球公转轨道平面叫黄道面。由于地轴是倾斜的，它与黄道面约成 $66°33'$ 的交角。在公转的运行中，这个交角和地轴的倾斜方向，都是固定不变的，这样，就使太阳光线垂直照射在地球上的范围，在南、北纬 $23°27'$，之间作周期性的变动，从而形成了春夏秋冬四季的更替。而这两条纬度线分别称为南回归线和北回归线。

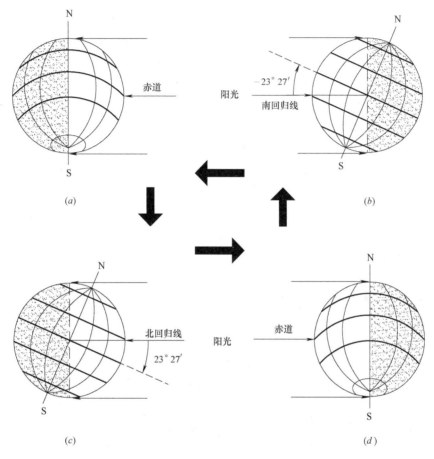

图 10-3　阳光直射地球的范围

（a）春分 $\delta=0°$；（b）夏至 $\delta=23°27'$；（c）秋分 $\delta=0°$；（d）冬至 $\delta=-23°27'$

通过地心并和地轴垂直的平面与地球表面相交而成的圆，就是赤道。为说明地球在公转中，阳光直射地球的变动范围，用所谓太阳赤纬角 δ，即太阳光线与地球赤道所夹的圆心角来表示。它是表征不同季节的一个数值。赤纬角从赤道算起，向北为正，向南为负。

在一年中，春分时，阳光直射赤道，赤纬角为 $0°$，阳光正好切过两极，因此，南、北半球昼夜等长。此后，太阳向北移动，至夏至日，阳光直射北纬 $23°27'$，且切过北极圈，即北纬 $66°33'$ 线，这时的赤纬角为 $+23°27'$。所以，赤纬亦可看作是阳光直射地理的纬度。在北半球从夏至到秋分是为夏季，北极圈内都在向太阳的一侧是"永昼"；南极圈内却在背太阳的一侧是为"长夜"；北半球昼长夜短，南半球夜长昼短。夏至以后，太阳光回到赤道，赤纬角为 $0°$，是为秋分。这时，南北半球昼夜又是等长。当阳光继续向南半球移动到冬至日，阳光直射南回归线，即南纬 $23°27'$，其赤纬角为 $-23°27'$。且切过南极圈，即南纬 66°33′线。这种情况恰好与夏至日相反，在北半球从冬至到春分是为冬季，南极圈内为"永昼"，北极圈内为"长夜"；南半球昼长夜短，北半球昼短夜长。冬至以后，阳光又向北移动，返回赤道，当回到赤道时又是春分。如此周而复始，年复一年。

地球绕太阳公转在一年的行程中，不同季节有不同的太阳赤纬角，全年主要季节的太阳赤纬角 δ 值，见表 10-3。

主要季节的太阳赤纬角 δ 值　　　　　　　　　　　　　　　　　　　　　　表 10-3

节气	日期	赤纬 δ	日期	节气
夏至	6 月 21 日或 22 日	$+23°27′$		
小满	5 月 21 日左右	$+20°00$	7 月 21 日左右	大暑
立夏	5 月 6 日左右	$+15°00$	8 月 8 日左右	立秋
谷雨	4 月 21 日左右	$+11°00$	8 月 21 日左右	处暑
春分	3 月 21 日或 22 日	$0°$	9 月 22 日或 23 日	秋分
雨水	2 月 21 日左右	$-11°00$	10 月 21 日左右	霜降
立春	2 月 4 日左右	$-15°00$	11 月 7 日左右	立冬
大寒	1 月 21 日左右	$-20°00$	11 月 21 日左右	小雪
		$-23°27′$	12 月 22 日或 23 日	

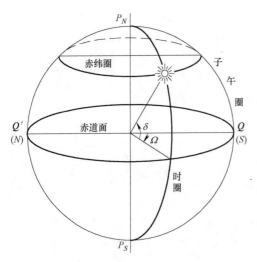

图 10-4　赤道坐标系—赤纬和时角

地球自转（图 10-4）

地球的自转是绕着通过它本身南极和北极一根假想轴——地轴，自西向东自转。从北极点上空看呈逆时针旋转，从南极点上空看呈顺时针旋转。地球自转一周 360°，需要 23 时 56 分 4 秒（即一恒星日），我们习惯上称 24 小时，即一昼夜。不同的时间有不同的时角，以 Ω 表示之。地球自转一周为 360°，因而每小时的时角为 15°。

时角 Ω 的计算公式：$\Omega = 15(t - 12)$，t 表示时数。

为了说明地球面上任一观察点所在的位置，通常以该地铅垂线对赤道面夹角 ϕ 表示。ϕ 称为该地的地理纬度。赤道的纬度为零，由赤道向两极各分 90°，北半球称北纬，南半球称南纬。由于观察点在地球上所处的纬度不同，在不同季节和不同时刻，从观察点看太阳在天空的位置都不相同。

规定以太阳在观测点正南向，即当地时间正午 12 时的时角为 0°，这时的时圈称为当地的子午圈；对应于上午的时角（12 时以前）为负值，下午的时角为正值。

2）太阳高度角和方位角

太阳位置以太阳高度角和方位角来表示，如图 10-5 所示。太阳光线与地平面间的夹角 hs，称为太阳高度角。太阳光线在地平面上的投射线与地平面正南线所夹的角 As，称为太阳方位角。

任何一个地区，在日出、日落时，太阳高度角为零。正午时刻，即当地太阳时 12 点的时刻，高度角最大，此时太阳位于正南。太阳方位角以正南点为零。顺时针方向的角度为正值，表示太阳位于下午的范围；反时针方向的角度为负值，表示太阳位于上午的范围。任何一天内，上、下午太阳的位置对称于正午，例如下午 3 时 15 分对称于上午 8 时 45 分；太阳的高度角和方位角的数值相同，只有方位角的符号相反而已。各地太阳高度角及方位角可由相关气象站或资料查知。

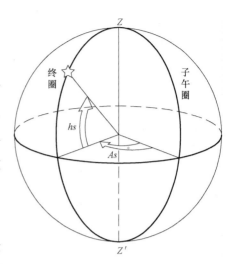

图 10-5　地平坐标系——高度角与方位角

3）地方时和标准时

日照设计所用的时间，为当地太阳时，或称"真太阳时"。即太阳在当地正南时为 12 时，地球自转一周又回到正南时为一天。但地球自转速度并不完全均匀，为计算方便，按一天为 24 小时计算，称为"地方平均太阳时"。它与日常钟表所指示的标准时之间，往往有一差值，故需加以换算。真太阳时与平均太阳时之间的差称为均时差（E_p）。E_p 的变化范围约在 -14 分到 +16 分之间。

所谓标准时间，是各个国家按所处地理位置的某一范围，划定所有地区的时间以某一中心子午线的时间为标准时。1884 年经过国际协议，以穿过伦敦当时的格林尼治天文台的经线为初经线，或称本初子午线。本初经线是经度的零度线，由此向东和向西，各分为 180°，称为东经和西经。我国标准时是以东经 120° 作为北京时间的标准。北京市的地理坐标，以天安门地理坐标为准，是东经 115°23′17″，北纬 39°54′27″。

标准太阳时和地方太阳时的相互转换

$$T_0 = T_m + 4(L_0 - L_m) + E_p$$

式中：T_0——标准时间，时；分；

　　　T_m——地方平均太阳时，时；分；

　　　L_0——标准时间子午圈所处的经度，度；

　　　L_m——当地子午圈所处的经度，度；

　　　E_p——均时差，分。

对一般建筑日照工程，所用的时间不需要十分精确，为简化计算，修正值 E_p 可忽略，则当地太阳时与标准太阳时的关系为：

例题：求济南地区地方平均太阳时 12 点相当于北京标准时几点几分？

解：已知北京标准时间子午圈所处经度为东经 120°，济南经度为东经 116°58′。按 $T_0 = T_m + 4(L_0 - L_m) + E_p = 12 + 14(120° - 116°58′) = 12$ 时 13 分 42 秒。即济南地区平均太阳时 12 点相当于北京标准时 12 点 13 分 42 秒，两地时差为 13 分 42 秒。

10.2.6　建筑日照标准

1）不同国家日照标准简介

日照标准，是民用建筑的卫生标准之一，是根据建筑所处的气候区、城市大小和建筑的使用性质确定的。在规定的日照标准日（冬至日或大寒日）的有效日照时间范围内，以底层窗台面为计算起点的建筑外窗获得的日照时间。底层窗台是指距离室内地坪 0.9m 高的外墙位置，见图 10-6。

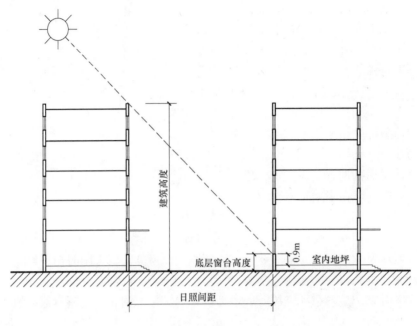

图 10-6　日照间距计算示意图

同时在进行日照间距计算时，应考虑室外地坪高程变化对建筑计算高度的影响，计算方法见图 10-7。

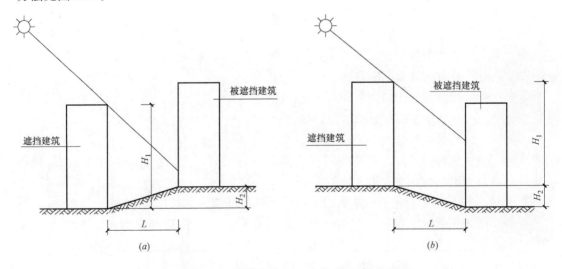

图 10-7　室外地坪高程变化时日照间距计算示意图

注：(a) 图中日照间距 L＝（遮挡建筑 H_1－地面高差 H_2）×当地日照间距系数
(b) 图中日照间距 L＝（遮挡建筑 H_1＋地面高差 H_2）×当地日照间距系数

在日照标准日，要保证建筑的日照量，即日照质量和日照时间。日照质量是每小时室内地面和墙面阳光投射面积累计的大小及阳光中紫外线的作用。

由于世界各国的地理位置、气候条件、生活习惯、居住卫生要求和节约用地的差异，所以日照标准也不同，侧重点也不同。例如苏联提出，用普通玻璃窗的居住建筑，夏季不少于4～5小时的日照，春秋季不少于1.5小时日照，而没有规定冬季的日照时间。德国柏林建筑法规定，所有居住面积每年需有250天，每天有2小时日照。而美国公共卫生协会则推荐，至少应有一半的居住用房，在冬至日中午有1～2小时的日照。

不同国家都按其国情采用不同的日照标准日：例如原苏联北纬58°以北的地区以清明（4月5日）为日照标准日，北纬48°～58°的中部地区以春分、秋分日（3月21日、9月23日）为标准日；北纬48°以南的南部地区采用雨水日（2月19日）为标准日（参照苏联建筑规范 СНип Ⅱ-60-75）；欧美、伦敦采用的标准日则是3月1日（低于雨水日，高于春、秋分日）等。

日照标准日改变，有效日照时间也相应改变，冬至日的有效日照时间为9：00～15：00。根据实际观察，大寒8时的日照强度与冬至日9时的强度相等，所以大寒的有效日照时间为8：00～16：00。

2）我国日照标准

目前我国与日照标准相关的国家规范包括：《民用建筑设计通则》50352—2005；《城市居住区规划设计规范》GB 50180；《住宅设计规范》GB 50096—2013版。除了全国性的日照规划之外，不同省市的规划局也会按照城市的特点制定相应的要求。

《民用建筑设计通则》50352—2005规定建筑日照标准应符合下列要求：

每套住宅至少应有一个居住空间获得日照，该日照标准应符合现行国家标准《城市居住区规划设计规范》GB 50180有关规定；

宿舍半数以上的居室，应能获得同住宅居住空间相等的日照标准；

托儿所、幼儿园的主要生活用房，应能获得冬至日不少于3小时的日照标准；

老年人住宅、残疾人住宅的卧室、起居室，医院、疗养院半数以上的病房和疗养室，中小学半数以上的教室应能获得冬至日不少于2小时的日照标准。

决定我国居住区住宅建筑日照标准的主要因素，一是所处的地理纬度位置，二是所处城市的规模大小。很明显，所处纬度越高，所需的日照间距也就越大，满足日照标准的难度也就越大。

大城市人口集中，用地比中小城市紧张，所以位于同一纬度的同一日照标准，小城市能达到，中等城市不一定能达到；中等城市能达到的，大城市不一定能达到。所以我国现行居住区规划设计规范综合考虑地理纬度与建筑气候区划和城市规模两大因素，在制定日照标准时引入了冬至日和大寒日两个标准日（表10-4）。

对于特定情况还应符合下列规定：

（1）在原设计建筑外增加任何设施不应使相邻宅原有日照标准降低；

（2）旧区改建的项目内新建住宅日照标准可酌情降低，但不应低于大寒日日照1小时的标准。[①]

每套住宅至少应有一个居住空间能获得日照。当一套住宅中居住空间总数超过4个，

[①] 住宅设计规范 GB 50096—1999（2003年版）规定。

143

其中宜有 2 个获得日照的居住空间，其日照标准应符合现行国家标准《城市居住区规划设计规范》GBJ 50180 中关于住宅建筑日照标准的规定。

居住空间指卧室、起居室（厅）的使用空间。

住宅建筑日照标准   表 10-4

建筑气候区划	Ⅰ、Ⅱ、Ⅲ、Ⅶ气候区		Ⅳ气候区		Ⅴ、Ⅵ气候区
	大城市	中小城市	大城市	中小城市	
日照标准日	大寒日				冬至日
日照时数(h)	≥2		≥3		≥1
有效日照时间带(h)	8～16				9～15
日照时间计算起点	底层窗台面				

注：1. 本表摘自《城市居住区规划设计规范》GB 50108—93（2002 年版）；
    2. 建筑气候分区按中国建筑气候区划图；
    3. 底层窗台是指距离室内地坪 0.9m 高的外墙位置。

10.3 建筑自然通风

10.3.1 建筑自然通风的动力及其对人体的影响

建筑自然通风是由于室内外空气流动形成的风压差与室内外空气温度不同形成的热压差通过开启的门、窗和建筑构件间存在的缝隙形成的穿过建筑的空气流动，习惯上通称"穿堂风"。

在湿热地区，例如我国华南、华东以及台湾等大部分地区夏季气温高，湿度大，合理组织穿堂风可使室内不仅可及时换取新鲜空气，还可通风散湿，得到蒸发制冷降湿的效果。因此，这些地区的建筑应朝向当地夏季主导风向（要注意的是，每幢建筑所处的夏季主导风并不一定与该地区夏季主导风同向）。

在非湿热地区，合理组织穿堂风可改善室内热环境，及时换取新鲜空气，提高人体舒适度。

10.3.2 清除穿堂风的负效影响

穿堂风是可用的，但不总是有正能效应的。例如，夏季白天除清晨外，室外气温一般均高于室内气温，这时的穿堂风必然使室内气温增高，热环境变坏，增加制冷耗能。冬季室外气温低于室内气温，这时的穿堂风必然使室内气温降低，要维持合适的室内气温，必然增加供暖耗能。

清除穿堂风的负效影响，关键是合理组织穿堂风，并采取相应的技术措施，例如：

（1）杜绝缝隙渗透风。采用密封条堵缝，尤其是全国数量极大的农房墙顶与屋顶交接处应注意封堵。

（2）夏季清晨与夜晚适时开窗引进穿堂风。晚上开窗引穿堂风要注意地区特点，例如重庆岩石多，白天日晒，蓄热很多，晚上会继续散热，开窗仍有热气入室。消除的根本措施是岩石开沟覆土绿化。

（3）利用水、土等材料构建自然空调系统。例如，利用管道通过地下或水下引新鲜空气入室，室内就可得到冬暖夏凉的新鲜空气。

第11章 建筑结构基本知识

建筑结构基本内容

1 建筑结构基本概念

建筑物的三大要素：①满足功能要求；②物质、技术条件；③外观形象。

其中，最重要的功能需求"安全"，主要由"建筑结构"承担。

结构：满足"强度"所需要的建筑物部分即我们通常说的骨架——板、梁、柱、基础组成的系统是结构。

建筑结构是指在建筑物（包括构筑物）中，满足"强度"所需要的，用来承受各种荷载或者作用，以起骨架作用的空间受力体系。我们通常说的骨架是指板、梁、柱、基础组成的系统。建筑结构因所用的建筑材料不同，可分为混凝土结构、砌体结构、钢结构、轻型钢结构、木结构和组合结构等。

2 结构与建筑

1）结构的重要作用

（1）使骨架形成的空间能良好地服务于人类生活、生产和人类对美观的要求；

（2）结构具备持久抵御自然界各种作用，如地心引力、风力、地震力等的能力；

（3）充分发挥所采用的材料性能。

2）建筑结构的类型

按材料分：钢筋混凝土结构、钢结构、组合结构、砌体结构、木结构、膜结构、玻璃结构、塑料结构。

按受力形式分：墙体结构、框架结构、筒体结构、拱结构、网架（壳）结构、张拉结构、空间板（壳）结构。

按建筑体形分：单层结构、多层结构、高层结构、大跨结构。

按施工方法分：预制结构、拼装结构、现浇结构。

3）建筑结构设计的基本内容

（1）确定结构形式；

（2）分析结构的承载力、变形、倾覆、稳定；

（3）确定结构材料和构件尺寸；

（4）确定结构的连接构造和施工方法。

3 建筑结构设计基本概念

建筑结构设计的总体问题包括作用力、材料、承载力、倾覆、刚度、地基。

建筑物致损、甚至坍塌的原因是加于建筑物上的自然力。保证建筑物"安全庇护"的功能，必须要了解致使建筑物安全失效的"作用力"。

（1）概念

结构上的作用是一种总称，可分为：荷载（也称：直接作用）与作用（也称：间接作用）。

荷载（直接作用）——直接施加于结构，使结构产生内力效应的一种力，包括：

① 恒载：结构、围护、装饰等物件的自重；

② 活荷载：人员、设施等的自重；

③ 风荷载：因区域分布、地表状况、时间不同而有所不同；

④ 雪荷载：按地域气候条件和屋顶状况不同而有所不同；

⑤ 施工荷载：人员、机械、材料等自重；

⑥ 积灰荷载：某些工业厂房；

⑦ 裹冰荷载：高耸塔架。

作用（间接作用）——由于某种原因使结构产生变形，从而产生内力效应的作用（力），包括：① 沉降作用：不均匀沉降；② 温度作用：冷缩热胀、火灾；③ 地震作用：惯性效应。

（2）作用力的分类

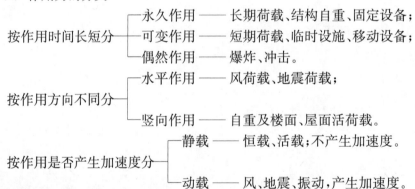

（3）荷载值的估算与含义

① 恒荷载

恒荷载，即永久荷载。为结构构件自重和建筑围护、装修装饰构件等常用材料与构件的自重，竖向荷载。依据《建筑结构荷载规范》之"常用材料与构件的自重表"逐项计算。

例如，方案阶段自重估算（包括楼板、内外墙、梁、柱、楼面、屋面等）：

钢筋混凝土结构：9～11kN/m²；

钢结构：6～8kN/m²；

木结构：5～7kN/m²。

② 活荷载

a. 楼面活荷载：建筑物楼面实际的使用荷载，为可变竖向荷载。

楼面活荷载标准值的取值，依据《建筑结构荷载规范》之相关规定。例如：

住宅、旅馆、办公楼：2.0kN/m²

教室、会议室、实验室：2.0kN/m²

礼堂、剧院：3.0kN/m²

商店、车站候车室：3.5kN/m²

b. 风荷载

风荷载标准值 $\omega_k = \mu_z \mu_s \beta_z \omega_o$（kN/m²）

其中，风压高度变化系数 μz，与建筑物高度和地面粗糙程度有关。例如距地面50m以上，风压增大变缓。

风载体形系数 μ_s（特征值），与建筑物外观形状，特别是屋顶坡度有关；与迎风面、背风面有关。例如，当屋面坡度＜30°时，屋面迎风面、背风面风荷载均为负（一）值，吸力。

Z为高度的风振系数（≥1）β_z。建筑高度＞30m且高/宽（短边）＞1.5时，必须考虑建筑物在阵风作用下共振的影响。

基本风压 ω_o（kN/m²），按一般空旷平坦地面上、离地10m高度处、50年一遇的10分钟平均最大风速值。

c. 雪荷载（kN/m²）

雪荷载标准值 $SK = mS\ SO$

其中，mS 为屋面积雪分布系数，与屋顶坡度有关。例如，坡度≤25°时，$mS = 1.0$，坡度≥50°时，$mS = 0$；

SO 为基本雪压，可查《全国基本雪压分布图》。

d. 屋面均布活荷载（kN/m²）

上人屋面均布活荷载标准值：2.0。

不上人屋面均布活荷载标准值：0.5。

（4）地震荷载

① 地震震级、烈度

震级：地震时震源释放的能量的大小；单位：里氏。

烈度：一次地震，地面及建筑物遭受破坏的程度；以震源为中心，分12个同心圆，即分12个烈度；与震级、震源深度、震中距、地质条件、建筑物类型等因素有关（表11-1）。

震级与烈度的关系 表11-1

震级(里氏)(级)	4	5	6	7	8	8级以上
烈度(度)	4～5	6～7	7～8	9～10	11	12

4～5度——有感地震；6度——房屋出现裂缝；7度——房屋轻度破坏；

8～9度——房屋严重破坏；10度——多数房屋倒塌；

11～12度——房屋全部倒塌，地貌改变。

② 地震力破坏特征

地震惯性力破坏特征有"三重三轻"现象：上重下轻；角重中轻；外重内轻。

参见图11-1～图11-6 。

图 11-1　建筑抗震措施的重要性

图 11-2　1976 年唐山大地震

图 11-3　地震破坏特点之一：上重下轻

图 11-4　地震破坏特点之二：外重内轻

图 11-5　地震破坏特点之三：
　　　　角重中轻

图 11-6　地震破坏特点：上重下轻，角重中轻

　　我们可以把建筑物视作是固定在土层中的、巨大的竖直悬挑构件，屋顶为自由端、地基和底层为固定端，地震力以波的形式波及到建筑物体上，自由端的屋顶会发生相对较大的位移变形，因此，建筑物靠近屋顶的部分更容易被破坏。

　　地震力又是一种上下、左右、前后、扭转等复杂波的综合力，而建筑物往往不能像没

148

有树冠的树身，各向受力强度、刚度均匀，因此，长方形，或平面形式复杂的建筑，或刚度、质量沿建筑高度不均匀、没有符合地震力沿建筑高度分布的特征，建筑物的转角、端部、外围构件被破坏的程度更严重。

③ 温差内力效应

由于温度变化或温差导致结构的变形而引起的内力效应。

结构约束愈多（超静定），温差引起的内力效应愈明显。

采用使结构能产生自由变形的方法，以消除或减轻温差引起的内力效应。例如，变形缝、柔性连接等方法。

4　常用结构材料的基本性能

建筑材料的基本性质包括：基本物理性质、力学性质、与水有关的性质、耐久性、热工性质、装饰性质等。其中，力学性质与结构材料密切相关。

1）力学性能

（1）材料的强度

材料在力（荷载）作用下抵抗破坏的能力，称为"材料的强度"。用专业的角度解释为：当材料承受外力时，内部就产生应力。外力加大，应力也相应增加，直至材料内部质点间的作用力不再能抵抗这种应力时，材料即破坏。此时的极限应力就是材料的强度。

根据外力作用方式的不同，材料强度有抗拉、抗压、抗剪、抗弯（抗折）强度。

材料的强度通过破坏性试验测定。通过在实验室的模拟、再现、简化，找出最主要致损因素。

根据材料极限强度的大小，划分成若干不同的强度"等级"或"标号"。例如：砖、石、水泥、混凝土等材料主要依据其抗压强度划分等级、标号，钢材主要根据其抗拉强度划分钢号、标号。

（2）弹性和塑性

材料在外力作用下产生变形，当外力消失时，变形即行消失，材料能够完全恢复原来的形状的性质，称为"弹性"。对应的，能完全消失的变形，称为"弹性变形"。

材料的弹性变形与外力成正比关系，称为"虎克定律"。

材料在外力作用下产生变形，当外力消失时，保持变形后的状态，并且不产生裂缝的性质，称为"塑性"。对应的，不能消失的变形，称为"塑性变形"（永久变形）。

弹性和塑性，均描述的是：材料在力作用下，变形的可否恢复的状态。

（3）脆性与韧性

材料受力作用，突然破坏，无明显的塑性变形，该性质称为"脆性"。

受冲击（动力）荷载，产生较大变形，却不致破坏，该性质称为"韧性"。

脆性材料主要用于抗压，其抗拉强度$\ll$抗压强度的 $1/5 \sim 1/50$ 。

脆性与韧性，描述的是：构件破坏前是否有可以目视的变形状态。

构件破坏前变形的大小，用"延性"来衡量，是构件破坏前能否提供预警的重要参数。

（4）硬度与耐磨性

硬度与耐磨性主要用于装饰性材料（如大理石）的鉴定。

（5）结构材料的优劣标准

建筑物结构性能良好需要具备：强度高，变形小，破坏前的变形大。相应的，结构材料应优先选择：

① 材料的弹性极限高；

② 材料的弹性模量大；

③ 材料的延性好。

2）基本物理性质

包括：密度，表观密度，堆积密度，密实度，孔隙率，空隙率。

3）与水有关的性质

包括：亲水性、憎水性、吸水性、吸湿性、耐水性、抗渗性、抗冻性。

4）热工性能

主要包括：导热性、热容量。

5 结构承载力设计的三个基本要求

结构构件的受拉、受压、受弯、受剪、受扭截面抵抗破坏的能力，称为"结构截面承载能力"。其取决于下列因素：

构件截面的受力状态、材料的力学性能及构件截面尺寸。

（1）结构应能承受正常使用、正常施工时可能出现的荷载或内力，不致因承载力不足而破坏（包括因长细比过大而发生失稳破坏）；

（2）结构应能承受正常使用、正常施工时可能出现的荷载，不致因抗倾覆能力不足而倾覆。

上述 2 项为"承载能力极限状态"。

（3）结构在正常使用时有良好的工作性能，不致产生使用所不允许的过大的变形，过宽的裂缝。

该项为"正常使用极限状态"。

第12章 地基与基础

12.1 地基和基础的作用

地基：承受基础传来的荷载而产生应力应变的土层叫地基。地基分天然地基与人工地基：

（1）凡天然土层具有足够的承载力，能安全承受房屋荷载的地基称天然地基。

（2）当土层承载力不够，需经人工加强承载力的地基称人工地基。

天然地基与人工地基的概念是相对的。同一地基，对于轻荷载房可以是天然地基，对于重荷载房则需要处理成人工地基了。

基础是建筑物地面以下的承重构件，它承受建筑物上部结构传下来的全部荷载，并把它连同自重一起传到地基上。地基则是支撑基础的土体和岩体，它不是建筑物的组成部分。地基由持力层与下卧层两部分组成。直接承受建筑荷载的土层为持力层，持力层下面的不同土层均属下卧层 。

天然地基的土层分布及承载力大小由勘察部门实测提供。当土层的承载力较差或虽然土层较好，但上部荷载较大时，为使地基具有足够的承载能力，应对土体进行人工加固。地基的土层受力后，会发生压缩变形，为了控制房屋的下沉和保证它的稳定，通常将房屋基础的尺寸相应放大，确保其传给地基的压应力不超过地基的承载能力。

地基和基础工程在建筑工程中占着很大的比重，它们的造价约占建筑物总造价的 $10\%\sim20\%$ ，施工工期约占 $25\%\sim35\%$ ，甚至更多。

人工地基的主要方法有夯实、压实、换土和打桩等（表 12-1）。

常用人工地基举例 表 12-1

类别	名称	图形	材料与工具	说明
表面夯实	夯实法		蛙式打夯机(50～60kg)，落高约 0.5～0.6m	通常在开挖基槽后，在原土上打夯3～5遍。必要时在上面可铺上 200～250mm灰土或 50～150mm 厚的碎石或砾石进行夯打，将表面浮土挤实 其有效夯实深度约 200mm 左右。仅起基坑(槽)表面平整用，不能提高承载力
锤实	重锤法		大于一吨的重锤。锤的直径视基槽宽度而定，一般为 0.7～1.5m。落高约 3～4.5m	重锤法的有效加固深度约 1.2m。承载力可达 12t/m² 左右 适用于地下水位低于夯实深度的黏性土、砂类土及湿陷性黄土

类别	名称	图形	材料与工具	说明
压实	碾压法		各种压路机:重型(12t);中型(8～12t);轻型(8t)等。其他还有羊足碾(13～16t)等	碾压约4～12遍。碾压过程可分层掺入碎石或碎砖等骨料。如用原土回填,每层虚铺原土0.3～0.5m。 此法多用于地下水位以上的大面积填土
	振动法		各种震振动机械:如面积为1260mm×1050mm,自重2t,振幅3.5mm,振动频率1160～1180转/分的振动机	有效振实深度为1.2～1.5m。经振实的杂填土地基承载力达10～12t/m²。 此法多用于处理地下水位离振实面大于0.5m,少量黏土的建筑垃圾、工业废料和炉灰填土地基
换土	砂土垫层	 $B=B_0+2n$ $n \geqslant 200$ B_0:基础底宽,B:垫层底宽,d:垫层深度,H_0:基础埋深,n:垫层顶部放宽	天然级配的卵石、块石和砂。石块直径200～400mm,个别可达600mm(不宜用有风化的石块,或带针状、薄片等)	按设计尺寸开挖好基槽,在槽内铺设卵石0.3～0.4m。上面再铺一层砂,用压力水将砂子冲入石缝间,至表面泛水,砂子不再往下跑为止。灌砂时可加振动。每层石块铺设要错缝 当$d>B_0$时,承载力可达35～40t/m² 砂石集料的容重可达2～2.1t/m³。其中灌缝用砂约占25%
	砂垫层	 $B=B_0$ $d \geqslant 500$ $d \geqslant 200$ B_0:基础底宽,B:垫层底宽,d:垫层深度,H_0:基础埋深,n:垫层顶部放宽	用粗砂、中砂或级配砂(含泥量不超过5%)。也有用石屑代替砂(应控制石粉含量)	施工时分层加水夯实(或用机械振动法、碾压法),每层厚约200mm。撼实后的密实度应达到中密标准,孔隙比不大于0.65,干容重不小于1.6t/m³。承载力可达20～30t/m² 砂垫层断面应上宽下窄。顶宽应比基础底的每边放出200mm

12.2 基础最小埋置深度

影响基础最小埋置深度的因素及处理:

1) 地基条件及处理,例如:

(1) 在软土2～5m以下是好土:轻房基础可落在软土层;重房基础落在硬土层。

(2) 在软土超过5m以下是硬土:轻房基础落在软土层;对于重房可用换土或打桩处理。

(3) 软硬土交错土层:轻房基础可在某一选好的软土层或硬土层;重房应先换土或打桩处理。

2) 地下水

地下水是变动的,当地下水位上升到基础底面以上,地下水的浮力将导致地基承受的压力减小；反之，地基承受的压力又要增大到地下水未超过基础底面以前一样大。这样的变动易引起房屋不均匀下沉（特别是在湿陷区或湿涨区）。

因此，当地下水位离地面近时，基础底面应置于最低地下水位以下 200mm 左右。当地下水位离地面远时，基础底面应置于最高水位以上 200mm 左右。这样就可以避免地下水变动的影响。

3）冻结

寒冷地区冬季，地面下的土壤会冻结到一定深度，例如西安该冻结深度 0.45m 左右，内蒙古有的地区冻深可达 3m 以上。基础底面若处在冻结深度内，冷季会受到冻胀上抬的作用，暖季消融期，该建筑又将回落。这种冻融循环，也易引起房屋不均匀下沉。

有两种方法可以避免这种冻融循环的影响：

传统方法是将基础底面置于冻结深度以下 200mm 左右；

另一方法是：对于强冻土如黏土粉砂等，基础底面就放在冻结线上，其他冻土、弱冻土，基础底面可在冻结深度内高于冻结线一个 d 值（允许残留冻结深度）即可。因为在 d 值深度，冻融影响已很弱。对于岩石、卵石、砾石、粗砂等，冻融循环影响很小，在这些地基上建房可不考虑冻融影响。永冻区，无冻融影响。

4）地下室

当建筑物有地下室时，地下室外墙与该墙基础墙结合为一体。基础常采用浮筏式基础（满堂基础）或箱型基础。该外墙既是挡土墙也是挡水墙，对整个地下室必须做好防水处理。

5）相邻建筑

当靠近旧房建新房时应按如下处理：

(1) 两基础处于同一深度水平；

(2) $L \geqslant \Delta H$。

式中　L——两基础间水平净距离；ΔH——两基础底面之间垂直距离。

6）构造要求

基础最小埋置深度 $\geqslant$ 500mm。

12.3　常用的几种建筑基础

房屋基础形式种类很多，有无筋扩展基础（如毛石基础、混凝土基础等）、扩展基础（如杯口基础）、箱形基础、筏形基础及桩基础等。

12.3.1　无筋基础

无筋基础也称为刚性基础，指由砖、毛石、混凝土或毛石混凝土、灰土和三合土等材料组成的墙下条形基础或柱下独立基础，见图 12-1。图 12-1 中"α"称刚性角，按刚性角确定的基础，可安全地将荷载传给地基。对于砖基础一般 $\alpha = 26°50'$ 或 $33°50'$；混凝土基础一般 $\alpha = 45°$。

无筋扩展基础适用于多层民用建筑和轻型厂房。

1）毛石混凝土基础（图 12-2）

在混凝土中加入 25%～30% 的毛石，浇注一层拌合好的混凝土，放入部分毛石，再

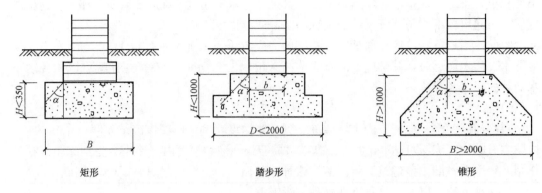

| 矩形 | 踏步形 | 锥形 |

图 12-1 混凝土基础的刚性角

在上面浇注一层混凝土，逐次进行。毛石直径不宜过大，一般为基础断面（指最小部分）宽的 1/3。毛石混凝土基础，通常做成阶梯形。

2）毛石基础（图 12-3）

毛石基础是用天然开采而未经加工处理的毛石砌筑而成。毛石块不宜过大，它的边长尺寸一般最好在 20～30cm 左右，以免人工砌筑搬运困难。为了便于施工，当这类基础宽度不大于 60cm 时，可采用矩形截面，否则应砌成阶梯形。因为毛石的形状很不规整，所以用毛石砌筑的条形基础的最小宽度不应小于 50cm；一般台阶高 H 不小于 35cm。

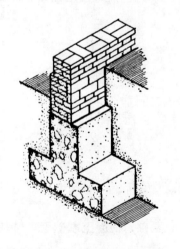

图 12-2 毛石混凝土基础

图 12-3 毛石基础

3）砖基础（图 12-4）

砖基础是用黏土实心砖作为基础材料，备料比较方便。在防潮层以下的基础部分，砖的强度等级不得小于 MU10。非承重空心砖、硅酸盐砖和硅酸盐砌块，不得用于做基础材料。从下至上砌成阶梯形，上阶比下阶每边收进 1/4 砖长。每阶高度为二皮砖或者一皮、二皮间隔，称为两皮一收或者二一间收。

12.3.2 扩展基础（柔性基础）

扩展基础又称为非刚性基础，即钢筋混凝土基础（图 12-5）。钢筋混凝土的翼部可以

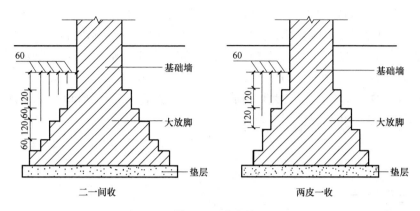

二一间收 　　　　　　　　　　　　 两皮一收

图 12-4　砖基础

像悬壁板那样工作,不受刚性角控制,故基底 B 可以做的很宽,而基础高度 H 比刚性基础的高 H 却要小很多。

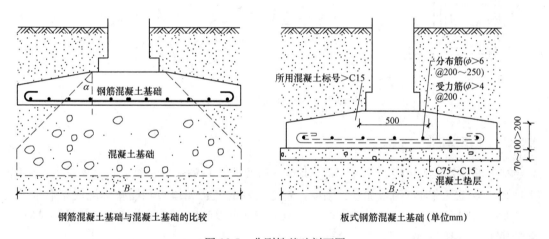

钢筋混凝土基础与混凝土基础的比较　　　　　　板式钢筋混凝土基础(单位mm)

图 12-5　非刚性基础剖面图

　　扩展基础系指柱下钢筋混凝土独立基础和墙下钢筋混凝土条形基础(图 12-6、图 12-7)。扩展基础的构造应符合下列要求:

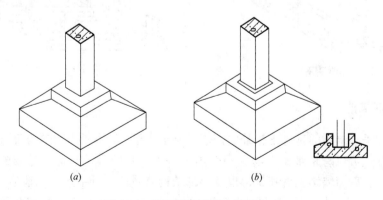

(a)　　　　　　　　　　　　(b)

图 12-6　柱下钢筋混凝土扩展基础
(a)锥形;(b)杯形

155

锥形基础的边缘高度不宜小于 200mm；阶梯形基础的每阶高度，宜为 300～500mm。垫层的厚度不宜小于 70mm；垫层混凝土强度等级应为 C10。扩展基础底板受力钢筋的最小直径不宜小于 10mm；间距不宜大于 200mm，也不宜小于 100mm。墙下钢筋混凝土条形基础纵向分布钢筋的直径不小于 8mm；间距不大于 300mm；每延米分布钢筋的面积应不小于受力钢筋面积的 1/10。当有垫层时钢筋保护层的厚度不小于 40mm；无垫层时不小于 70mm。混凝土强度等级不应低于 C20。

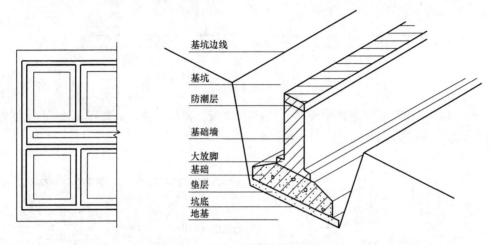

图 12-7　墙下钢筋混凝土扩展基础

12.3.3　箱型基础

当上部建筑物为荷载大、对地基不均匀沉降要求严格的高层建筑、重型建筑以及软弱土地基上多层建筑时，为增加基础刚度，将地下室的底板、顶板和墙整体浇成箱形基础。箱形基础的刚度较大，且抗震性能好，有地下空间可以利用，可用于特大荷载且需设地下室的建筑，如图 12-8。

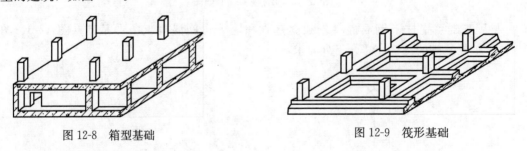

图 12-8　箱型基础　　　　　　　　　　图 12-9　筏形基础

12.3.4　筏形基础

筏形基础是建筑物的基础由整片的钢筋混凝土板组成，板直接作用于地基土。片筏基础的整体性好，可以跨越基础下的局部软弱土。片筏基础常用于地基软弱的多层砌体结构、框架结构、剪力墙结构的建筑，以及上部结构荷载较大且不均匀或地基承载力低的情况。按其结构布置分为梁板式（也叫满堂基础）和无梁式，其受力特点与倒置的楼板相似，如图 12-9。

156

12.3.5 桩基础

桩基础是深基础的一种。当天然地基上的浅基础承载力不能满足要求，而沉降量又过大，或地基稳定性不能满足规定时，常采用桩基础。因为桩基础具有承载力高、沉降速率低、沉降量小而均匀等特点，能够承受垂直荷载、水平荷载、上拔力及由机器产生的振动或动力作用，如图 12-10。

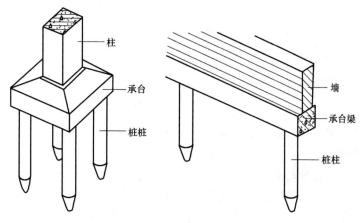

图 12-10　桩基础

按桩的截面形状，可以分为圆形、环形、方形、三角形、六角形及工字形等。

按桩的材料可以分为木桩、钢筋混凝土桩、钢桩等。

按桩的入土方法可以分为打击桩、振动桩、挤压桩及灌注桩。

按桩的受力性能，又可分为端承桩和摩擦桩。所谓端承桩是建筑物的荷载通过桩传递到坚硬土层或岩层上，假定只靠桩端的支承力起作用，桩表面与土的摩擦力可忽略不计。摩擦桩是通过桩把建筑物的荷载传布在桩的周围土中及桩端下的土中，桩上的荷载大部分靠桩周与土的摩擦力来支承，同时，桩端下的土也起一定的支承作用。

第13章 外墙与冬季建筑热学

13.1 常见外墙的基本知识

13.1.1 常见墙的种类

常见的墙有：实心砖墙、土坯墙、夯土墙、压型钢板夹心墙、幕墙。

现以实心黏土砖墙（简称砖墙）为例论述其基本知识。

1) 材料与砌砖

砖墙由砖与砂浆砌筑而成。

制砖过程：取土→过筛→和料→成型→焙烧→产品输出。

黏土砖的强度等级：MU30，MU25，MU20，MU15，MU10，MU7.5（MPa）。

$1MPa=10.197kgf/cm^2$

砌墙砂浆常用水泥、石灰膏、砂按一定体积比或重量比混合后加水拌制而成，通称混合砂浆。

砂浆强度等级：M0.5，M1.0，M2.5，M5.0，M7.5，M10.0，M15.0（MPa）。

图 13-1 表示实心黏土砖的规格及常用几种砌法。该规格主要考虑手工操作方便而定。

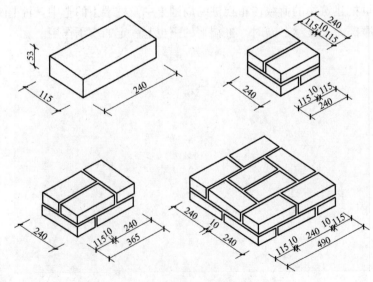

图 13-1 实心黏土砖规格及常用砌法（单位：mm）

2) 砖墙的稳定性

增强砖墙稳定性通常有两种方法：

（1）设圈梁——在外墙和选定的内纵、横墙各楼层标高处设置高 240～360mm、宽同墙宽的钢筋混凝土圈梁；在地震区，一般每层楼层处均设，并和构造柱联结在一起组成增强稳定性和刚度的钢筋混凝土框架（图 13-2a）。

（2）设壁柱——常结合夏季遮阳与增强抗震刚度设立壁柱（图 13-2b）。

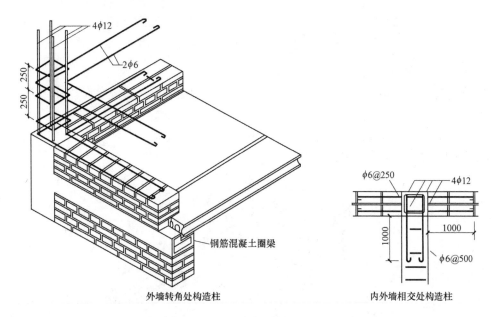

图 13-2（a） 圈梁与构造柱结合成 RC 框架，
增强砖墙稳定性与刚度（单位：mm）

图 13-2（b） 设壁柱增强夏季遮阳与抗震刚度

（3）门窗过梁

常用过梁：

① 平拱（图 13-3）

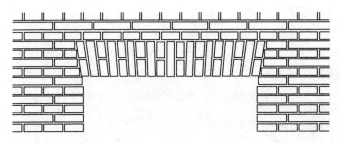

图 13-3　平砖拱，跨度≤1.2m，地震区和不均匀沉降区不适用

② 圈梁兼过梁

在居住建筑中，层高一般是 2.8～3.0m，常用圈梁兼过梁，必要时在过梁部位适当增加钢筋。

③ 预制钢筋混凝土过梁——装配式 RC[①] 过梁（图 13-4）

这种过梁应用最广泛，跨度可到 3.9～4.8m。

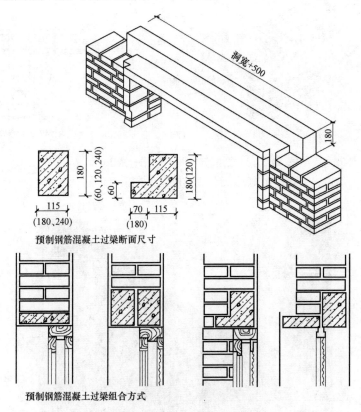

图 13-4　装配式 RC 过梁（单位 mm）

④ 砖拱或石拱过梁（图 13-5）

这种过梁常用在对环境美有较高要求的地方；在建筑中，跨度可达 4.8～6.0m。用于桥梁时跨度可更大。

---

　　① 钢筋混凝土——Reinforced concrete，缩写 RC。下面文中常用到 RC。

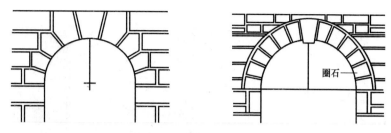

图 13-5　砖拱、石拱过梁

（4）烟道、通风道、垃圾道

烟道、通风道从安全与卫生要求考虑，用户之间不宜串通。图 13-6 为烟道及通风道例，图 13-7 为传统垃圾道例，设计可参考。现在流行用户将垃圾装入垃圾袋带到地面垃圾箱，这对住户，特别是高层及老年人住户很不方便。垃圾道应改造，以使其既适合垃圾分类，又便于垃圾集中处理。

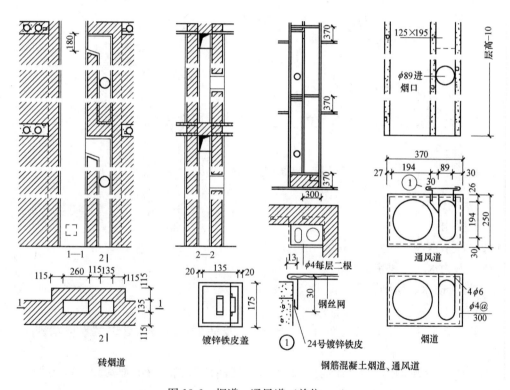

图 13-6　烟道、通风道（单位 mm）

13.1.2　墙身防水、 防潮

1）墙内含水的危害

（1）导热率增大，冬失热夏得热均增多，耗能加大；

（2）易生细菌；

（3）可能产生冻结和凝结；

（4）承重能力降低。

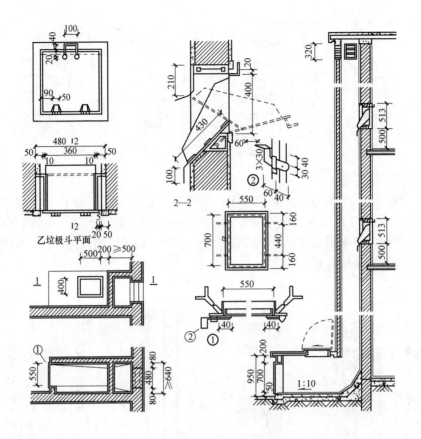

图 13-7 传统垃圾道例（单位 mm）

2) 水的来源

(1) 降雨；

(2) 地下水；

(3) 人为水——供水、排水。

3) 墙身防水、防潮方法（图 13-8）

(1) 水平防潮层

一般设在低于一层室内地面（±0.000）一皮砖处，以防人进出出入口踏破水平防潮层。

① 一毡二油防潮层——由两层沥青胶夹一层油毡组成。抗毛细水渗透能力强，但与灰浆层联结不牢，故地震区不应采用。

② 防水砂浆——1：2.5（水泥：砂子（体积比）），加水泥用量的 5％防水粉，先搅拌匀再加水拌和而成。在基础墙上抹厚 20mm 即可。有较好的抗毛细水作用，结构联结好，地震区常用。

③ 钢筋混凝土带，厚 60mm，地震区和不均匀沉陷区宜采用。

④ 钢筋混凝土圈梁——当基础墙上设有圈梁时，可同时用作防毛细水构件，地震区和不均匀沉陷区常用。

(2) 保护基础经受地下水及冻结的影响措施

162

为提高基础抗水侵蚀及防冻能力，常将基础砂浆比防潮层以上墙身砂浆提高一级使用。

（3）散水及其绿化

散水宽度一般为 1.0～1.2m。湿陷区，房高 8m 后，每增高 4m，散水增宽 250mm，最宽不得超过 2.5m。为防止混凝土散水干缩或冷缩产生的破坏性裂缝，散水在直角相交的阳角或阴角处，以及散水与勒脚抹灰相交处，均应设规则的分隔缝，并严密填以弹性防水材料。散水本身也应在纵向上以间距 4～6m 设 20mm 规则的分隔缝，将散水分开，并用弹性防水材料如沥青石膏粉填充。传统的散水功能是将墙面及屋面（自由落水或有管排水）的雨水排走，以便保护地基及基础。图 13-8 所示，是在传统散水上设 250mm 土层，种植花卉及爬山虎。散水绿化的优点是：①利用太阳能与雨水；②增强基础冬夏绝热；③消除回溅水；④绿化生态正效应；⑤变传统散水－非可持续构件为可持续构件。散水绿化将传统的不可持续构建变为可持续的散水构建，带来了多种正效益。

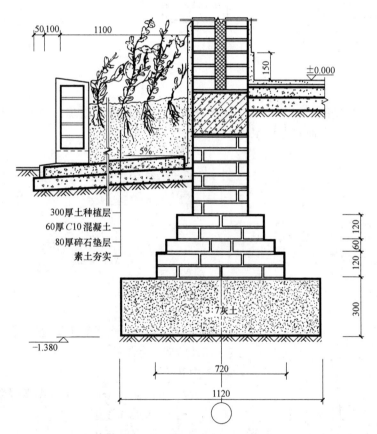

图 13-8　墙身防水、防潮及散水种植（单位 mm）

（4）勒脚抹灰（图 13-8）

为防止天空降雨及檐口水的回溅水侵蚀墙体，应做勒脚抹灰，水泥：砂子体积比为1：2.5。抹灰厚厚 20mm，高 700mm 即可（经实际观察与试验证实：该回溅水高度超不过 650mm，也不存在房愈高回溅水也愈高的现象）。

（5）凡凸出外墙的构件如窗台、挑檐、阳台以及过梁、女儿墙压顶等均宜做尖劈式滴水。

试验证实尖劈式滴水比传统槽式或凸缘式滴水好。尖劈式滴水可阻止大、小雨水绕溅墙面；槽式或凸缘式滴水阻止不了大雨绕过该滴水淋湿墙面（图13-9）。

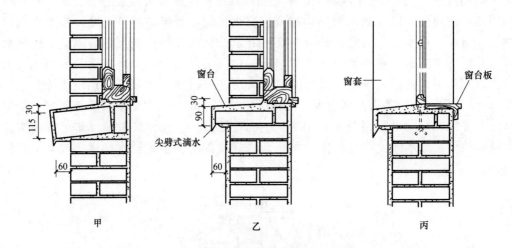

图 13-9　尖劈式滴水构造（单位：mm）

（6）潮湿房间如浴室、盥洗室、厕所、厨房等墙面常贴瓷砖，地面常铺锦砖（马赛克）防水、防潮，并做地漏将污水排入下水管。

13.2　外墙冬季建筑热学

13.2.1　冬季建筑热学

1）启思图与启思式

$$Q=\frac{t_i-t_0}{R_0}F \cdot Z \tag{13-1}$$

图13-10为冬季外墙热工动态，是一启思图。公式（13-1）是一启思式。

图中和式中：

$t_i \sim t_0$——曲线为室内→室外温度降落曲线；

ω——水蒸气渗透；

➞——脏空气渗出；

Q——失热量同时也是供热量（J，焦耳）；

t_i——室内气温（℃）；

t_0——室外气温（℃）；

F——失热面积（m²）；

Z——失热时间（s）；

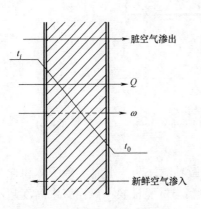

图 13-10　冬季外墙热工动态图

164

R_0——外墙总热阻（$m^2 \cdot K/W$，$1W=1J/s$）

1瓦＝1焦耳/秒，故 $m^2 \cdot K/W = m^2 \cdot K \cdot s/J$。

例：某墙 $R=0.5$（$m^2 \cdot K \cdot s/J$）即（$m^2 \cdot K/W$），表明当室内外温差1K，通过$1m^2$墙面，由室内向室外失热1焦耳需要0.5秒的时间。

$$R_0 = R_i + R_w + R_e$$

式中：R_i——感热阻，一般 $R_i=0.115$（$m^2 \cdot K/W$），即当室内与外墙内表面温差1K，$1m^2$墙面感受1J热量需要0.115s（秒）时间。

R_e——放热阻，一般 $R_e=0.043$（$m^2 \cdot K/W$），即当外墙外表面与室外温差1K，$1m^2$墙面放出1J热需要0.043s时间。

$$R_w = d/\lambda (m^2 \cdot K/W)$$

式中：d——墙厚 m；

λ——导热系数（热导率）$W/(m \cdot K)$，例如某黏土砖砌体 $\lambda=0.81W/(m \cdot K)$，即该砖砌体厚1m，两表面温差1K，在一维传热条件下高温面每秒传给低温面0.81J热量。一般材料热工指标见表13-1。

建筑材料热工指标 表13-1

材料名称	容重 γ [kg/m^3]	导热系数 λ [W/(m·K)]	蓄热系数 S_{24} [W/(m^2·K)]	比热 c [kJ/(kg·K)]	蒸汽渗透系数 $\mu \times 10^4$ [g/(m·h·Pal)]
一、混凝土					
钢筋混凝土	2500	1.74	17.20	0.92	0.158
碎石、卵石混凝土	2300	1.51	15.36	0.92	0.173
碎石、卵石混凝土	2100	1.28	13.50	0.92	0.173
膨胀矿渣珠混凝土	2000	0.77	10.54	0.96	—
膨胀矿渣珠混凝土	1800	0.63	9.05	0.96	0.975
膨胀矿渣珠混凝土	1600	0.53	7.87	0.96	1.05
自然煤矸石、炉渣混凝土	1700	1.00	11.68	1.05	0.548
自然煤矸石、炉渣混凝土	1500	0.76	9.54	1.05	0.900
自然煤矸石、炉渣混凝土	1300	0.56	7.63	1.05	1.05
粉煤灰陶粒混凝土	1700	0.95	11.40	1.05	0.188
粉煤灰陶粒混凝土	1500	0.70	9.16	1.05	0.975
粉煤灰陶粒混凝土	1300	0.57	7.78	1.05	1.05
粉煤灰陶粒混凝土	1100	0.44	6.30	1.05	1.35
黏石陶粒混凝土	1600	0.84	10.36	1.05	0.315
黏石陶粒混凝土	1400	0.70	8.93	1.05	0.390
黏石陶粒混凝土	1200	0.53	7.25	1.05	0.405
页岩陶粒混凝土	1500	0.77	9.70	1.05	0.315
页岩陶粒混凝土	1300	0.63	8.16	1.01	0.390
页岩陶粒混凝土	1100	0.50	6.70	1.05	0.435
浮石混凝土	1500	0.67	9.09	1.05	—
浮石混凝土	1300	0.53	7.54	1.05	0.188
浮石混凝土	1100	0.42	6.13	1.05	0.353
加气、泡沫混凝土	700	0.22	3.56	1.05	1.54
加气、泡沫混凝土	500	0.19	2.76	1.05	1.99
二、砂浆和砌体					
水泥砂浆	1800	0.93	11.26	1.05	0.900

材料名称	容重 γ [kg/m³]	导热系数 λ [W/(m·K)]	蓄热系数 S_{24} [W/(m²·K)]	比热 c [kJ/(kg·K)]	蒸汽渗透系数 $\mu\times10^4$ [g/(m·h·Pal)]
石灰、水泥复合砂浆	1700	0.87	10.79	1.05	0.975
石灰砂浆		0.81	10.12	1.05	1.20
石灰、石膏砂浆	1500	0.76	9.44	1.05	—
保温砂浆	800	0.29	4.44	1.05	—
重砂浆砌筑黏土砖砌体	1800	0.81	10.53	1.05	1.05
轻砂浆砌筑黏土砖砌体	1700	0.76	9.86	1.05	1.20
灰砂砖砌体	1900	1.10	12.72	1.05	1.05
重砂浆砌筑 26、33 及 36 孔黏土空心砖砌体	1400	0.58	7.52	1.05	1.58
三、热绝缘材料					
矿棉、岩棉、玻璃棉 板	<150	0.064	0.93	1.22	4.88
板	150~300	0.07~0.093	0.98~1.60	1.22	4.88
毡	≤150	0.058	0.94	1.34	4.88
松散	≤100	0.047	0.56	0.84	4.88
膨胀珍珠岩、蛭石制品:					
水泥膨胀珍珠岩	800	0.26	4.16	1.17	0.42
	600	0.21	3.26	1.17	0.90
	400	0.16	2.35	1617	1.91
	400	0.12	2.28	1.55	0.293
沥青、乳化沥青膨胀珍珠岩	300	0.093	1.77	1.55	0.675
水泥膨胀蛭石	350	0.14	1.92	1.05	
泡沫材料及多孔聚合物:					
聚乙烯泡沫塑料	100	0.047	0.69	1.38	
	30	0.042	0.35	1.38	0.144
聚乙烯泡沫塑料	50	0.037	0.43	1.38	0.148
	40	0.033	0.36	1.38	0.112
四、建筑板材					
胶合板	600	0.17	4.36	2.51	0.225
软木板	300	0.093	1.95	1.89	0.255
	150	0.058	1.09	1.80	0.285
纤维板	600	0.23	5.04	2.51	1.13
石棉水泥板	1800	0.52	8.57	1.05	0.135
石棉水泥隔热板	500	0.16	2.48	1.05	3.9
石膏板	1050	0.33	5.08	1.05	0.79
水泥刨花板	1000	0.34	7.00	2.01	0.24
	700	0.19	4.35	2.01	1.05
稻草板	300	0.105	1.95	1.68	3.00
木屑板	200	0.065	1.41	2.10	2.63
五、松散材料					
无机材料:					
锅炉渣	1000	0.92	4.40	0.92	1.93
高炉炉渣	900	0.26	3.92	0.92	2.03
浮石	600	0.23	3.05	0.92	2.63
膨胀珍珠岩	120	0.07	0.84	1.17	1.50
	80	0.058	0.63	1.17	1.50

材料名称	容重 γ [kg/m³]	导热系数 λ [W/(m·K)]	蓄热系数 S_{24} [W/(m²·K)]	比热 c [kJ/(kg·K)]	蒸汽渗透系数 $\mu \times 10^4$ [g/(m·h·Pal)]
有机材料：					
木屑	250	0.093	1.84	2.01	2.63
稻壳	120	0.06	1.02	2.01	
石油沥青	1400	0.27	6.73	1680	
	1050	0.17	4.71	1680	0.075
平板玻璃	2500	0.76	10.69	840	0
玻璃钢	1800	0.52	9.25	1260	
建筑钢材	7850	58.2	126.1	480	0

标准大气压时不同温度下的饱和水蒸气分压力 Ps 值（Pa）

温度自 0℃至－20℃ （与冰面接触）　　　　　　　　　　表 13-2

t(℃)	0.0	0.1	0.2	0.3	0.4	0.5	0.6	0.7	0.8	0.9
－0	610.6	605.3	601.3	595.9	590.6	586.6	581.3	576.0	572.0	566.6
－1	562.6	557.3	553.3	548.0	544.0	540.0	534.6	530.6	526.6	521.3
－2	517.3	513.3	509.3	504.0	500.0	496.0	492.0	488.0	484.0	484.0
－3	476.0	472.0	468.0	464.0	460.0	456.0	452.0	448.0	445.3	441.3
－4	437.3	433.3	429.3	426.6	422.6	418.6	416.0	412.0	408.0	405.3
－5	401.3	398.6	394.6	392.0	388.0	385.3	381.3	378.6	374.6	372.0
－6	368.0	365.3	362.6	358.6	356.0	353.3	349.3	346.6	344.0	341.3
－7	337.3	334.6	332.0	329.3	326.6	324.0	321.3	318.6	314.7	312.0
－8	309.3	306.6	304.0	301.3	298.6	296.0	293.3	292.0	289.3	286.6
－9	284.0	281.3	278.6	276.0	273.3	272.0	269.3	266.6	264.0	262.6
－10	260.0	257.3	254.6	253.3	250.6	248.0	246.6	244.0	241.3	240.0
－11	237.3	236.0	233.3	232.0	229.3	226.6	225.3	222.6	221.3	218.6
－12	217.3	216.0	213.3	212.0	209.3	208.0	205.3	204.0	202.6	200.0
－13	198.6	197.3	194.7	193.3	192.0	189.3	188.0	186.7	184.0	182.7
－14	181.3	180.0	177.3	176.0	174.7	173.3	172.0	169.3	168.0	166.7
－15	165.3	164.0	162.7	161.3	160.0	157.3	156.0	154.7	153.3	152.0
－16	150.7	149.3	148.0	146.7	145.3	144.0	142.7	141.3	140.0	138.7
－17	137.3	136.0	134.7	133.3	132.0	130.7	129.3	128.0	126.7	126.0
－18	125.0	124.0	122.7	121.3	120.0	118.7	117.3	116.6	116.0	114.7
－19	113.3	112.0	111.3	110.7	109.3	108.0	106.7	106.0	105.3	104.0
－20	102.7	102.0	101.3	100.0	99.3	98.7	97.3	96.0	95.3	94.7

2）影响"λ"的主要因素：

（1）密度 ρ——实际常按容重测出"λ"值，标名仍为 ρ，如砖砌体 $\rho = 1800\text{kg/m}^3$，$\lambda = 0.81\text{W/(m·K)}$；钢 $\rho = 7850\text{kg/m}^3$，$\lambda = 58.2\text{W/(m·K)}$。此处 ρ 实际是材料的容重。一般说密度或容重愈大，热导率也愈大，但也有例外（见③和⑤）。

（2）材料湿度——材料内部空气被水侵入，湿度就加大。一般空气的 $\lambda = 0.029$，而水的 $\lambda = 0.58$，是一般空气 λ 值的 20 倍；故材料的湿度增大，λ 值也必增大。

（3）材料内部微孔结构——内部微孔密闭互不相通的材料与内部微孔相通形成较大空

隙的材料比较，前者容重较重，但热导率却较小，因为后者有利于对流换热；但后者吸声效果较前者好，因为后者有利于空气声波通过摩擦将声能转化成热能。

（4）热流方向——图 13-11（a）热流平行于木纹（年轮）传递，（b）热流垂直于木纹传递，热导率后者小于前者（$\lambda\perp<\lambda//$）。

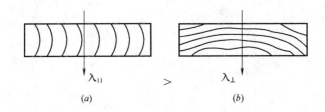

图 13-11 热导率与热流方向的关系

（5）材料分子、原子、电子参与热运动的活跃性——钢密度 7850kg/m³ 是铝密度 2600kg/m³ 的 3 倍多，但钢的热导率 58.2W/（m·K）却是铝的热导率 190W/（m·K）的 1/3 还小。这是铝材的分子、原子、电子参与热运动的活跃性更大的缘故。

（6）时间——有的材料，时间长了，热导率会变大，例如旧棉被比新棉被热导率就会增大。采用预制绝热材加以塑封或蜡封是避免时间对热导率影响的好办法。

13.2.2 不同热阻的含义

1）必需热阻与实有热阻

围护结构的实有热阻必须满足必需热阻的要求。20 世纪 50 年代至 80 年代，我国建筑围护结构的最低必需总热阻按下式确定：

$$R_{0\cdot\min\cdot N}=\frac{t_i-t_0}{[\Delta t]}R_i \qquad (m^2\cdot K/W) \tag{13-2}$$

式中：$R_{0\cdot\min\cdot N}$——最低必需总热阻（m²K/W）；

$\quad\quad\ t_i$——室内必需空气温度（℃）；

$\quad\quad\ t_0$——室外计算空气温度（℃）；

$\quad\quad\ R_i$——感热阻（m²·K/W）；

$\quad\quad[\Delta t]$——容许的室内气温与围护结构内表面温度之差（℃或者 K），以表 13-3 为例。

容许的室内气温与围护结构内表面温度之差　　　　　　　　　　　　表 13-3

$[\Delta t]$(K)	外　墙	屋　顶
居建、医疗、托幼	6	4
办公、学校、门诊	6	4.5
公建（除上述外）	7	5.5

例题：

设 $t_i=18℃$，$t_0=-8℃$，确定西安某住宅砖外墙厚度。

[解]： 设该外墙剖面如图 13-12 所示。

168

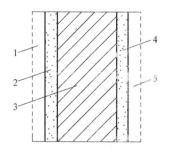

图 13-12 外墙剖面

1—内表面热阻（感热阻）$R_i = 0.115\text{m}^2 \cdot \text{K/W}$；2—石灰砂浆抹灰 20，$\rho = 1600$，$\lambda = 0.7$，$R_2 = 0.0286$；

3—砖墙 $\rho = 1800$，$\lambda = 0.81$，厚 d 待定，$R_3 = d/\lambda$；4—水泥砂浆抹灰 20，$\rho = 1800$，$\lambda = 0.8$，$R_4 = 0.025$；

5—外表面热阻（放热阻）$R_e = 0.043$。

首先，计算出 $R_{0 \cdot \min \cdot \text{N}}$

$$R_{0 \cdot \min \cdot \text{N}} = \frac{t_i - t_0}{[\Delta t]} R_i = \frac{18 - (-8)}{6} \times 0.115 = 0.498\text{m}^2 \cdot \text{K/W}$$

该外墙总热阻设为 R_0。

$$\begin{aligned} R_0 &= R_1 + R_2 + R_3 + R_4 + R_e \\ &= 0.115 + 0.0286 + d/\lambda + 0.025 + 0.043 \\ &= d/\lambda + 0.2116 \end{aligned}$$

使 $R_0 = R_{0 \cdot \min \cdot \text{N}}$，即 $d/\lambda + 0.2116 = 0.498$

已知砖墙 $\lambda = 0.81\text{W/(m} \cdot \text{K)}$ 代入得：

墙厚 $d = (0.498 - 0.2116) \times 0.81 = 0.232\text{m}$

取 $d = 240\text{mm}$

这就是 20 世纪 50～80 年代，西安地区居住建筑普遍采用 240mm 厚砖外墙的原因。其他建筑外墙也几乎都采用 24 砖外墙。

进入 21 世纪，为了节能，规范要求在 20 世纪 80 年代耗能的基准上节能 65％，这就必须采用节能热阻设计外墙才能做到。

2）节能热阻

当围护结构总热阻 $R_0 = R_{0 \cdot \min \cdot \text{N}}$ 时，热损失 $Q = \dfrac{t_i - t_0}{R_{0 \cdot \min \cdot \text{N}}} F \cdot Z$，

设要求节能 $n\%$，则提供的热能为：

$$(1 - n\%)Q = (1 - n\%)\frac{t_i - t_0}{R_{0 \cdot \min \cdot \text{N}}} F \cdot Z$$

即：

$$\frac{100 - n}{100} \times Q = \frac{100 - n}{100} \times \frac{t_i - t_0}{R_{0 \cdot \min \cdot \text{N}}} F \cdot Z = \frac{t_i - t_0}{\dfrac{100}{100 - n} R_{0 \cdot \min \cdot \text{N}}} F \cdot Z$$

令：

$$R_{0 \cdot \min \cdot \text{ES}} = \frac{100}{100 - n} R_{0 \cdot \min \cdot \text{N}}$$

特称 $R_{0 \cdot \min \cdot \text{ES}}$ 为节能所需的最低热阻值；n 为节能指标值，例如节能指标为 65％，则

$n=65$。

例：我们已知 20 世纪 80 年代西安住宅必需最低总热阻为 $R_{0 \cdot min \cdot N}=0.498 \approx 0.5 m^2 K/W$，则每秒每 m^2 的热损失：

$$q=\frac{t_i-t_0}{R_{0 \cdot min \cdot N}}=\frac{18-(-8)}{0.5}=52J$$

设：要求节能 65%，则

节能热阻 $R_{0 \cdot min \cdot ES}=\frac{100}{100-65}R_{0 \cdot min \cdot N}=1.43 m^2 K/W$，

此时的热损失为 $q'=\frac{t_i-t_0}{R_{0 \cdot min \cdot ES}}=\frac{18-(-8)}{1.43}=18.18J$，$1-18.18/52=65\%$，达到了节能的要求。

13.2.3 节能热阻对墙体形式的影响

1）单一砖墙保温的时代已经过去

例：按前述节能 65% 设计西安某住宅砖外墙

[**解**] 已知 $R_{0 \cdot min \cdot ES}=1.43 m^2 K/W$

令 $R_0=R_i+R_w+R_e=R_{0 \cdot min \cdot ES}=1.43 m^2 K/W$

$R_i=0.115$，$R_e=0.043$，$R_w=d/\lambda$，$\lambda=0.81W/(m \cdot K)$

$0.115+d/0.81+0.043=1.43$

$d=(1.43-0.115-0.043)\times 0.81=1.03m$，这么厚的墙不能采用，理由：

（1）太重，$1800 \times 1.03=1854 kg/m^2$，在地震等灾害中，危害太大；

（2）结构面积太多，使用面积大大减少。

2）复合构造墙体应时而生

例：将前述 1030mm 砖墙改为 $2 \times 120mm$ 砖墙加 60mm 绝热层，组合成复合墙体共 300mm 厚，既可承重 4～5 层楼房又可保温。

那么该绝热层的热导率"λ"要多大才适合？

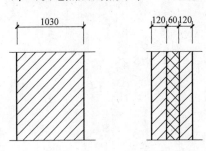

图 13-13 单一砖墙改为
复合墙（单位 mm）

[**解**] 图 13-13 为 1030mm 砖墙改为 $2 \times$ 120mm 砖墙中间夹 60mm 绝热层的复合墙示意图。

已知，$R_{0 \cdot min \cdot ES}=1.43$，热阻单位 $m^2 K/W$

复合墙 $R_0=R_i+R_b+d/\lambda+R_e$

24 墙 $R_b=0.24/0.81=0.296$

绝热层热阻 $R_w=d/\lambda$，此处设定 $d=60mm$

其中，$R_i=0.115$，$R_e=0.043$

令 $R_0=R_{0 \cdot min \cdot ES}=1.43$

则 $0.115+0.296+0.06/\lambda+0.043=1.43$

$\lambda=0.06/0.976=0.061W/(m \cdot K)$

依据表 13-2，容重 $\gamma \leqslant 150 kg/m^3$、$\lambda=0.058W/m \cdot K$ 的矿棉、岩棉，聚乙烯泡沫板（$\gamma=30kg/m^3$，$\lambda=0.042W/m \cdot K$；或者 $\gamma=100kg/m^3$，$\lambda=0.047W/m \cdot K$）等材料均可满足要求。

170

3）复合墙体材料的布置（以住宅为例）

不同材料组成的构件称复合构件，如复合墙等。复合构件是优势互补构件。使用要求的多样性与材料优势效能单一性的矛盾促生了复合构造墙体。

（1）重型复合墙

凡由混凝土或砖墙等重型构件与绝热层组合的墙体称为重型复合墙。重型复合墙可作为围护结构，承重、绝热、隔声并担当其他防护任务。

① 绝热层的布置

图 13-14（c）绝热层在室外（冷侧）；（d）图中绝热层在室内（暖侧）。两种绝热层的布置适用于不同的建筑类型。

图 13-14（a）中，混凝土墙暖侧表面 20℃，冷侧表面 −10℃，墙厚为 d_1，热导率 λ_1；图 13-14（b）为高绝热层，热导率 $\lambda_2 < \lambda_1$，热阻 R_2 与混凝土墙 R_1 相等，两侧表面温差与前者同。其厚 $d_2 < d_1$，则 $\mathrm{tg}\alpha_1 = \Delta t / d_1$ ℃/m 或 K/m，表明通过该墙体单位厚度内温度降落的度数，称作温度梯度。

此处，$\mathrm{tg}\alpha_1 = \Delta t / d_1$，$\mathrm{tg}\alpha_2 = \Delta t / d_2$，

∵ $d_1 > d_2$

∴ $\mathrm{tg}\alpha_1 < \mathrm{tg}\alpha_2$，表明在混凝土墙内温度降落缓，在高绝热层内温度降落快。掌握这样一个规律："绝热好的材料温降快，绝热差的材料温降缓"就可优化复合墙的绝热层的布置。

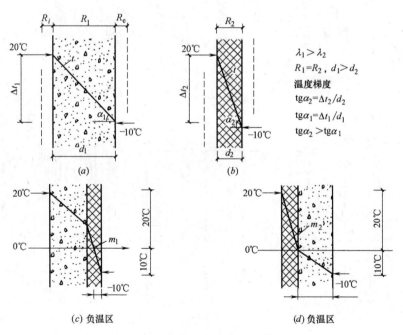

图 13-14　复合墙中绝热层的布置

图 13-14（c）图中，绝热差的混凝土墙在暖侧，高绝热层在冷侧，温度曲线先缓后陡。从内外表面温差 30K 的 0℃处作水平线交温度曲线于 m_1 点；（d）图中，绝热差的混凝土在冷侧，高绝热层在暖侧，温度曲线先陡后缓，0℃水平线交温度曲线于 m_2 点。我们可得到如下的比较：

墙内负温区	$(d)>(c)$	结论:
剖面平均温度	$(d)<(c)$	①对连续供暖房如住宅等,绝热层布置在冷侧更合理
内部凝结危险性	$(d)>(c)$	②对间歇供暖房间如学校,办公楼等,绝热层布置在暖侧
维持室内温度稳定能力	$(d)<(c)$	有利,因为外墙吸热较少,室温可较快升高

口诀比较:

"绝热差,温降缓;绝热好,温降陡"

墙面负温区	墙面正温区	剖面平均温度	内凝危险	抵抗供热波动
(d)大	(d)小	(d)低	(d)大	(d)弱
(c)小	(c)大	(c)高	(c)小	(c)强

② 夹心墙

图 13-15 为几例夹心墙。两侧硬壳可用砖、混凝土或钢筋混凝土,中填软绝热层。

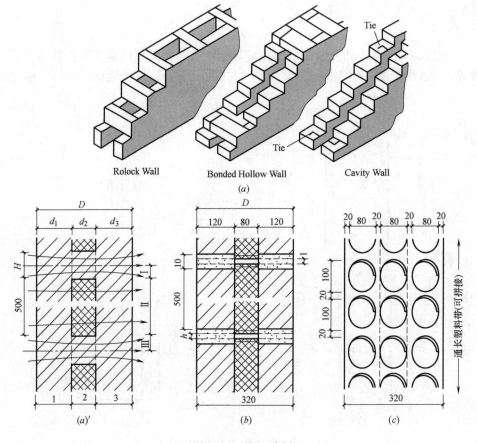

图 13-15 夹心墙例

(a) 黏土砖夹空气层(砖咬接或钢筋连接);(a)′砖咬接剖面;

(b) 塑料网片连接夹心墙剖面;(c) 塑料网片平面

③ 复合墙的连接

用砖咬接或不同形式的钢筋网片连接都是冷(热)桥连接。因为连接处热阻远比复合墙部位热阻小，故连接处冬季失热（夏季进热）远比复合墙部位多。

a. 用带孔塑料带连接，连接处热阻不仅不小于复合墙部位，甚至还大于复合墙部位，故属非冷（热）桥连接。

b. 无砂浆连接：当科技进一步发展，可将复合墙做成预制块材或板材，连接处用高热阻高强度黏合剂粘合，就可不用砂浆连接了。

4）增加复合墙热阻而又不增加其重量的措施

（1）轻型复合墙

由钢筋混凝土框架或钢框架承重的建筑物，就不应采用重型复合墙。因为自重太大，此时外墙应采用轻型复合墙，图13-16 即一例。轻型复合墙的自重一般只有重型复合墙的十分之一左右。

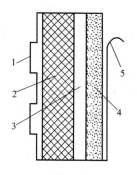

图 13-16　轻型复合墙例
1—压型钢板；2—矿棉；
3—密闭空气层；4—石膏板；
5—糊墙纸

（2）高绝热单质墙

利用蛭石、珍珠岩、矿棉等以工业化方法可制成的高绝热单质墙，发展耐火钢框架承重、轻型复合墙和高绝热单质墙是使建筑在地震、火灾等灾害中伤害性减低的有效途径。

13.3　钢结构配套墙体简介

建筑常用结构的自重估算：钢筋混凝土结构：$9\sim11kN/m^2$；钢结构：$6\sim8kN/m^2$。

钢结构单位平方米的重量比钢筋混凝土结构的轻，而地震力与建筑自重成正比关系；钢结构与钢筋混凝土结构相比为柔性结构，可见，钢结构在建筑抗震中更有利。钢结构在现场安装中，省去了现浇钢筋混凝土结构养护的时间，使得建筑建造的时间缩短，提高了建筑投入的资金周转率。在现代城市建设中，越来越多的钢结构应用于高层、超高层、大跨度空间建筑中。相应的建筑墙体越来越多的使用轻质、大型、压型复合墙板，逐渐淘汰砌筑式、重质材料墙体，例如幕墙取代砖砌或墙体等。幕墙一般包括三种：玻璃幕墙、金属幕墙（如复合铝合金幕墙）、石质幕墙（如干挂石材）。图13-17～图13-28 为几种常用外（幕）墙示例。

13.3.1　玻璃幕墙

1）玻璃幕墙特殊要求（力、热、水、振、火）

（1）用于建筑外墙的玻璃要承受风的压力或吸力、地震、温度变化的影响，因此，幕墙的玻璃只能采用比普通玻璃较安全的特殊玻璃：钢化玻璃、夹胶玻璃、夹丝玻璃等。

钢化玻璃破坏时，碎片没有小于 $90°$ 的尖锐的角。夹胶玻璃是由两片或多片玻璃用聚乙烯醇缩丁醛（PVB）胶片粘结而成的安全玻璃，受到外力冲击时，玻璃碎片仍粘结在胶片上，对人的伤害小。这种玻璃隔声，耐温度变化，类似汽车的挡风玻璃。夹丝玻璃具有一定的抗穿透性能，特别具有良好的防火性能，适合用于防火门、防火窗、防火隔断等，既满足防火要求又无视线阻断。

（2）玻璃幕墙的夏季隔热：由于玻璃的"透短吸长"的特性，使得玻璃围合的建筑空间，热季温室效应使舒适度降低，为了改善，工程人员研发了热反射镀膜玻璃（如镜面玻璃、吸热玻璃）、低辐射镀膜玻璃、中空玻璃等。

热反射镀膜玻璃是在普通浮法玻璃的表面覆盖一层具有反射热、光性能的不锈钢、铬、钛等金属膜的玻璃，具有改善遮阳、防紫外线效果，因此隔热性能较好。

（3）玻璃幕墙的冬季保温、低辐射镀膜玻璃，又称"LOW-E"玻璃，对使用玻璃围合的建筑空间冬季保温问题较有效果。LOW-E 玻璃对太阳的光和热具有高透射性，但对室内长波热具有良好的反射性和较低的辐射失热性，由低辐射玻璃组成的夹层玻璃或中空玻璃具有良好的冬季保温和阻挡紫外线的作用。

（4）玻璃幕墙的防火

玻璃幕墙与建筑主体之间存在间距，为防止火势沿间距上下左右蔓延，必须用耐火极限不低于 1.00h 的材料严密填充，其厚度或高度不小于 0.800m，沿间距全设。例如窗间墙、窗下墙等部位，特别是无实体墙体时，必须设置"内衬墙"以防火灾蔓延。

玻璃幕墙必须符合国家相关的防火设计规范。

（5）玻璃幕墙的防雷

幕墙的支承骨架使建筑体包裹上一层金属屏蔽网，原防雷装置不能直接起到防雷电作用。通常，建筑的防雷装置有：接闪器（如避雷针、避雷网、避雷带等）、引下线、接地器。幕墙的防雷设计中，自女儿墙的压檐板至幕墙的竖铤、横档系统，自上而下的安装防雷装置。防雷装置与幕墙金属骨架之间焊接或机械连接，形成导电通路。

2）新功能玻璃幕墙

（1）双层通风玻璃幕墙

内外幕墙之间形成通风换气层，称为热通道。因此，双层通风幕墙又称热通道幕墙或呼吸（式幕）墙。

双层通风玻璃幕墙，综合利用了"烟囱效应"与"温室效应"的正效应，降低了单层幕墙在采暖与制冷两方面的高耗能和污染，保证了室内的舒适性和空气品质，提升了幕墙综合生态的效能。

（2）光电玻璃幕墙

将玻璃幕墙与太阳能（包括太阳能光伏技术）结合，不仅有自然采光、采暖，还有发电、隔热、无空气污染、节约传统能源等优点，使幕墙功能多样化。

13.3.2　金属幕墙

金属幕墙按板材分为：铝合金、不锈钢板、彩钢等品种。铝合金板幕墙使用最广泛。

1）铝合金幕墙

铝合金板材常有：铝合金单板、铝塑复合板、铝合金蜂窝板。

（1）铝合金单板

表面均有金属罩面漆做保护，或氟碳喷涂，或静电粉末喷涂。罩面漆为高分子树脂，与铝合金的变形附着较好。尽管单层铝板的厚度≮2.5mm，但刚度显著不够，须在单板的背面增加加劲肋。

不同于其他金属材料，铝合金板具有不可焊接性，因此，单板与铝型材龙骨之间的连接均采用铆接、螺栓、胶粘与机械连接相结合的方式固定。缝隙密封一般选用聚乙烯泡沫棒垫衬，再用硅酮密封胶嵌缝，基本同于玻璃幕墙。

（2）复合铝板幕墙

普通铝塑复合板是两层 0.5mm 厚铝板中间夹一层 2～5mm 的聚乙烯塑料。防火铝塑板则将中间层的材料更换为难燃或不燃材料。外墙板总厚度≮4mm。

（3）蜂窝铝板幕墙

顾名思义，两层铝板中间是不同材料制成的蜂窝状夹层，有铝箔巢芯、玻璃钢巢芯、混合纸巢芯等，以铝箔巢芯为最好。该类板背面不用加劲肋，本身具有良好的强度、绝热性、隔声等性能。

2）彩色金属幕墙

彩色玻璃幕墙，即在钢板表面镀锌、或镀铝等防腐处理后再涂刷彩色漆，现在愈来愈倾向于使用防腐、耐候性能更佳的氟碳树脂涂层，即使弯折加工，其防护颜色也不易脱落。

13.3.3 高强层压板、陶瓷板

1）高强层压板

是由热固性树脂与木质纤维经高温高压聚合而成，具有极强的韧性，耐磨、防潮、易清洗、抗紫外线、耐候及阻燃性能。

2）陶瓷板

主要由矿物质土按配比掺和聚合物，铺在高强度纤维网上，高压成型，高温烧制而成。其吸水率低，高耐磨，高强，耐腐蚀，易清洗，材质均匀，色差小，单位重量仅有花岗岩的 1/3。

附：公共建筑常用外（幕）墙示例

图 13-17 高层建筑比邻大跨度空间网架
细部示例：在建的现浇钢筋混凝土墙
干挂石材饰面

图 13-18 干挂石材饰面＋保温＋
现浇钢筋混凝土墙做法示例

图 13-19　在特定的车间内操作
中空双层玻璃密封

图 13-20　在自动生产流水线上的
中空双层玻璃金属密封框

图 13-21　点式玻璃幕墙实物样品

图 13-22　后张预应力点式夹胶玻璃幕墙

图 13-23　某大型电视台大楼特制的中空
双层玻璃幕墙单件密封质量水试

图 13-24　某大型电视台非标准的中空
双层玻璃幕墙单件

图 13-25　可整体吊装的单元式
通风＋中空双层玻璃幕墙

图 13-26　钢结构外包空心砖墙

图 13-27　加拿大滑铁卢大学
某学院实验大楼金属外墙

图 13-28　钢结构＋膜（内衬气枕、
双层中空通风）外墙

第14章 内隔墙与隔空气传声

内墙有内纵墙、内横墙；其有的是承重墙，有的是非承重墙。分隔空间的承重墙一般是重质墙，满足隔空气传声要求；隔墙质轻，必须检验其隔空气传声值。

14.1 内 隔 墙

14.1.1 内隔墙功能及其类型

（1）隔墙功能是分隔空间，同时应起到所处环境相应的围护作用，如隔声、防水等。

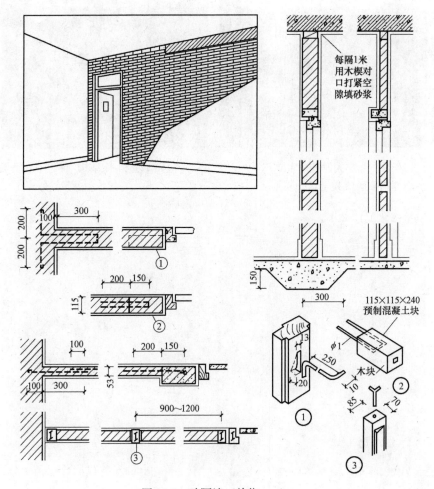

图 14-1 砖隔墙（单位 mm）

隔墙不承受其他构件如梁、楼板等传来的荷载。

（2）常见内隔墙的类型：

① 实心砖隔墙；

② 空心砖隔墙；

③ 碳化石灰板隔墙；

④ 双面抹灰板条隔墙；

⑤ 土坯砖隔墙；

⑥ 夹空气层隔墙；

⑦ 夹绝热（隔声）层隔墙；

⑧ 石膏板隔墙；

⑨ 轻质板材隔墙；

⑩ 水墙。

图 14-1 为隔墙，图 14-2 为轻质板材隔墙。示例图 14-12、图 14-13 为二例轻质隔墙。

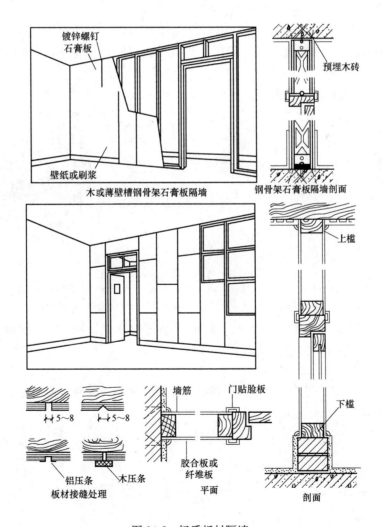

图 14-2 轻质板材隔墙

14.2　隔墙隔声基础知识

"声"定义：声是健全的耳—脑系统对介质（通常是空气）中运动的、可闻纵向行进波的主观反应。

噪声就是不需要的声音。

声频 f、声速 V、波长 λ 的关系：$f\lambda=V$，空气中 $V=340\text{m/s}$；当 $f=20\text{Hz}$，$\lambda=340/20=17\text{m}$；$f=20000\text{Hz}$，$\lambda=340/20000=17\text{mm}$。

14.2.1　人耳听觉效应

1）频率范围 $20\sim20000\text{Hz}$

该范围是人耳能感受的声音频率范围。

2）声压范围 $0.0002\sim200\mu\text{b}$（1000Hz）。

不同频率下，人耳能承受的声压范围不同。

$0.0002\mu\text{b}$ 是 1000Hz 的声音刚开始引起人耳声感的声压，称为 1000Hz 的"闻阈"。$200\mu\text{b}$ 是 1000Hz 人耳能承受的最大声压，称 1000Hz 的"听觉极限"。声压闻阈与听觉极限会因频率而异，因人而异。

图 14-3 是空气载声传入人耳的示意。

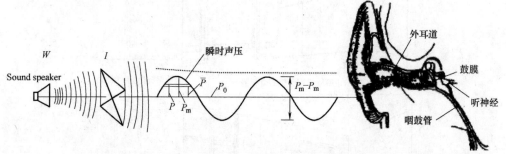

图 14-3　空气载声传入人耳的示意

W—声功率 J/s；I—声强，$I=\text{W/m}^2$—瞬时声压；P—有效声压又称根均方声压；

P_m—最大瞬时声压；$\overline{P}$—平均声压；P_0—没有声波前的大气静压

声压就是声源振动器激动的介质。例如空气分子产生的疏密行进波引起的对原静止压（例如大气中的大气压）的压力变动值（图 14-3）。

3）声压级范围 $1\sim120\text{dB}$

人耳听声的强弱不与声压成正比，而近似与所听声与闻阈两声压之比的常用对数值成正比。可用公式（15-1）表达如下：

$$
\begin{aligned}
SPL &= \log 10 P^2/P_0^2 \quad \text{(dB)} \\
&= 10\log 10 P^2/P_0^2 \quad \text{(dB)} \\
&= 20\log 10 P/P_0 \quad \text{(dB)}
\end{aligned}
\tag{14-1}
$$

式中：SPL——声压级（dB）；

　　　P——听到的声压（dB）；

P_0——闻阈声压（dB）；

在 1000Hz；

$$(SPL)\max=120dB$$
$$(SPL)\min=dB$$

0dB 的声并不是没有声音，而是刚可听到的闻阈声音。

用声压级单位 dB 进行声测量简明、方便。

4）等响效应

不同频率不同声压级的声：当声压级在某个相应级上就会有一样的响度，这就叫等响效应。例如 $f=1000Hz$，$SPL=10dB$，受试人听到此声（受试人均为正常听力者）用术语称此声响度级为 10 方；将 f 调到 20Hz，SPL 直到 77dB 才达到与 $f=1000Hz$、$SPL=10dB$ 时一样响，即 10 方；再将 f 调到 100Hz，SPL 在 30dB 处，达到与前者一样响（10 方），依次试验并按统计物理分析可得如图 14-4 所示纯音等响曲线图。每一曲线代表同一响度级，从 0~120 方共 121 级。

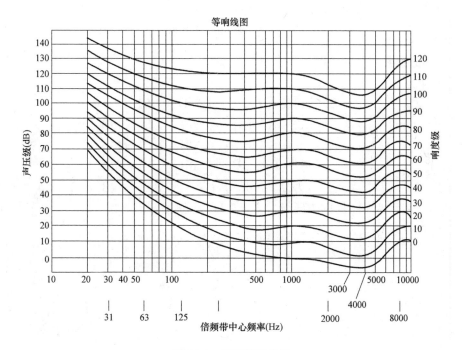

图 14-4　纯音等响曲线

从图 14-5 可以看出人耳对各频段声频（f）灵敏度如下：

声音频率 f(Hz)	人耳灵敏度	特别注释
$500 \leqslant f < 2000Hz$	灵敏	
$f=2000 \sim 5000Hz$	更灵敏	
$f=3000 \sim 4000Hz$	最灵敏	对于 4000Hz，人耳易共振，特称"4 千振谷"。
$f>5000Hz, f=300 \sim 500Hz$	迟钝	
$f<300Hz$	最迟钝	

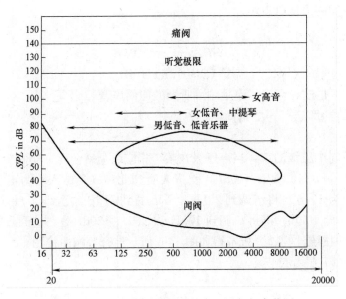

图 14-5 人耳通常可感受到的声压级与频率范围

5）声音的掩蔽与叠加

简便法如下：

$$L1 > L2 \text{ 或 } L1 = L2 \qquad \Delta dB \qquad L1 + \Delta dB$$
$$L1 - L2 = 0,1 dB \qquad 3 dB \qquad L1 + 3 dB$$
$$L1 - L2 = 2,3 dB \qquad 2 dB \qquad L1 + 2 dB$$
$$L1 - L2 = 4 \sim 9 dB \qquad 1 dB \qquad L1 + 1 dB$$
$$(L1 - L2) \geqslant 10 dB \qquad 0 dB \qquad L1 + 0 dB$$

L1 和 L2 表示两个不同的声压级。多个声压级叠加：

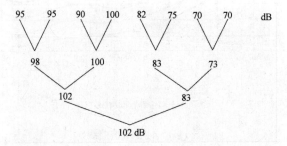

声音被掩盖在众多的噪声环境里对人的耳—脑系统实是一种保护。

6）辨别音质

人的耳—脑系统能辨别音质（音品）、音色和音调。

音色取决于基调上附加的泛音（谐音）成分。

音调主要取决于声频，高频声音音调高。

7）延时效应

延时效应的两现象：

（1）混响：室内声源向各方向发射的声波的反射声形成混响，适当的混响有利于音质。

（2）音程差效应：图14-6，$(a+b)>c$，直达声与反射声就有音程差效应或时差效应。时差<50ms即反射音程比直达音程差在17m以内，反射声对直达声有加强作用。时差更长、反射声很强则会形成回声。

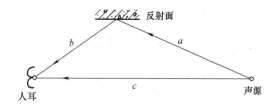

图 14-6　声波音程差效应

8）眼耳效应

（1）双耳听声可帮助辨别声源方向。

（2）耳听侧面扬声器来声，而眼睛却注视着正面的讲话人，这时你脑子会认为声音来自此讲话人。

14.2.2　噪声控制

1）墙体入射声能的分配

图14-7示出了空气声入射到墙体时声能的分布。

2）室内外噪声入室途径

图14-8示出了室内外噪声传入房间的状况。

3）有关概念

反射系数：$\gamma=E_\gamma/E_0$

透射系数：$\tau=E_\tau/E_0$

吸收（声）系数：$\alpha=(E_\alpha+E_\tau)/E_0=(E_0-E_\gamma)/E_0$

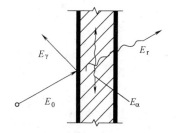

图 14-7　墙体入射声能的分配
E_0—入射声能；E_γ—反射声能；
E_τ—透射声能；E_α—吸收声能

工程界用"隔声量"R，或称传声损失，或透射损失，以 dB 为单位，表达构件（例如墙）的隔声能力。

$$R=10\lg\frac{1}{\tau}\quad \text{dB} \qquad (14-2)$$

式中：R——隔声量（dB）；

　　　τ——透射系数。

例：若某墙传过入射声能的 1/1000，即 $\tau=1/1000$，则其隔声量：

$$R=10\lg\frac{1}{\tau}=10\lg1000=30\text{dB}，表明该墙隔声能力为30dB。$$

（注：$\lg=\log10$）

4）噪声控制途径

（1）治理声源

① 改进工艺

例如以塑料代替钢材，锻压车间以水压代锻锤，建筑场地以挤压桩代替汽锤桩，以及拆房用胀裂代替大爆破。

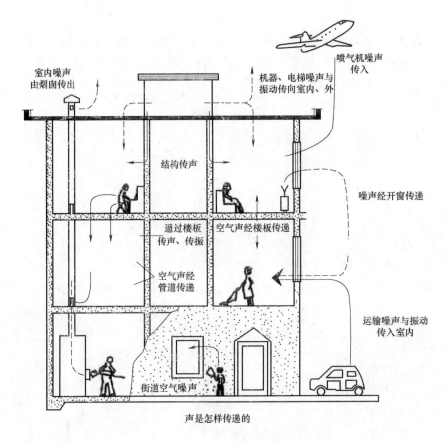

图 14-8　室内外噪声传递途径

② 行政管理

如设立步行街，教学区禁止鸣笛，夜间禁止噪声大的施工机械运行。

（2）途中消减

途中消减，也称距离衰减与分子吸收。

点声源声波在各向同性的匀质介质中均匀地各向传播，那么，声强的衰减将服从平方反比定律；距离每增一倍，声强级衰减 $6dB[10\lg\dfrac{(2d)^2}{d^2}=6dB]$。但是，大气远非匀质的各向同性介质，因此点声源声能在大气中衰减并不是理想地服从平方反比定律。

声传播途中，分子吸收是一个重要因素。声源在空气中行进，高频声比低频声衰减快得多，因为频率高空气分子振动快，吸收声能多。远处轮船笛声、喷气机声、雷声都只听到低频声就是这个缘故。

如果声音来自一线声源，例如沿公路的一列运输车，沿铁路的一列火车，平方反比定律就不适用，声音响度的衰减只与距离成反比，并取决于声源与观测者之间表面吸声特性。

公路交通噪声主要是低频谱末端声，将建筑物远离也非有效选择。建立音障，对中频及高频能很好地使声波衰减，但对低频性能较差。好在人耳对低频声反应迟钝，在一定程度上弥补了对低频声隔声难的缺点。

184

铁路交通噪声含空气声和地传噪声（重型卡车也有地传噪声）。空气声，如前所述可采用距离衰减与空气分子吸收以及音障（含绿化）等予以衰减。

对地传声（地层传递的振动）必须对受声建筑的基础进行处理，特别是在剧院设计时，更应注意。这种振动往往在闻阈以下，故常常感觉得到却听不见。

喷气机噪声像铁轨交通噪声一样，也是间歇性危害。喷气发动机产生的噪声所包含的频率成分只用简单的"A（模拟人耳对声感应的网络）"计权网络分析是不够的。使机场远离居民区乃世界通用之法。

下列措施也常被用作陆地室外噪声的减噪措施：

① 乔木、灌木与花草相配合的绿化区（带）；

② 天然或人工的土坡；

③ 钢筋混凝土音障墙。

14.3 室内隔声

14.3.1 噪声允许值与声源响度

室内噪声容许值举例如下：

房　　间	最宜容许值 dB(A)	房　　间	最宜容许值 dB(A)
广播室	20～30	会议室	35
医院	35	起居室	40～45
卧室	35～45	图书馆	35～45
个人办公室	35～45	教室	40
剧院	40	大办公室	40～45
餐馆	45	嘈杂办公室	50～60

通常声源响度举例如下：

	声　　源	响度（方）		声　　源	响度（方）
震耳欲聋声	大型喷气机（头上 30m）	140	中等响声	一般办公室	60
	铆接钢板（2m）	130		安静办公室	50
非常吵闹声	火车过桥（5m）	120	弱声	卧室	30
	重型运输车（靠近路边石）	90		正常呼吸（很弱声）	10
闹声	平均街道噪声	80			

14.3.2 建筑构件隔声性能

1) 单一匀质隔墙

传声损失即隔声量"R"可用下式表达：

$$R = 20\lg M_0 + 20\lg f - 48 \quad \text{(dB)} \quad (14\text{-}3)$$

式中：M_0——隔墙面密度，kg/m^2；

f——噪声频率，Hz（cps）。

由上式可知：

（1）隔墙面密度越大，隔声越好，称为质量定律；

（2）噪声频率越高越易被隔减。但是想用提高墙面密度 M_0 来提高隔声量既不合理也不经济。

举例：

砖墙厚度	墙面密度	噪声源	隔声量
12 墙	240kg/m²	500Hz	53.5dB
24 墙	480kg/m²	500Hz	59.6dB
1m 厚砖墙	1800kg/m²	500Hz	71.0dB

1m 厚砖墙面密度是 24 墙的 4 倍，其隔声量只高出 11.4dB！绝没有人用如此厚重的隔墙作为音障。

2）夹心墙是很好的改进。

（1）夹空气层墙

夹空气层墙剖面及附加隔声值（ΔRdB）曲线如图 14-9。

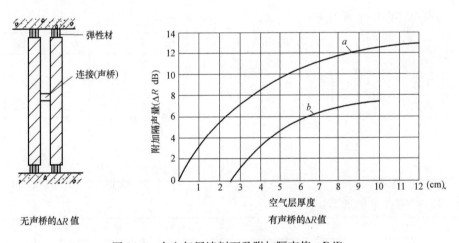

无声桥的ΔR值　　　　　　　　有声桥的ΔR值

图 14-9　夹空气层墙剖面及附加隔声值 ΔRdB

$$STL = 16\lg(M_1 + M_2)f - 30 + \Delta R \qquad (14\text{-}4)$$

式中：STL——传声损失即隔声量，dB；

M_1、M_2——分别为两侧墙面密度，kg/m²；

f——噪声频率，Hz；

ΔR——附加隔声值，dB。最佳状态空气层 8～10cm，ΔR=12dB。

不要忘记当 24cm 厚的砖墙增厚到 100cm 时，其隔声量只增加了 11.4dB。

但是，上述夹心墙的 ΔR 并不随空气层厚度增加而提高，其优化状态就是空气厚 8～10cm 时，ΔR=12dB。

（2）夹吸声层墙

双层纸面石膏板填以吸声材料比夹空气层墙更能提高隔声量。

186

举例　纸面石膏板厚 12mm：

填充材料	1-1			1-11			11-11		
	L	M	H	L	M	H	L	M	H
	ΔR	ΔR	ΔR	ΔR	ΔR	ΔR	ΔR	ΔR	ΔR(dB)
2.5cm 玻璃棉	6～8	6～8	6～8	9～11	9～11	9～11	12～14	12～14	12～14
5.0cm 玻璃棉	6～8	9～11	9～11	12～14	12～14	≥15	≥15	≥15	≥15
7.5cm 玻璃棉	9～11	12～14	12～14	12～14	≥15	≥15	≥15	≥15	≥15

注：表中数据为清华大学车世光教授提供。

表中：

1-1、1-11、11-11——墙两侧纸面石膏板层数；

　　　ΔR(dB)——为纸面石膏板夹玻璃棉隔墙比同样材料夹空气层墙附加的隔
　　　　　　　　　　声值；

　　L、M、H——分别代表低频、中频、高频声。

图 14-10　为轻质（纸面石膏板）隔墙隔声构造。

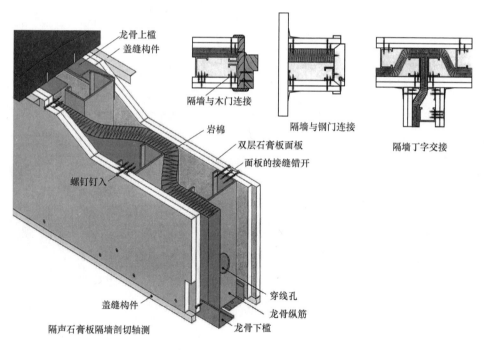

图 14-10　轻质隔墙隔声构造

14.3.3　等传声原理——有门（窗）的墙的隔声

墙和门各自传递的声能之和应等于该有门的墙组合体传递的声能，叫等传声原理。

$$\tau_w S_w + \tau_d S_d = \tau_c (S_w + S_d) \tag{14-5}$$

式中：τ_w——墙的透射系数；

　　　τ_d——门的透射系数；

　　　τ_c——复合墙的透射系数；

S_w——墙面积，m^2；

S_d——门面积，m^2。

例题：有一复合音障由 $20m^2$ 砖墙和一扇 $2m^2$ 门组成。设 $\tau_w = 1/10^5$，$\tau_d = 1/10^2$，计算其隔声量（图 14-11）。

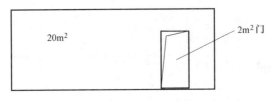

图 14-11　有门墙的隔声

解：首先求出 τ_c

根据等传声原理：$\tau_w S_w + \tau_d S_d = \tau_c (S_w + S_d)$，即：$20 \times \dfrac{1}{10^5} + 2 \times \dfrac{1}{10^2} = \tau_c(20 + 2)$

$$\tau_c = \frac{20 \times 10^{-5} + 2 \times 10^{-2}}{22}$$

$$= 9.2 \times 10^{-4}$$

设 R_c——复合音障隔声量；

R_w——该墙隔声量；

R_d——该门隔声量。

$R_c = 10\lg \dfrac{1}{\tau_c} = 10\lg \dfrac{1}{9.2 \times 10^{-4}} = 30.36\text{dB}$　　$R_c = 10\lg \dfrac{1}{\tau_c} = 10\lg \dfrac{1}{9.2 \times 10^{-4}} = 30.36\text{dB}$

太小。

改进：

① 此处 $R_w = 10\lg \dfrac{1}{\tau_w} = 10\lg \dfrac{1}{10^5} = 50\text{dB}$；若将 $R_w = 50\text{dB}$ 提高到 $R_w = 70\text{dB}$，即 $\tau_w = 1/10^5$ 减少到 $\tau_w = 1/10^7$。

于是　　　　　　　　$$\tau_c = \frac{20 \times 10^{-7} + 2 \times 10^{-2}}{22}$$

$$= 9.1 \times 10^{-4}$$

$R_c = 10\lg \dfrac{1}{\tau_c} = 10\lg \dfrac{10^4}{9.1} = 30.4\text{dB} > 30.36\text{dB}$，仅高 0.04dB！证明增加墙的隔声值收效甚微。

② 此处，$R_d = 10\lg \dfrac{1}{\tau_d} = 10\lg \dfrac{1}{10^2} = 20\text{dB}$

设将

$R_d = 20\text{dB}$ 提高到 $R_d = 40\text{dB}$

即　　$\tau_d = 1/10^2$ 减少到 $\tau_d = 1/10^4$

于是 $\tau_c = \dfrac{10 \times 10^{-5} + 10 \times 10^{-4}}{22} = 1.8 \times 10^{-5}$

$R_c = 10\lg \dfrac{1}{\tau_c} = 10\lg \dfrac{10^5}{1.8} = 47.44\text{dB}$，比 30.36dB 高达 17.08dB！

结论：改善组合体隔声值的有效途径是提高薄弱构件的隔声值（传声损失），也就是降低其透射系数。

附示例图

图 14-12 轻钢龙骨岩棉内隔墙示例

图 14-13 尚未完工的木质隔板墙示例

第15章 门 窗

15.1 门

15.1.1 门类型

门的类型多种多样,依据其开启方式、构造方法、材料种类、功能等,主要分类如下:

1) 按开启方式分

按开启方式可分为平开门、弹簧门、推拉门、折叠门、转门,其他:上翻门、升降门、卷帘门等(图15-1)。

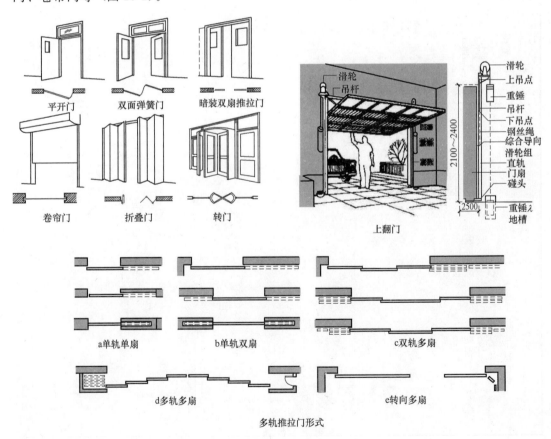

图 15-1 门的类型

2）按使用材料分

按使用材料可分为木门、钢木门、钢门、铝合金门、塑钢门、塑铝门、玻璃门等主要类型。

3）按构造分

按构造可分为板门（又分实心门、镶板门、拼板门、夹板门）、隔扇（宋代称格子门）、百叶门、栅栏门等类型。

4）按功能分

按功能可分为保温门、隔声门、防火门、防护门等主要类型。

15.1.2　门的设计要求及要点

1）门的设计要求

门的设计要求主要取决于其功能。首先门是供人出入之处，《论语·雍也》曰："谁能出不由户"。其次，门用于分割空间，造成门内、门外的空间转换和心理转换。如用门之形，而无门之用——墙门（月洞门），是中国造园的一种特殊手法。第三，有的门兼采光、通风之功能。第四，门具有绝热、隔声、防火、防盗等其他围护功能。此外古人借门表达礼制观念，以及在布局中起均衡和构图作用。

故门的设计首要应考虑以下几点：

（1）符合消防、紧急疏散需求；

（2）符合日常通行需求；

（3）符合绝热、隔声、防火、防风雨等围护结构需求；

（4）符合各类建筑设计标准及规范对门的设计要求；

（5）有的兼顾采光、通风需求。

其次，还应考虑门外观形式和材料应符合：

（6）建筑整体形象的需求

应注意以下几点：

（1）平面布置时，两个相邻的并且经常开启的门应避免开启时相撞。

（2）外门上方应设置门廊或雨篷，防止外门受潮变形和雨水流入室内。

（3）建筑物的变形缝处不要用门框盖缝，且门扇开启时不能跨越门缝。

（4）托儿所、幼儿园建筑中不宜选择弹簧门；为了避免相撞，在公共场所中的门的可视部分可采用钢化玻璃；用于疏散楼梯间的防火门，可采用单面弹簧门，并朝向疏散方向开启。

2）门洞口尺寸确定、开启方式和类型选择要点

（1）洞口尺寸确定

① 取决于通行人流（人体的尺寸、通行人流数量）、散疏（紧急疏散时的最大人流量）和运输（搬运家具设备的大小）要求，并要符合现行《建筑模数协调统一标准》的规定。

民用建筑的门高一般在 2100～3300mm 之间，宽度一般为 700～3300mm；公共建筑和工业建筑的门高可视需要适当提高。

② 注意各种门开启方式的构造特点，以保证必需的净空尺寸。

③ 尽量减少洞口规格，并考虑标准化和互换性。

（2）开启方式和类型选择

不同开启方式的门和不同类型的门都有其特点和一定的适用范围，应根据使用需求、洞口尺寸、技术经济条件和建筑整体形象等因素妥善选择。

15.1.3 门组成及构造

门由门框和门扇组成，安装在墙上。因此，构造主要指门框与墙体的连接、门框与门扇的连接以及扇与扇的连接。

1）平开木门的组成及构造

平开木门是门的基本原型，所以门的组成这里主要介绍平开木门。

（1）组成（图15-2）

① 门框：上（下）框、边框、中横框、中竖框；

② 门扇（镶板、夹板、玻璃、纱门）；

③ 亮子（门亮）；

④ 其余有五金件（拉手、门碰头、铰链、插销、门锁）和附件（贴脸板、筒子板）。

（2）构造

门框与门扇、扇与扇用铰链连接。

门框与墙体连接（图15-3）：

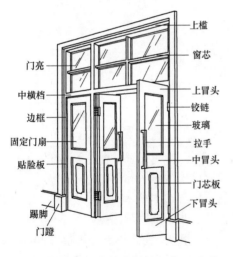

图15-2 平开木门的组成

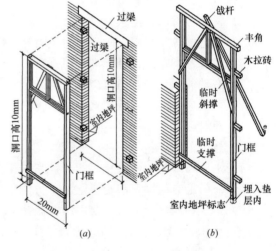

图15-3 门与墙体连接
（a）塞口法；（b）立口法

① 塞口法（塞樘子）：砌墙时留出门洞口，待建筑主体工程结束后再安装门框。钉防腐木砖（@500～700mm），留洞，拴接。门框的宽度尺寸＜洞口尺寸20～30mm，门框的高度尺寸＜洞口尺寸10～20mm。

② 立口法（立樘子）：先立门框后砌墙。羊角（长120mm），木拉砖或铁角（@500～700mm）。

门框与墙体间的缝隙一般用面层砂浆直接填塞或用贴脸板封盖；寒冷地区缝内应填毛毡、矿棉、沥青麻丝或聚乙烯泡沫塑料等（图15-4）。

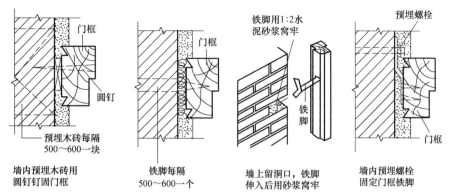

墙内预埋木砖用   铁脚每隔   墙上留洞口，铁脚   墙内预埋螺栓
圆钉钉固门框   500～600一个   伸入后砂浆窝牢   固定门框铁脚

图 15-4　门框与墙体的连接（单位：mm）

门框断面形式与门的类型、层数有关，应利于门的安装，并应具有一定的密闭性。平开木门框的断面形式及尺寸见图 15-5。

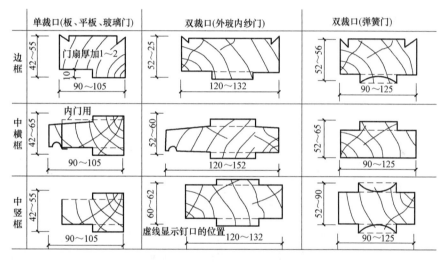

图 15-5　平开木门框的断面形式及尺寸（单位：mm）

门框在墙洞中的位置见图 15-6。

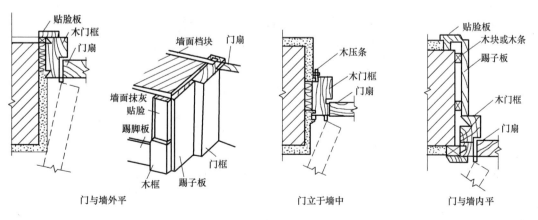

门与墙外平   门立于墙中   门与墙内平

图 15-6　木门框在门洞中的位置

（3）平开木门的门扇构造（图 15-7）

① 镶板门

骨架—上冒头、中冒头、边梃、下冒头；门芯板—木板、玻璃。

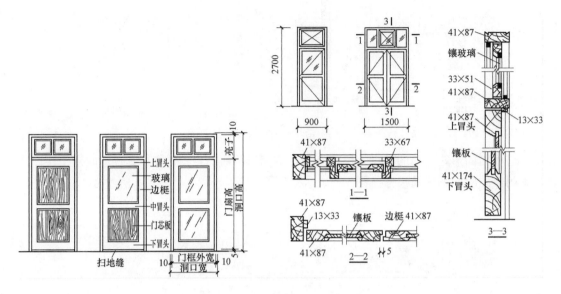

图 15-7　平开木门的构造（单位：mm）

② 夹板门

夹板门省料、美观、自重轻，保温隔音性能好；但强度小，受潮后容易变形，一般不宜做卫生间门和建筑物外门。骨架边框厚 30mm，宽 30～60mm；中肋厚 30mm，宽 10～25mm @200～400；面板：胶合板。夹板门骨架形式及构造见图 15-8 和 15-9。

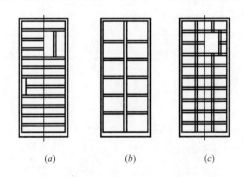

图 15-8　夹板门的骨架形式（单位：mm）
（a）横向骨架；（b）双向骨架；（c）双向骨架

2）推拉铝合金门窗构造（图 15-10）

3）防火、保温、隔声门的构造（图 15-11）

4）平开铝合金门构造（图 15-12）

5）铝合金地弹门构造

铝合金地弹门可做成有框和无框等多种形式，基本构造见图 15-13。

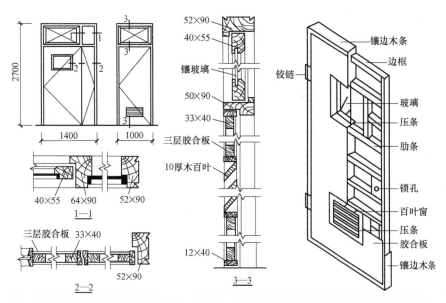

图 15-9　夹板门的构造（单位：mm）

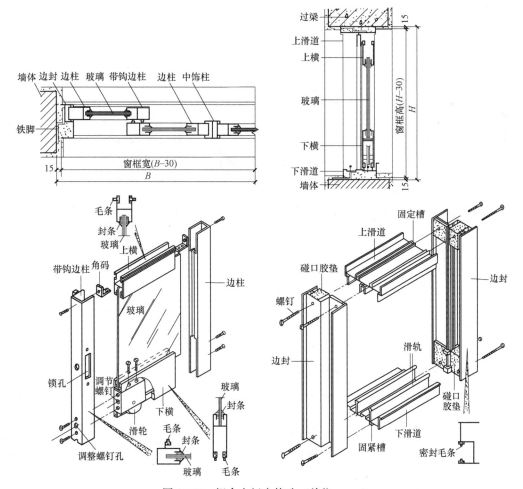

图 15-10　铝合金门窗构造（单位：mm）

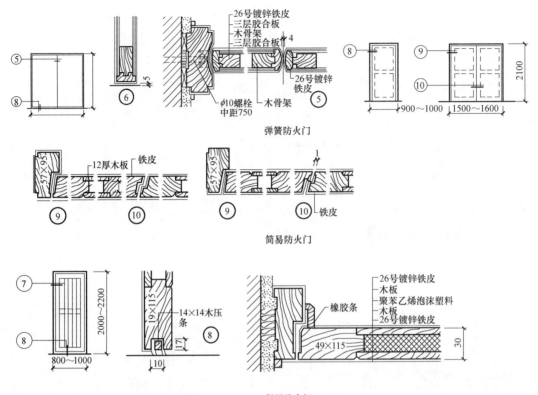

弹簧防火门

26号镀锌铁皮
三层胶合板
木骨架
三层胶合板

ϕ10螺栓
中距750
木骨架
26号镀锌
铁皮

900~1000
1500~1600
2100

简易防火门

57×95
12厚木板
铁皮

57×95
铁皮

保温防火门

2000~2200
800~1000
19×115
14×14木压
条
10
17

26号镀锌铁皮
木板
聚苯乙烯泡沫塑料
木板
26号镀锌铁皮
橡胶条
49×115
30

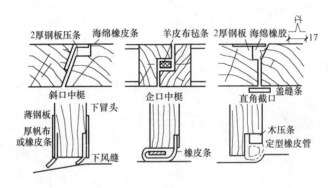

2厚钢板压条   海绵橡皮条   羊皮布毡条 2厚钢板 海绵橡胶
斜口中框   企口中框   直角截口
薄钢板   盖缝条
厚帆布
或橡皮条   橡皮条   木压条
下冒头   定型橡皮管
下风缝
17

保温隔声门

图 15-11　防火、保温、隔声门的构造（单位：mm）

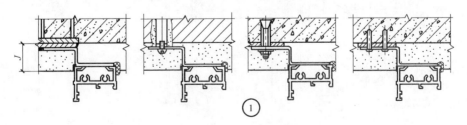

①

图 15-12　平开铝合金门的构造（单位：mm）

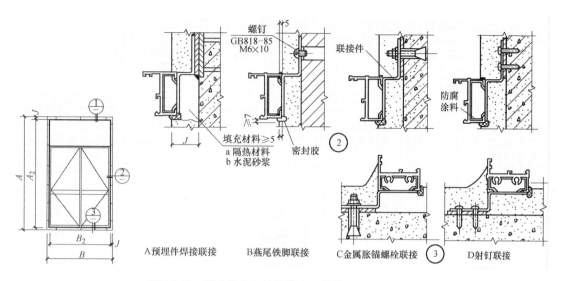

螺钉
GB818-85
M6×10

联接件

防腐
涂料

填充材料≥5
a 隔热材料
b 水泥砂浆

密封胶

A预埋件焊接联接   B燕尾铁脚联接   C金属胀锚螺栓联接   D射钉联接

图 15-12　平开铝合金门的构造（单位：mm）（续）

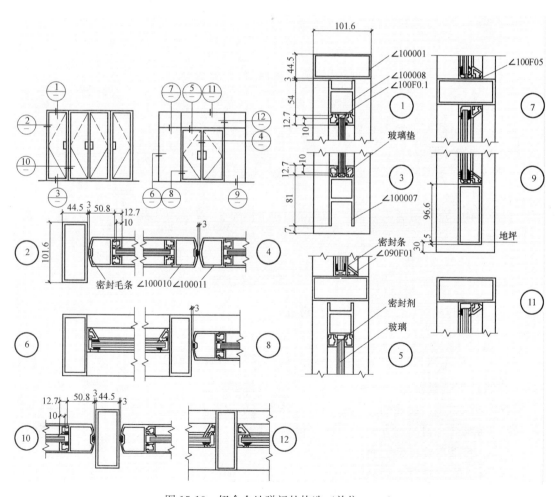

玻璃垫

密封条
∠090F01

密封剂

玻璃

密封毛条 ∠100010 ∠100011

地坪

图 15-13　铝合金地弹门的构造（单位：mm）

15.2 窗

15.2.1 窗类型

1）按开启方式分类

窗按开启方式可分为平开窗、（上/中/下）悬窗、立转窗、推拉窗、固定窗等，见图
15-14。

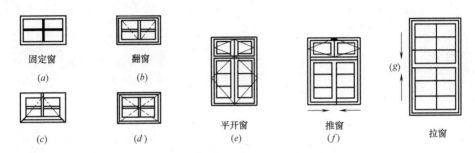

图 15-14 窗开启方式类型

(*a*) 固定窗；(*b*) 下悬外翻窗；(*c*) 上悬内翻窗；(*d*) 中悬窗；
(*e*) 向内平开窗；(*f*) 水平推拉窗；(*g*) 双扇悬滑窗

2）按使用材料分类

窗按材料可分为木窗、钢窗、铝合金窗、塑钢/铝窗等，见图 15-15。

3）按构造分类

窗按构造层次可分为单层玻璃窗、双层窗、三层窗等。

4）按功能分

窗按使用功能可分为采光窗、节能窗（断桥铝合金/双层）、防爆窗、景窗、观察窗、
遮阳百叶窗、气窗等。

5）按形式位置分类

窗按形式位置可分为落地窗、侧窗、天窗、（转）角窗、飘窗、玻璃幕墙等。

15.2.2 窗设计要求、开启方式和类型选择

1）窗设计要求

同门一样，窗的设计要求取决其功能。窗子最初仅被作为通气透光的设施，《论衡·
别通》中说："凿窗启牖，以助户明也"。窗的主要功能是：采光、通风、观景。从生态可
持续建筑的视角看，窗是围护结构中得/失热最主要构件，故窗还具有得/失热、隔声、防
风、防暴等功能。窗温室可提供色美、味香、富氧的空间。

因此，窗的设计首要应满足：

（1）采光、通风及景观的需求；

（2）得热、绝热、隔声需求；

（3）防风、雨、雪、爆（例如生产、贮藏火药的车间、仓库需要泄压、防爆窗保护主

体结构）需求；

（4）符合各类建筑设计标准及规范对窗的设计要求；

（5）还应考虑窗的外观形式和材料应符合建筑整体形象的需求。

2）开启方式和类型选择

不同开启方式和不同类型窗有着其特点和一定的适用范围，应根据使用需求、特别是采光

通风的效果、洞口尺寸、技术经济条件和建筑整体形象妥善选择。

窗的开启形式见图 15-15

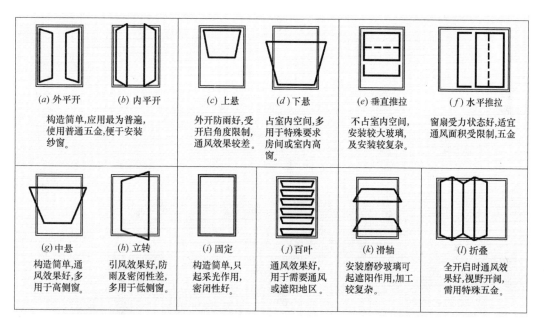

图 15-15　窗开启方式和类型

15.2.3　窗洞口尺寸的确定

窗洞口尺寸主要考虑：

① 洞口尺度的大小、位置、形状取决于房间的天然采光、通风、节能、建筑造型等要求。

② 尽量减少洞口规格，以利于标准化和互换性。

1）天然采光

光是眼和脑系统对一定范围电磁波的主观反应。

（1）测光单位

① 发光强度——早期发光强度称烛光。即一支标准的鲸油蜡烛光在观测方向产生的光强度叫做烛光。现用发光强度单位叫坎德拉，符号 cd。1cd＝0.981 烛光。

发光强度表示光源在给定方向发射的光通量，用 F 或 ø 表示，单位是流明，符号 im。设一点光源在一立体角 ω 球面度内发射出 F（流明光通量），于是：发光强度 $I=F/\omega$。由此可知，发光强度单位是坎德拉或流明每球面度，1cd＝1lm/sr（球面度）。

② 照度（E）——照度是表示受光面受到的光通量，单位是勒克斯，符号 lx。E＝F/A（受光面积）（lx）

（2）人眼感光效应

图 15-16 描述了人眼的感光效应。

① 光感——从该电磁辐射中，在波长 380～730nm 范围内人的眼—脑系统能转换成光（感），称"可见光"。（另有数据：380～760nm）。

② 彩色感——人的眼—脑系统能将不同波长的光转换成不同的彩色感，如图 15-16 所示。最通常的彩色感就是红、橙、黄、绿、蓝、青、紫。

③ 人眼色彩感灵敏度与色彩叠加效应

明视条件，即在明亮环境人眼最灵敏感是波长 555nm 的黄绿色。暗视条件，即微光环境人眼最敏感是波长 507nm 的绿蓝色，详见图 15-16 。

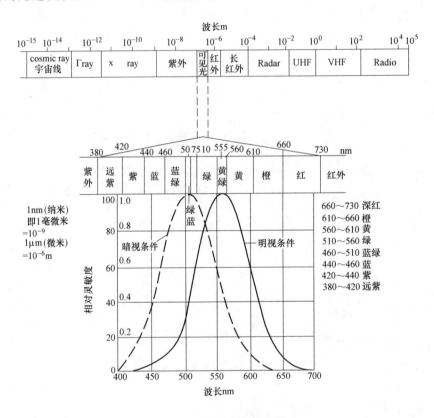

图 15-16　人眼感光效应图

图 15-17 表示出了不同色彩在白底上叠加后人眼的视觉效应。

（3）天然采光光源标准

天然采光理论上是利用国际照明委员会（CIE）标准——全阴天天空光为准。

（4）中国建筑天然采光标准

我国于 2001 年 11 月 1 日起施行的《建筑采光设计标准》是采光设计的依据。

中国民用建筑与工业建筑天然采光标准见表 15-1～表 15-4。

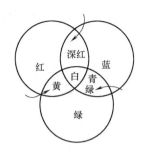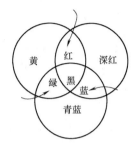

图 15-17　不同色彩在白底上叠加后人眼的视觉效应

民用建筑房间天然采光标准　　　　　　　　　　表 15-1

采光等级	生产和工作状况
I	精密加工、检测、雕刻、刺绣、绘画
II	装配、主控制室、检修、光学元件加工、排字、印刷
III	机修、一般控制室、理化生实验室、计量室、木工、冷轧、热轧、拉丝、发电厂锅炉房
IV	焊接、钣金加工、炼钢、炼铁、铸工、电镀、油漆、化工厂、农药
V	汽车库、锅炉房、泵房、运输站、一般库房

生产车间和工作场所的采光等级举例　　　　　　　表 15-2

采光等级	视觉工作特征		房间名称	天然照度系数①	采光面积比玻/地	天然照度 lx
	工作或活动要求精确程度	要求识别的最小尺寸(mm)				
I	极精密	<0.2	绘画室、制图室、画廊、手术室	5～7	1～3～1/5	250～350
II	精密	0.2～1	阅览室、医务室、健身房、专业实验室	3～5	1/4～1/6	150～250
III	中等精密	1～10	办公室、会议室、营业厅	2～3	1/6～1/8	100～150
IV	粗糙		观众厅、休息厅、盥洗室、厕所	1～2	1/8～1/10	50～100
V	极粗糙		贮藏室、门厅、走廊、楼梯间	0.25～1	1/10 以下	25～50

窗（玻）地面积比　　　　　　　　　　　表 15-3

采光等级	天然照度系数最低值	单侧窗	双侧窗	矩形天窗	锯齿形天窗	平天窗
I	5	1/2.5	1/2.0	1/3.5	1/3	1/5
II	3	1/2.5	1/2.5	1/3.5	1/3.5	1/7.5
III	2	1/3.5	1/3.5	1/4	1/5	1/8
IV	1	1/6	1/6	1/8	1/10	1/15
V	0.5	1/10	1/7	1/15	1/15	1/25

工作面上的采光系数最低值　　　　　　　　　表 15-4

采光等级	视觉工作分类		室内天然光照度 (lx)		天然照度系数 (%)	
	工作精确度	识别对象的最小尺寸 d (mm)	最低侧光	平均顶光	最低侧光	平均顶光
I	特别精细工作	$d \leqslant 1.5$	250	350	5	7
II	很精细工作	$0.15 < d \leqslant 0.3$	150	250	3	5
III	精细工作	$0.3 < d \leqslant 1.0$	100	150	2	3

采光等级	视觉工作分类		室内天然光照度 (lx)		天然照度系数 (%)	
	工作精确度	识别对象的最小尺寸 d (mm)	最低侧光	平均顶光	最低侧光	平均顶光
Ⅳ	一般工作	$1.0 < d \leqslant 5.0$	50	100	1	2
Ⅴ	粗糙工作及仓库	$d > 5.0$	25	50	0.5	1

注：1. 采光系数最低值是根据室外临界照度为5000lx制定的。如采用其他室外临界照度值，采光系数最低值应作相应的调整。采光系数即天然照度系数。

2. 四川、贵州、广西地区的室外临界照度为4000lx，表中各级的采光系数标准值应乘1.25的地区修正系数。

（5）天然照度系数

天然照度系数（C）即采光系数是全阴天时室内某一点给定平面上的天然光照度 E_i 和同时间室外无遮挡水平面上的天空漫射光照度 E_0 的比值，如图 15-18 所示：

$$C = \frac{E_i}{E_0} \times 100\%$$

式中：

C——天然照度系数；

E_i——室内测点（lx）；

E_0——室外同时测值（lx）。

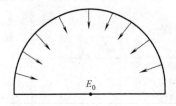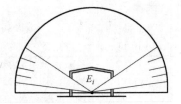

图 15-18　室外照度确定

（6）临界照度与最低天然照度系数

室内天然光照度等于采光标准规定的最低值 $E_{i.min}$ 时的室外照度称为"临界照度" $E_{0.c.i}$。室外照度低于临界照度就需采用人工照明。$E_{i.min}$ 值的确定影响开窗大小、人工照明使用时间等。

$$C_{min} = \frac{E_{i.min}}{E_{0,ci}} \times 100\%$$

式中：

C_{min}——最低天然照度系数；

$E_{i.min}$——室内最低照度值（lx）；

$E_{0.c.i}$——室外临界照度值（lx）。

2）采光口（采光窗）

（1）侧窗

实验表明（图 15-19），当采光口面积相等、窗台标高一样时，正方形窗口采光量最高；竖长方形在房间进深方向均匀性好，横长方形在房间宽度方向较均匀。故窗口形状应结合房间形状来选择。

当改变窗户位置的高低，室内的照度和均匀性均发生改变，见图 15-20。

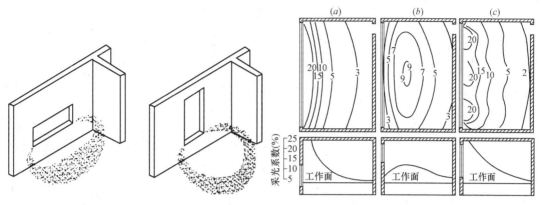

图 15-19 不同形状侧窗的光线分布　　　图 15-20 窗的不同位置对室内采光的影响

影响房间横向采光均匀性的主要因素：

① 窗间墙；

② 阴天时，侧窗的尺寸、位置；

③ 晴天时，窗洞尺度、位置、朝向。

（2）天窗

纵向矩形天窗采光系数最高值在跨中，最低值在柱子处。由于天窗位置较高，可避免照度变化大的缺点，且不易形成眩光（图 15-21）。

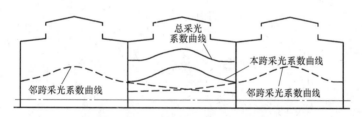

图 15-21 纵向矩形天窗采光系数曲线

为增加室内采光量，可将矩形天窗的玻璃做成倾斜的，即梯形天窗（图 15-22）。

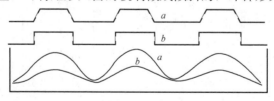

图 15-22 矩形天窗和梯形天窗采光量比较

锯齿形天窗由于倾斜顶棚的反光，采光效率比纵向矩形天窗要高；在采光系数相同情况下，锯齿形天窗面积比纵向矩形天窗少 15%～20%。光线的均匀性好，方向性强（图 15-23）。

平天窗玻璃面接近水平，在水平面的投影面积较同样面积的垂直窗的投影面积大。根据立体角投影定律可以计算，在天空亮度相同情况下，平天窗采光效率比矩形天窗高 2～3 倍（图 15-24）。

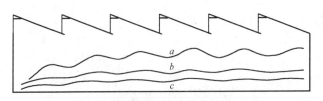

图 15-23 锯齿形天窗朝向对采光的影响

a. 晴天窗口朝阳 *b*. 晴天窗口背阳 *c*. 阴天

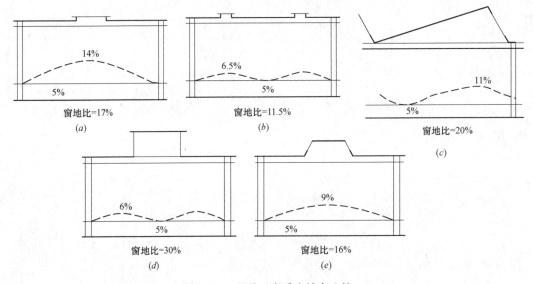

图 15-24 几种天窗采光效率比较

15.2.4 窗构造

窗的构造取决于房间的采光、通风、节能、建筑造型等要求。

1）平开木窗构造（图 15-25、图 15-26）

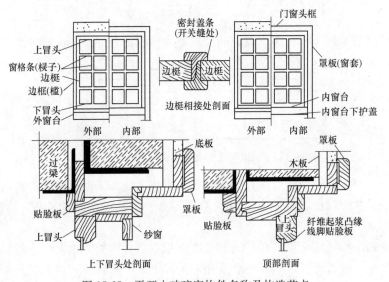

图 15-25 平开木玻璃窗构件名称及构造节点

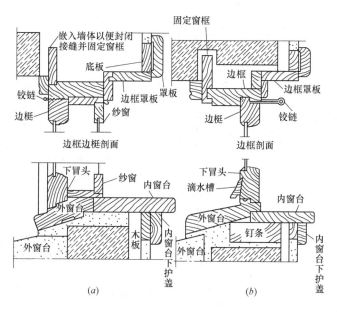

图 15-25 平开木玻璃窗构件名称及构造节点（续）

(a) 向外平开窗；(b) 向内平开窗

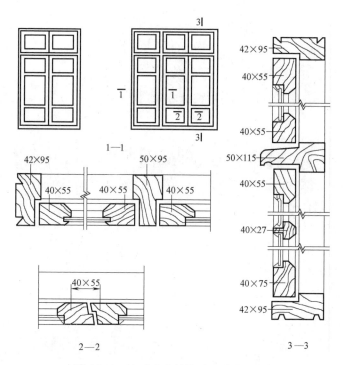

图 15-26 木玻璃窗的构造（单位 mm）

2）平开铝合金窗构造（图 15-27）

3）窗的节能

建筑外窗是建筑冬失热、夏得热的最薄弱环节。研究证实，通过窗的传热和冷风渗透

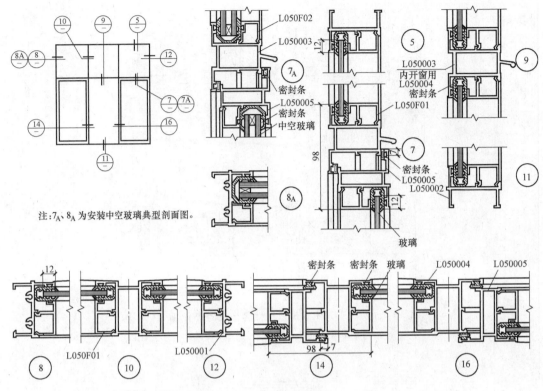

注：7_A、8_A 为安装中空玻璃典型剖面图。

图 15-27　平开铝合金窗的构造

引起的热损失，占房屋能耗的 50% 左右，故外窗是建筑节能的重点。外窗得/失热有两个途径，一是窗内外温差所致，二是通过窗缝隙渗透所致，因此窗节能应从以上两方面采取构造措施。

（1）提高外窗的热工性能

取决于门窗型材绝热性能和选配玻璃的热阻值。

① 改变传统窗型材的断面和在型材中加绝热条，加强型材的绝热性能，降低门窗的传热系数，如断桥铝合金窗。

② 选用热阻大的玻璃，如中间带惰性气体的中空玻璃、吸热玻璃、反射玻璃等，或增加窗扇层数和玻璃层数，提高绝热性能。

（2）应用遮阳减少夏季阳光对室内照射。

① 遮阳种类

主要有：绿化遮阳、简单活动遮阳（图 15-28）；构造遮阳见图 15-29。

苇席遮阳　　　　　篷布遮阳　　　　　木百叶遮阳

图 15-28　活动遮阳的主要形式

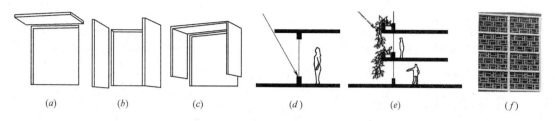

图 15-29　构造遮阳的主要形式

(a) 水平遮阳板；(b) 垂直遮阳板；(c) 综合遮阳板；(d) 出檐遮阳；(e) 外廊遮阳；(f) 花格遮阳

② 遮阳板形式选择的依据

a. 考虑太阳方位与遮阳板及窗洞口的关系（图 15-29、图 15-30）；b. 考虑太阳高度角与遮阳及洞口的关系（图 15-30）

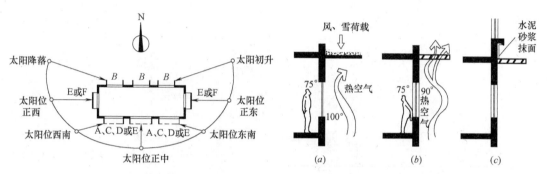

图 15-30　太阳方位与遮阳板及窗洞口关系

A—水平遮阳；B—垂直遮阳；C—综合遮阳；

D—挑檐遮阳；E—外廊遮阳；F—花格遮阳

图 15-31　遮阳板的构造处理

③ 遮阳板的构造

实心水平遮阳板有阻止顺墙热气流散发的缺点，见图 15-31 (a)；将其做成百叶式空格既可遮阳，又便于热气流顺墙散发，见图 15-31 (b)；水平遮阳板与墙面交接处需注意防水处理，以免雨水渗入墙内见图 15-31 (c)。

（3）减少窗缝的长度。扩大单块玻璃面积，以减少窗缝隙；减少可开窗扇的面积。

（4）采用密封和密闭措施。框和墙间的缝隙密封可用聚乙烯泡沫、密封膏以及边框设灰口等。框与扇间的密闭可用橡胶条、橡塑条、泡沫密闭条以及高低缝等。扇与扇之间的密闭可用密闭条、高低缝及缝外压条等。窗扇与玻璃之间的密封可用密封膏、各种弹性压条等。

4）特殊类型窗

（1）固定式通风高侧窗

在我国南方地区，结合气候特点，创造出多种形式的通风高侧窗。它们的特点是：能采光，能防雨，能常年进行通风，不需设开关器，构造较简单，管理和维修方便，多在工业建筑中采用。

（2）防火窗

防火窗必须采用钢窗或塑钢窗，镶嵌铅丝玻璃，以免破裂后掉下，防止火焰蹿入室内或窗外。

（3）隔声窗

若采用双层窗隔声，应采用不同厚度的玻璃，以减少吻合效应的影响。厚玻璃应位于声源一侧，玻璃间的距离一般为 80～100mm。

15.2.5　窗温室生态效益

将 RC 窗台做成 500～700mm 宽，内外用推拉玻璃窗扇，垫以 150mm 蛭石或珍珠岩作轻质种植层；种植矮株花卉即可构成窗温室。RC 窗过梁做成种植槽，种植爬墙虎等植物，夏季叶密，墙有遮阳，冬季叶落，墙得日照（图 15-32）。

生态效益：

（1）增强绝热隔声；

（2）改善空气质量（吸 CO_2，吐 O_2）；

（3）提供美色，香味。

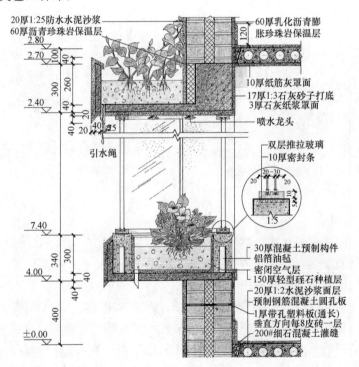

图 15-32　窗户温室（单位 mm）

第16章 楼、地面与隔撞击声

16.1 楼、地层的基本组成及设计要求

16.1.1 楼、地层的基本组成

（1）楼板层是受弯构件，基本组成如图 16-1（a）所示，采用钢筋混凝土材料。地层和楼层一般有相同的面层。楼板层通常由面层、结构层、顶棚层三部分组成。

（2）地层一般处于建筑的首层，放在建筑的地基上，将荷载均匀地传给地基。它是受压构件，采用的材料一般是混凝土，内部不用配钢筋。其基本组成如图 16-1（b）所示。

① 面层——又称楼面或地面，其作用是保护楼板并传递荷载，对室内有重要的清洁及装饰作用。

② 结构层——是承重部分，一般包括梁和板。主要功能是承受楼板层上的全部荷载，并将这些荷载传递给墙或柱，同时对墙身起水平支撑作用，加强房屋的整体刚度。

③ 顶棚层——又称天花，除美观要求外，常安装灯具，并起均匀光线的作用。

④ 附加层——可根据构造和使用要求设置结合层、找平层、防水层、保温、隔热层、隔声层、管道敷设层等不同构造层次。

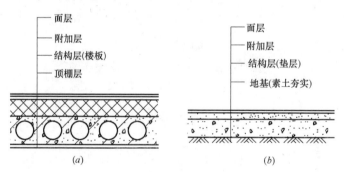

图 16-1 楼、地层的基本组成
（a）楼板层；（b）地层

16.1.2 楼板层的设计要求

为保证楼板的正常使用，楼板层必须符合以下设计要求：

（1）必须具有足够的强度和刚度，以保证结构的安全性；

（2）具有一定的隔声能力，避免楼层上下空间相互声干扰；

（3）必须具有一定的防火能力，保证人员生命及财产的安全；

（4）必须有一定的热工要求，对有保温要求的房间，在楼板层内设置保温材料；

（5）对潮湿和有水侵袭的楼板层，须具有防潮、防水能力，保证建筑物正常使用；

（6）对某些特殊要求，须具备相应的防腐蚀、防静电、防油、防爆（不发火）等能力；

（7）满足现代建筑的"智能化"要求，须合理安排各种设备管线的走向。

16.2　楼板层的类型

根据所采用的材料不同，楼板可分为木楼板、钢筋混凝土楼板及压型钢板组合楼板等多种形式。目前，木楼板除木材产地外已很少采用；钢筋混凝土楼板是工业与民用建筑中常采用的楼板形式，如图 16-2（a）。另外，压型钢板组合楼板是用截面为凹凸形的压型钢板与现浇混凝土组合形成整体性很强的一种楼板结构，在国外高层建筑中得到广泛的应用，如图 16-2（b）。下面讨论钢筋混凝土楼板与压型钢板组合楼板。

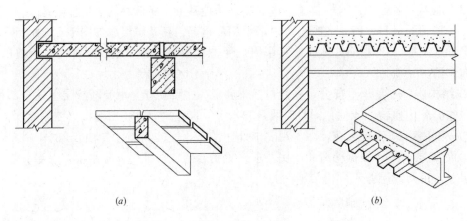

（a）　　　　　　　　　　　　　　（b）

图 16-2　楼板的类型
（a）钢筋混凝土楼板；（b）压型钢板组合楼板

16.3　钢筋混凝土楼板

钢筋混凝土楼板，具有强度高、刚度好、不燃烧、耐久性好、有利于工业化生产和机械化施工等优点，是目前建筑物广泛采用的一种楼板形式。根据其施工方法不同，有现浇整体式钢筋混凝土楼板、预制装配式钢筋混凝土楼板和装配整体式钢筋混凝土楼板三种类型。

1）现浇整体式钢筋混凝土楼板

现浇整体式钢筋混凝土楼板，是在施工现场经过支模、绑扎钢筋、浇灌混凝土、养护、拆模等施工程序而形成的楼板。其优点是整体性好，可以适应各种不规则的建筑平面，预留管道孔洞较方便。缺点是湿作业量大，工序繁多，需要养护，施工工期较长，而且受气候条件影响较大。

现浇整体式钢筋混凝土楼板，根据受力和传力情况，分为板式楼板、梁板式楼板、无梁楼板。

（1）板式楼板——在墙体承重建筑中，当房间尺寸较小，楼板上的荷载直接由楼板传递给墙体，称板式楼板。它多用于跨度较小的房间或走廊，如居住建筑中的厨房、卫生间以及公共建筑的走廊等，如图 16-3。

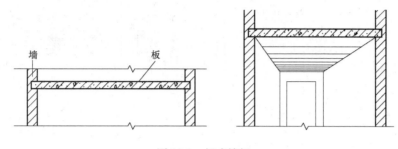

图 16-3　板式楼板

（2）梁板式楼板——当房间的跨度较大，为使楼板结构的受力与传力更加合理，常在楼板下设梁，以减小板的跨度，使楼板上的荷载先由板传递给梁，再由梁传递给墙或柱。这种楼板结构称梁板式楼板。梁有主梁、次梁之分，如图 16-4。

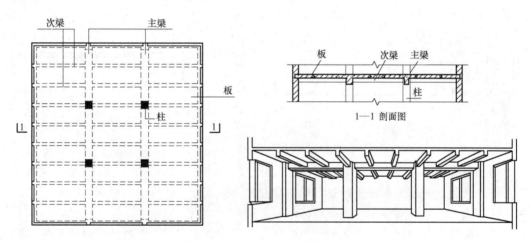

图 16-4　梁板式楼板

为了更充分发挥楼板结构的效力，合理选择构件的截面尺寸至关重要。梁板式楼板常用的经济尺寸如下：

主梁的跨度一般为 5～9m，最大可达 12m；主梁高为跨度的 1/14～1/8。次梁的跨度即主梁的间距，一般为 4～6m；次梁高为跨度的 1/18～1/12。主次梁的宽高之比均为 1/3～1/2。板的跨度即为次梁的间距，一般为 1.8～3.6m；根据荷载的大小和施工要求，板厚一般为 60～180mm。

"井"式楼板，是梁板式楼板的一种特殊形式，其特点是不分主梁、次梁，梁双向布置，断面等高且同位相交，梁之间形成井字格，如图 16-5。梁的布置既可正交正放也可正交斜放；其跨度一般为 10～30m，梁间距一般为 3m 左右。这种楼板外形规则、美观，而且梁的截面尺寸较小，相应提高了房间的净高；适用于建筑平面为方形或近似方形的大厅。

（3）无梁楼板——是将现浇钢筋混凝土板直接支承在柱上的楼板结构。为了增大柱的

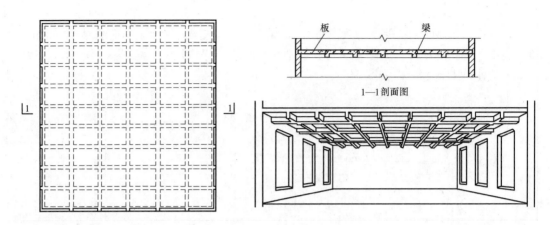

图 16-5 "井"式楼板

支撑面积和减小板的跨度，常在柱顶增设柱帽和托板，如图 16-6。无梁楼板顶棚平整，室内净空大，采光、通风好。其经济跨度为 6m 左右，板厚一般为 120mm 以上，多用于荷载较大的商店、仓库、展览馆等建筑中。

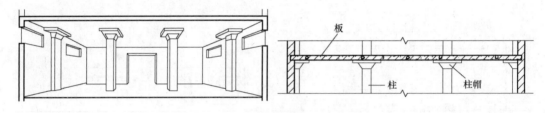

图 16-6 无梁楼板

2) 预制装配式钢筋混凝土楼板

预制装配式钢筋混凝土楼板，是把楼板分成若干构件，在预制加工厂或施工现场外预先制作，然后运到施工现场进行安装的钢筋混凝土楼板。这样可节省模板，缩短工期，但整体性较差，一些抗震要求较高的地区不宜采用。

预制构件可分为预应力和非预应力两种。采用预应力构件，可推迟裂缝的出现和限制裂缝的开展，从而提高了构件的抗裂度和刚度。预应力与非预应力构件相比较，可节省钢材约 30%～50%，可节省混凝土 10%～30%，减轻自重，降低造价。

梁的截面形式有矩形、T 形、倒 T 形，十字形等，设计时应根据不同的需要选用，如图 16-7。

图 16-7 梁的截面形式

预制板的类型有三种：实心平板、槽形板、空心板。

（1）实心平板——实心平板制作简单，一般用做走廊或小开间房屋的楼板，也可作架空搁板、管沟盖板等，如图 16-8。

212

实心平板的板跨一般≤2.4m，板宽约为600～900mm，板厚为50～80mm。

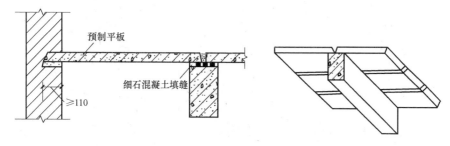

图 16-8　实心平板

（2）槽形板——槽形板是一种梁板结合的构件，即在实心板的两侧设有纵肋，构成Ⅱ形截面；荷载主要由板侧的纵肋承受，因此板可做得较薄。当板跨度较大时，应在板纵肋之间增设横肋加强其刚度；为了便于搁置，常将板两端用端肋封闭，如图16-9。

槽形板的板跨度为3～7.2m，板宽约为600～1200mm，板厚为25～30mm，肋高为120～300mm。

槽形板的搁置有正置与倒置两种：正置板底不平，多作吊顶；倒置板底平整，但需另作面板，可利用其肋间空隙填充保温或隔声材料。

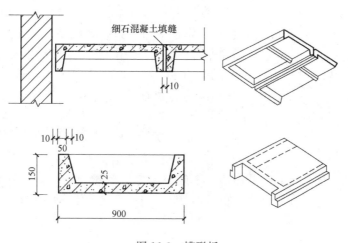

图 16-9　槽形板

（3）空心板：空心板的受力特点（传力途径）与槽形板类似，荷载主要由板纵肋承受。但由于其传力更合理，自重小，且上下板面平整，因而应用广泛。

空心板按其抽孔方式的不同，有方孔板、椭圆孔板、圆孔板之分。方孔板较经济，但脱模困难，现已不用；圆孔板抽芯脱模容易，目前使用极为普遍，如图16-10。

空心板有中型板与大型板之分。中型空心板的板跨度≤4.2m，板宽为500～1500mm，板厚为90～120mm，圆孔直径为50～75mm，上表面板厚为20～30mm，下表面板厚为15～20mm。大型空心板板跨度为4～7.2m，板宽为1200～1500mm，板厚为180～240mm。

为避免填缝混凝土进入空心板的空洞，板端孔内常用砖块、砂浆块、专制填块塞实。

3）装配整体式钢筋混凝土楼板

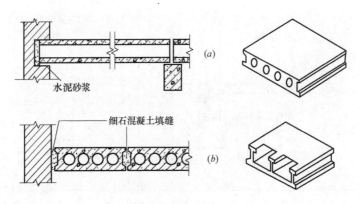

图 16-10 空心板

(a) 纵向剖面；(b) 横向剖面

　　装配整体式钢筋混凝土楼板是一种预制装配和现浇相结合的楼板类型，兼有现浇与预制的双重优越性，目前常用的是预制薄板叠合楼板。

　　由于现浇钢筋混凝土楼板要耗费大量模板，故经济性差，施工工期长；而预制装配式楼板整体性差；采用预制薄板与现浇混凝土面层叠合而成的装配整体式楼板，其特点是房屋的刚度和整体性较好，节约模板，提高施工进度。

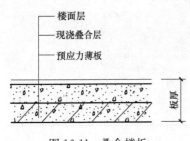

图 16-11　叠合楼板

　　预制薄板叠合楼板是将预制薄板吊装就位后再现浇一层钢筋混凝土，将其浇结成一个整体，称为预制薄板叠合楼板，如图 16-11。预制薄板既作为永久性模板承受施工荷载，其内配有受力钢筋，亦可作为整个楼板结构的受力层；现浇层内只需配置少量的支座负弯矩筋和构造筋。

　　预制薄板宽为 1.1～1.8m，薄板厚为 50～70mm。板面上常作刻槽或露三角形结合钢筋以加强连接，如图 16-12。现浇叠合层采用 C20 混凝土，厚度一般为 70～120mm。叠合楼板的经济跨度一般为 4～6m，最大可达 9m。叠合楼板总厚度以大于或等于预制薄板厚度的两倍为宜，一般为 150～250mm。

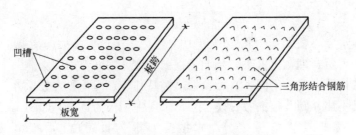

图 16-12　叠合楼板的预制薄板

16.4　压型钢板组合楼板

　　压型钢板组合楼板是一种钢与混凝土组合的楼板，利用压型钢板作衬板，与现浇混凝

214

土浇筑在一起，支撑在钢梁上，构成的整体型楼板结构。其适用于大空间、高层民用建筑及大跨工业厂房中，目前在国际上已普遍采用。

压型钢板两面镀锌，冷压成梯形截面；板宽为 $500 \sim 1000mm$，肋或肢高 $35 \sim 150mm$。钢衬板有单层钢衬板和双层孔格式钢衬板之分，如图 16-13。

1）压型钢板组合楼板的特点

压型钢板以衬板形式作为混凝土楼板的永久性模板，施工时又是施工的台板，简化了施工程序，加快了施工进度。压型钢板组合楼板可使混凝土、钢衬板共同受力，即混凝土承受剪力和压力，钢衬板层承受下部的拉弯应力。因此钢衬板起着模板和受拉钢筋的双重作用。此外，还可利用压型钢板肋间的空隙附设室内电力管线，亦可在钢衬板底部焊接悬吊管道、通风管和吊顶的支托，从而充分利用了楼板结构中的空间。

2）压型钢板组合楼板的构造

压型钢板组合楼板主要有楼面层、组合楼板（包括现浇混凝土和钢衬板）与钢梁等几部分组成，可根据需要设吊顶棚，如图 16-14。组合楼板的跨度为 $1.5 \sim 4.0m$。

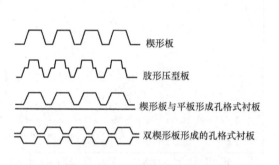

图 16-13 压型钢衬板的形式

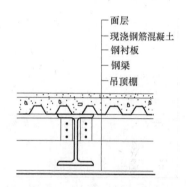

图 16-14 压型钢板组合楼板

组合楼板的构造形式较多，根据压型钢板形式的不同有单层钢衬板组合楼板和双层孔格式钢衬板组合楼板之分，如图 16-15。

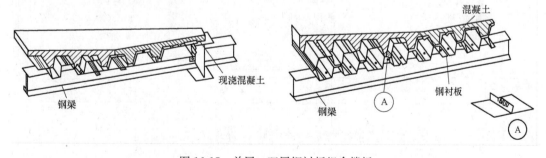

图 16-15 单层、双层钢衬板组合楼板

16.5 楼板隔撞击声

建筑物的撞击声主要是物体与建筑构件碰撞，使其产生振动，沿着结构传播，并向四

215

周空气中辐射噪声。对于一般建筑主要是门窗开关的碰撞、物体掉落地面、桌椅拖动以及人走动时鞋跟的敲击等产生的噪声，特别是人在楼板上走动时产生的撞击噪声是最为普遍的。因此对于楼板的隔声来说，一方面要考虑空气的隔声，另一方面还要考虑撞击声的隔声。

撞击声的隔绝措施主要有三条：

1）面层处理

使振动源撞击楼板引起的振动减弱。这可以通过振动源治理和采取隔振措施来达到，也可以在楼板上面铺设弹性面层，使撞击能量减弱；常用材料是地毯、橡胶板、地漆布、塑料地面、软木地板等。铺设这些面层，通常对中高频的撞击声级有较大的改善，对低频要差些。面层材料厚对低频也会有较好的改善（图 16-16）。

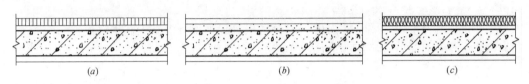

图 16-16　楼板上铺设弹性面层

（a）铺地毯；（b）贴橡胶或塑料毡；（c）镶软木砖

2）浮筑楼板

阻隔撞击振动在楼层结构中的传播，另一种方法是在楼板面层和承重结构之间设置弹性垫层来达到，这种做法通常称为"浮筑楼板"（图 16-17）。

当楼板等建筑构件受到撞击时，振动将在构件及其连接结构内传播。振动在固体中传播时的衰减很小，若固体构件是连接在一起的，振动会传播很远。如果固体构件是分开的，或构件之间存在弹性的减振垫层，振动的传播将在这些位置受到极大的阻碍。当使用弹簧或与弹簧效果类似的玻璃棉减振垫层将地面做成"浮筑地板"，将提高楼板撞击声隔声的能力。

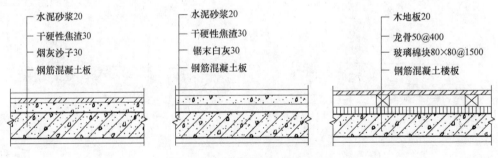

图 16-17　浮筑楼板（单位 mm）

3）弹性隔声吊顶（图 16-18）

在楼板下做隔声吊顶，以减弱楼板向接收空间传播的空气声。若楼上房间楼板上有较大的振动，如人员的活动、机器振动或敲击等，在楼下做隔声吊顶时需要采用弹性吊杆，否则振动会通过刚性的吊杆传递给吊顶，这种吊顶做法叫做弹性吊顶系统。另外，可在吊顶上铺吸声材料，吸收空气传声。

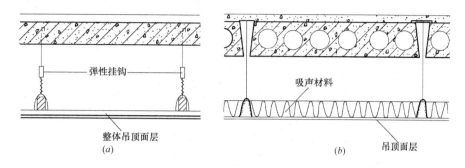

图 16-18　隔声吊顶
（a）弹性挂钩吊杆；（b）铺吸声材料

16.6　改善钢筋混凝土楼板缺点的措施

1）钢筋混凝土楼板（RC 楼板）由大功臣变为大杀手

没有 RC 楼板，就没有遍布全球的现代多层建筑，更没有以高层、超高层建筑为特征的现代城市。但是地震、战争和火灾等因素引起建筑倒塌，使 RC 楼板成为难搬移、难切割、难施救的建筑垃圾，成为压死、压伤、毁财害命的大杀手。

2）改善措施

发展耐火钢框架，铺设耐火压型钢板，组合耐火木地面或塑料地面，就是改善措施之一。这种结构和构造延性好，不易倒塌；即使倒塌，因为轻且易切割，易施救，毁财害命较少。

待到建筑科技进步了，还可以发展耐火碳素纤维等结构取代 RC 结构。

第17章 阳台与雨棚

17.1 阳 台

17.1.1 阳台的功能

阳台是户外与户内的过渡性空间，有顶盖，且顶盖的高度一般不超过一层楼的高度，是为居住者提供观景、透气、养花、晾晒衣服等活动的空间，使人不必下楼便可置身户外。

阳台可提供：①晾晒空间；②开阔的视景，便于使用者与室外环境的信息交流；③阳台绿化，增强生态正效应（在光合作用下吸收 CO_2，提供 O_2 以及美色香味）；④节能空间（以冬季为例，将阳台封闭，利用温室效应可节能 30%~40%）。2007 年 2 月 16~22日（多云/阴转晴），我们对封闭阳台进行了一周的节能实验，测温 40 次，数据如下：

	阳 台	主室(采暖)	室 外
温度(℃)	13~28	21~25	7~22
平均温度(℃)	23.0	23.4	15.4

按平均温度计，若无阳台，主室将按 $\triangle t=23.4-15.4=8℃$ 失热，有阳台后，主室将向阳台 $\triangle t=23.4-23.0=0.4℃$ 失热，可见，阳台有良好的节能效应。

17.1.2 阳台构造

阳台分为挑梁式、挑板式和压梁式。图 17-1 为阳台板悬挑方式示意图；图 17-2 为阳台节点构造。

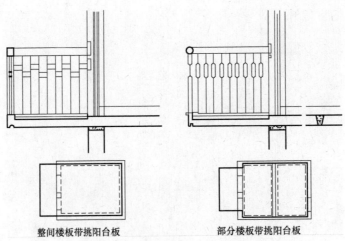

整间楼板带挑阳台板 部分楼板带挑阳台板

图 17-1 阳台板悬挑方式示意图

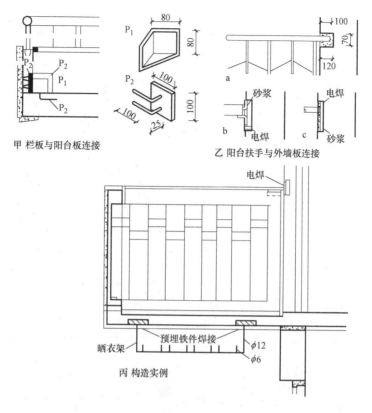

甲 栏板与阳台板连接

乙 阳台扶手与外墙板连接

丙 构造实例

图 17-2　阳台节点构造

17.2　雨　　棚

17.2.1　雨棚的功能

雨棚是设在出入口遮挡雨雪便于人们出入的构件。雨棚上轻质种植爬山虎等植物有利于夏天隔热、防回溅水的生态正效应。图 17-3 为杭州机场长廊式雨棚。

图 17-3　杭州机场长廊式雨棚

17.2.2 雨棚构造 （图 17-4）

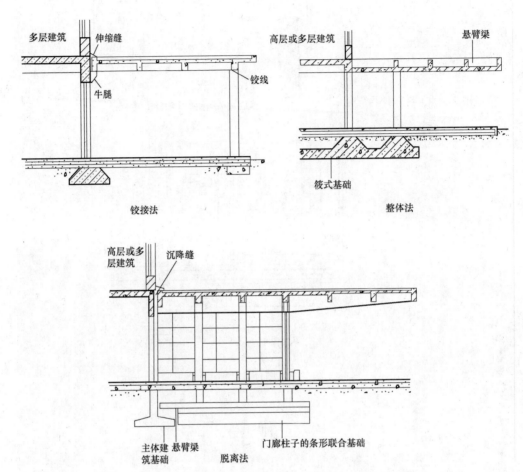

铰接法　　　　　　　　　　　　　　　整体法

图 17-4　大型雨棚构造类型

第18章 房屋垂直交通与建筑防火

18.1 房屋垂直交通工具

18.1.1 类型

多层或高层建筑常用的垂直交通设施有：楼梯（18-2）、电梯、自动扶梯、坡道、台阶（图18-1）、爬梯（图18-3）等（图18-2）。

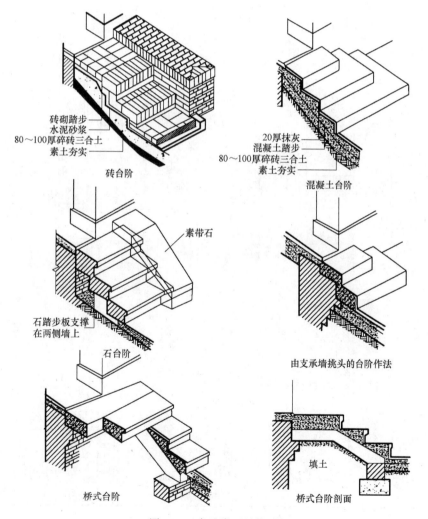

图 18-1 台阶类型及构造

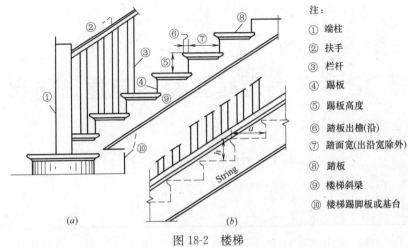

注:
① 端柱
② 扶手
③ 栏杆
④ 踢板
⑤ 踢板高度
⑥ 踏板出檐(沿)
⑦ 踏面宽(出沿宽除外)
⑧ 踏板
⑨ 楼梯斜梁
⑩ 楼梯踢脚板或基台

图 18-2 楼梯

(a) 明步楼梯；(b) 暗步楼梯

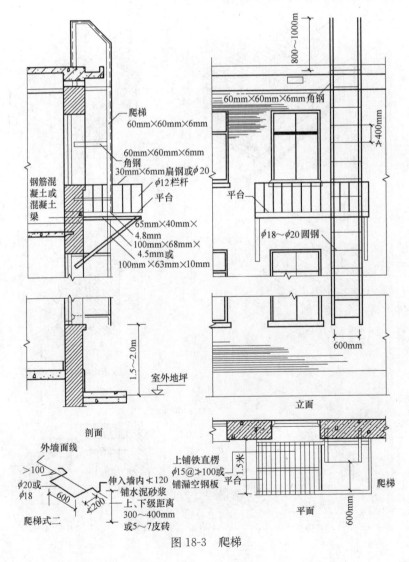

图 18-3 爬梯

18.1.2 功能、形式与组成

功能：垂直交通；紧急疏散；锻炼身心。

楼梯是建筑中最普遍、最重要的设施之一，常用的有钢筋混凝土楼梯、木楼梯、螺旋楼梯等，见图 18-4～图 18-7 所示。我们重点讨论钢筋混凝土楼梯。

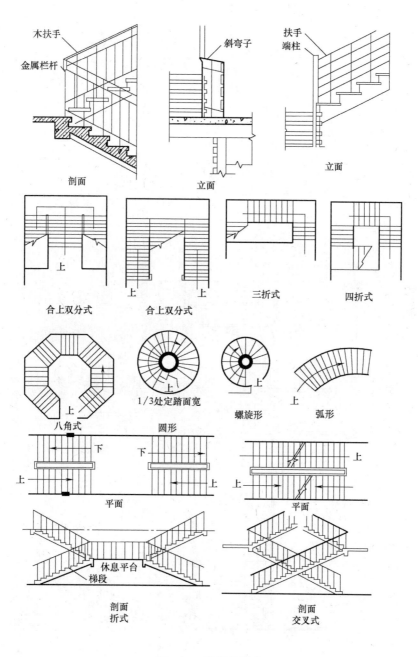

图 18-4 楼梯的形式

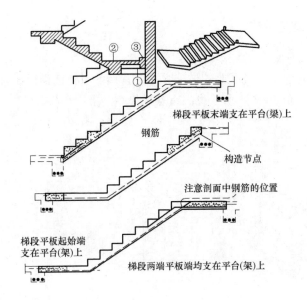

图 18-5 预制 RC 楼梯类型

梯段平板末端支在平台(梁)上

钢筋

构造节点

注意剖面中钢筋的位置

梯段平板起始端
支在平台(架)上

梯段两端平板端均支在平台(架)上

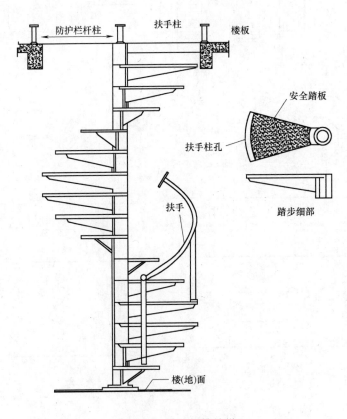

防护栏杆柱　　扶手柱　　楼板

安全踏板

扶手柱孔

扶手

踏步细部

楼(地)面

图 18-6　铸铁螺旋楼梯

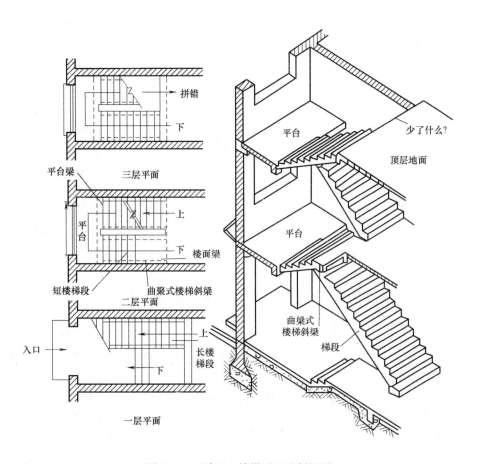

图 18-7　现浇 RC 楼梯平面及剖视图

楼梯主要组成包括：梯段、休息平台、栏杆、扶手、踏板、踢板、梯段斜梁、端柱。

设 "a" ＝踏板宽，"h" ＝踢板高。通常设计中取 a＋h＝450mm，因为它符合一般人的步距。在住宅中，a 取 280～270mm，h 取 170～180mm；公共建筑中 a 取 300mm，h 取 150mm。一个梯段踏步一般不得多于 18 级，见图 18-8。

18.1.3　楼梯设计注意点

1）坡度

一般在 $20°$～$45°$ 之间，由建筑层高、使用性质确定，通常 $\gg 38°$。现在，越来越多的高层建筑，由于功能需要，采用不同层高，例如一二层公共空间采用 5.0m 层高、而三层及以上采用 3.0m，这种情况下，设计人员必须考虑紧急疏散条件下下行人员的行动安全，需将楼梯坡度按同一角度设计，不能同一部楼梯，各梯段的坡度忽陡忽缓。

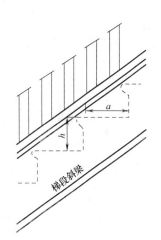

图 18-8　踏步组成

2）踏步

踏步的高与宽的尺寸。必须考虑行人（特别是下行人员）对于踏步的清晰识别和防滑需求，防止踏空滚落或绊倒的事故发生。

3）两梯段间宽度

一般水平净距≤110mm，当＞200mm时，必须设计防护措施以防坠落、或夹伤。

4）平台宽度

考虑扶手对平台宽度的"吃进"影响，按照紧急疏散要求，平台宽度净尺寸不小于梯段净宽度。

5）护栏（板）

（1）扶手水平长度＞500mm时，护栏高度必须≤1050mm。若护栏下方有高于楼层表面的平台，护栏高度以平台上表面起算，防止一旦踏上平台容易发生意外。

（2）当护板采用透明材料，如玻璃时，不能将玻璃栏板直接连接梯段、扶手，而必须有可靠构件与楼梯结构牢固连接，如焊接、插接等，防止发生脆断坠落的意外。

（3）当楼梯通行宽度大于1500mm时，须在两侧设护栏，特别是人员密集的公共场所和比较特殊的建筑，例如地铁出入口、中小学校、老人居多的住宅。

（4）栏杆的间距不大于110mm，以防止孩童从空格中钻出坠落。

6）扶手

楼梯或台阶设计时，除考虑安全和景观效果之外，还需要考虑扶手的可把握性。

7）楼梯的通行净空高度

须仔细考量通行（尤其是下行）时的通行方便和安全，严格遵守规范要求。

18.2 建筑防火

水火无情！例2000年，中国发生了18万多次火灾，大量房屋被烧毁，经济损失达到258亿元人民币。

火灾的条件：火源、助燃剂（如空气中的氧气）、燃烧物。三个因素缺一不可。火灾发生后，8分钟左右会产生"轰燃"，即火势瞬间以近似爆炸的方式扩大蔓延。救援的时间、逃生的时间都将以此为界限。

18.2.1 建筑物耐火等级、建筑构件的燃烧性能与耐火时限

1）建筑物耐火等级

表18-1为建筑物耐火等级和构造举例。

建筑物耐火等级及构造举例 　　　　表18-1

构件名称	耐火等级			
	一级	二级	三级	四级
	建筑构造及耐火极限			
承重墙与楼梯间墙	砖石材料、混凝土、毛石混凝土、加气混凝土、钢筋混凝土。耐火极限不低于3.00小时	同左,耐火极限不低于2.50小时	同左,耐火极限不低于2.50小时	木骨架两面钉板条抹灰、苇箔抹灰、钢丝网抹灰、石棉水泥板,耐火极限不低于0.50小时

构件名称	一级	二级	三级	四级
	建筑构造及耐火极限			
支承多层的柱	砖柱、钢筋混凝土柱或有保护层的金属柱,耐火极限不低于3.00小时	同左,耐火极限不低于2.50小时	同左,耐火极限不低于2.50小时	有保护层的木柱,耐火极限不低于0.50小时
支承单层的柱	同上,耐火极限不低于2.50小时	同上,耐火极限不低于2.00小时	同上,耐火极限不低于2.00小时	无保护层的木柱
梁	钢筋混凝土梁,耐火极限不低于2.00小时	钢筋混凝土梁,耐火极限不低于1.50小时	钢筋混凝土梁,耐火极限不低于1.00小时	有保护层的木柱,耐火极限不低于0.50小时
楼板	钢筋混凝土楼板,耐火极限不低于1.50小时	同左,耐火极限不低于1.00小时	同左,耐火极限不低于0.50小时	木楼板下有难燃烧体的保护层,耐火极限不低于0.25小时
吊顶	钢吊顶搁栅下吊石棉水泥板、石膏板、石棉板或钢丝网抹灰,耐火极限不低于0.25小时	木吊顶搁栅下吊钢丝网抹灰、板条抹灰,耐火极限不低于0.25小时	木吊顶搁栅下吊石棉水泥板、石膏板、石棉板、钢丝网抹灰、板条抹灰、苇箔抹灰、水泥刨花板,耐火极限不低于0.15小时	木吊顶搁栅下吊板条、苇箔、纸板、纤维板、胶合板等可燃物
屋顶承重构件	钢筋混凝土结构,耐火极限不低于1.50小时	钢筋混凝土结构,耐火极限不低于0.50小时	无保护层的木梁	无保护层的木梁
楼梯	钢筋混凝土楼梯,耐火极限不低于1.50小时	钢筋混凝土楼梯,耐火极限不低于1.00小时	钢筋混凝土楼梯,耐火极限不低于1.00小时	木楼梯
框架填充墙	砖、轻质混凝土砌块、硅酸盐砌块、石块、加气混凝土构件、钢筋混凝土,耐火极限不低于1.00小时	砖、轻质混凝土砌块、硅酸盐砌块、石块、加气混凝土构件、钢筋混凝土板,耐火极限不低于0.50小时	砖、轻质混凝土砌块、硅酸盐砌块、石块、加气混凝土构件、钢筋混凝土板,耐火极限不低于0.50小时	木骨架两面钉石棉水泥板、石膏板、水泥刨花板、钢丝网抹灰、板条抹灰,耐火极限不低于0.25小时
隔墙	砖、轻质混凝土砌块、硅酸盐砌块、石块、加气混凝土构件、钢筋混凝土板,耐火极限不低于1.00小时	砖、轻质混凝土砌块、硅酸盐砌块、石块、加气混凝土构件、钢筋混凝土板,耐火极限不低于0.50小时	木骨架两面钉石膏板、石棉水泥板、钢丝网抹灰、板条抹灰、苇箔抹灰,耐火极限不低于0.50小时	木骨架两面钉石棉水泥板、石膏板、水泥刨花板、钢丝网抹灰、苇箔抹灰、板条抹灰,耐火极限不低于0.25小时
防火墙	砖石材料、混凝土、加气混凝土、钢筋混凝土,耐火极限不低于4.00小时	砖石材料、混凝土、加气混凝土、钢筋混凝土,耐火极限不低于4.00小时	砖石材料、混凝土、加气混凝土、钢筋混凝土,耐火极限不低于4.00小时	砖石材料、混凝土、加气混凝土、钢筋混凝土,耐火极限不低于4.00小时

2) 建筑构件耐火时限

(1) 耐火时限的含义

按照国际标准化组织(ISO)的标准对构件进行测试。该构件耐火时限意义如下:从构件单面受一标准火作用开始:

① 直至其失去支承能力时止所经历的小时数；或

② 直至出现穿透性裂缝时止所经历的小时数；或

③ 直至试件背面温度达220℃所经历的小时数，取其中最短时间小时数为该构件耐火时限。

（2）提高耐火时限的主要方法

① 增厚

例：

黏土砖墙		混凝土保护层	
砖墙厚度（mm）	耐火时限（h）	保护层厚度（mm）	耐火时限（h）
120	2.5	10	1.0
240	5.0	20	2.0

② 用绝热体隔离，如炼钢厂钢吊车梁下悬挂石棉水泥板，隔离高温烟火就是一例。

③ 防火涂层

一种用绝热材料、如膨胀蛭石或膨胀珍珠岩与一种无机粘结剂拌成的防火涂料，涂在钢构件上，厚18mm，耐火时限可达1.5h；厚25mm，耐火时限可达2.0h（钢构件无防火涂层，耐火时限仅0.25h）。

18.2.2 防火分区

1）防火分区的目的及分区面积

防火分区的目的就是用水平的或垂直的防火构件将建筑空间分隔开，以便阻止或延缓火势蔓延并便于人们紧急疏散（表18-2）。

水平防火分区的分区面积允许最大值（m²）　　　　表18-2

普通建筑		高层建筑	
耐火等级	防火分区面积≥m²	耐火等级	防火分区面积≥m²
一二级	2500	Ⅰ类	1000
三级	1200	Ⅱ类	1500
四级	600	地下室	500

注：普通建筑按照耐火性能分四个等级；高层建筑则分为两类。

2）分隔构件

（1）防火墙

防火墙常用非燃烧材料，如黏土砖或混凝土块材建成。

例如240mm的黏土砖墙，耐火时限5小时，已足够满足防火要求。防火墙应有自己的基础。当屋顶为木屋架时，防火墙应高出该屋面500mm。框架建筑中，防火墙应砌在梁上，并由柱中伸出φ6钢筋至砖墙缝中加以连接，伸入长度不小于500mm，入缝钢筋上下垂直距离不大于500mm，柱每侧入缝钢筋不应小于两根。

（2）防火门

图18-9所示为多种防火门剖面及其耐火时限以及多种隔声门及其隔声量（dB）。

图18-10所示为单页及双页平开防火门细部构造。图18-11为自动关闭防火门。

防火门净宽可按每 100 人宽 1.0m 确定。

例：一教室，学生 50，教师 1，门净宽应是 $51 \times \dfrac{1}{100} = 0.51\text{m}$，不能采用。按日常使用及搬物所需，该教室每扇门净宽取 0.9m，安装了两扇平开门。

防火门应向疏散方向开启。

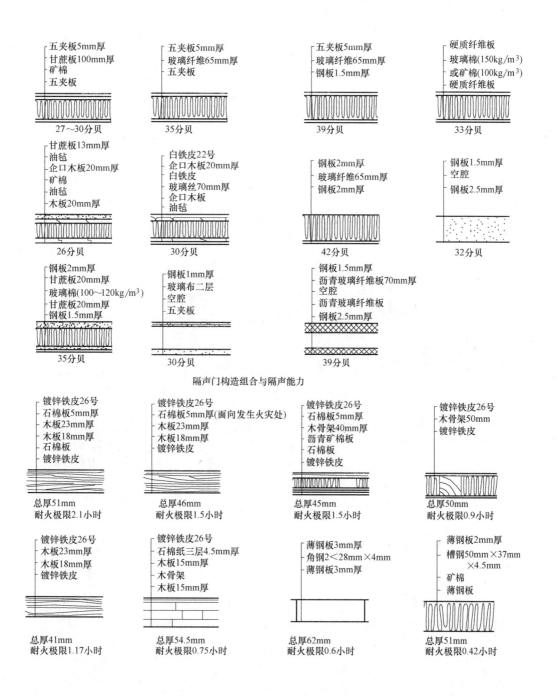

隔声门构造组合与隔声能力

图 18-9 多种防火门剖面构造及耐火时限和多种隔声门及其隔声量（dB）

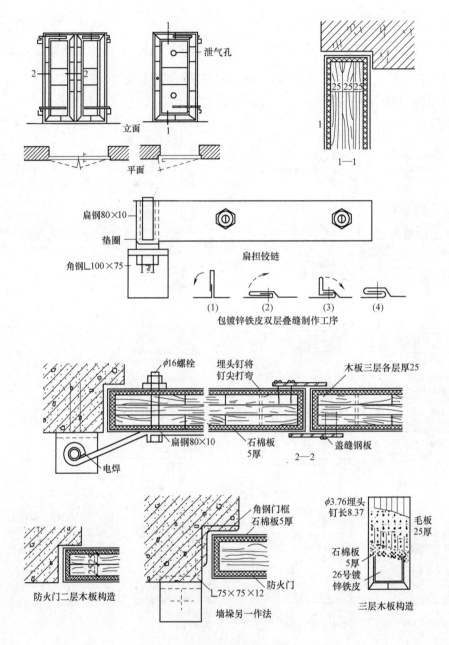

图 18-10 平开防火门构造（单位 mm）

图 18-11 所示为一自动关闭防火门构造。

3）其他分隔构件

楼板、阳台、雨篷、挑檐等均可作为垂直防火分区的分隔构件。

18.2.3 疏散楼梯间

1）开敞楼梯间

开敞楼梯间不设门，适用于：建筑≤11 层单元式住宅；总高＜24m 的工业与民用

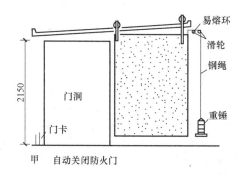

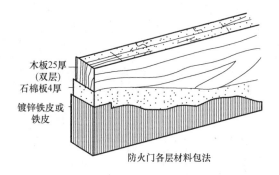

图 18-11 自动关闭防火门（单位 mm）

建筑。

2）封闭楼梯间

封闭楼梯间设有平开防火门，适用于：

医院、疗养院的病房楼；有空调系统的多层旅馆；≥6 层
的公共建筑；7～8 层塔式住宅；12～18 层单元住宅；小于 11
层通廊住宅；高小于或等于 32m 的 Ⅱ 类高层建筑。

3）防烟楼梯间

图 18-12 为一带开敞通风前室的防烟楼梯间例。当该楼梯
间带有封闭前室时，则需要设通风道将室内烟气排走。

同一层楼疏散楼梯梯段净宽按 100 人 1.0m 计算，最多人
数按本层或本层以上任一层最多的人数计算。

图 18-13 为防火、防烟楼梯间平面图例；图 18-14 为楼梯
下行通行净空高度图示。

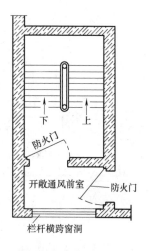

图 18-12 带开敞通风
前室的防烟楼梯间

18.2.4 安全疏散时间与距离

1）安全疏散时间定义

普通建筑：自疏散开始至到达室外所经历的时间（以分计）。

高层建筑：自疏散开始至到达最近的封闭楼梯间，或防烟楼梯，或避难室所经历的时
间（以分计）。

根据调查研究，房屋着火后 5～8 分钟将达到猛烈燃烧阶段，产生大量 CO、CO_2 和
烟气，并严重缺 O_2，故安全疏散时间即允许的疏散时间不应超过 5～8 分钟。

1～2 级耐火公共建筑和高层建筑允许疏散时间为 5～7 分钟；

3～4 级耐火普通建筑，允许疏散时间为 2～4 分钟；

1～2 级耐火电影院、剧院允许疏散时间为 2 分钟；3 级为 1.5 分钟；

1～2 级耐火体育馆允许疏散时间为 3～4 分钟。

2）允许的最远疏散距离

室内允许的最远疏散距离见表 18-3（a）和表 18-3（b）。室外防火距离见表 18-4。

甲 采用机械排烟的防烟楼梯

乙 通过露天阳台排烟的防烟楼梯

丙 通过露天阳台排烟的

图 18-13 防火、防烟楼梯间平面图示（单位：mm）
图片来源：房屋建筑学，
1988 年版，东南大学等三校合编

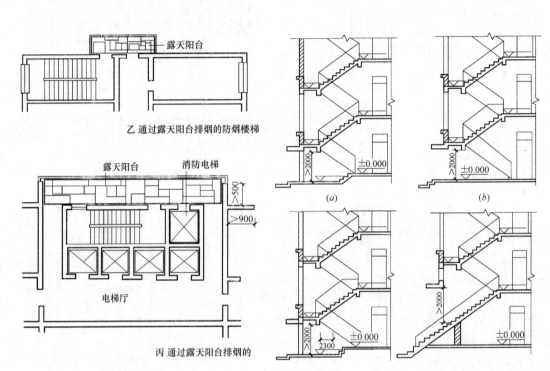

图 18-14 楼梯下行通行净空高度图示（单位：mm）
图片来源：房屋建筑学，
1988 年版，东南大学等三校合编

普通建筑允许的最大逃生距离（m）   表 18-3（a）

建筑类型	非袋形走道			袋形走道		
	FRR			FRR		
	1 类或 2 类	3 类	4 类	1 类或 2 类	3 类	4 类
托儿所 幼儿园	25	20	—	20	15	—
医院 疗养院	35	30	—	20	15	—
学校	35	30	—	22	20	—
其他民用建筑	40	35	25	22	20	25

高层建筑允许的最大逃生距离（m）

表 18-3（b）

医院病房	非袋形走道	袋形走道
	24	12
医院其他房间	30	15
教育建筑、旅馆和博物馆	30	15
其他建筑	40	20

室外防火距离（m）

表 18-4

高层建筑	高层建筑	裙房	其他民用建筑		
			1 或 2 类耐火等级	3 级耐火等级	4 级耐火等级
	13	9	9	11	14
裙房	9	6	6	7	9

第 19 章　屋顶与夏季防热

19.1　屋　顶

19.1.1　屋顶的功能与类型

1）屋顶的功能

为何要屋顶？

（1）传统观念

屋顶应能防风、雨、雪、雹、尘、尘暴、雷击、火、地震、内爆、外炸、冬冷、夏热和直晒。此外，屋顶还有分隔内外空间和采光的功能。

（2）可持续发展的概念

屋顶除上述功能外还应是多能转换器，将太阳能由集热器转换成热能，提供热水；由太阳能电池转换成电，提供照明与动力；由屋顶花草植物转换成光合作用能等。

2）屋顶的类型

屋顶类型见图 19-1～图 19-4。

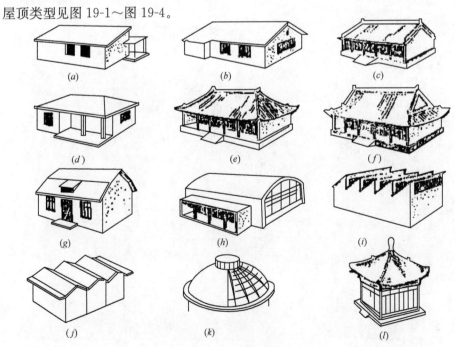

图 19-1　一般屋顶类型

（a）单坡；（b）双坡（悬山）；（c）双坡（硬山）；（d）四坡顶；（e）庑殿；（f）歇山；
（g）双拆式；（h）拱形；（i）锯齿形；（j）折板屋顶；（k）肋环网壳屋顶；（l）四攒尖顶

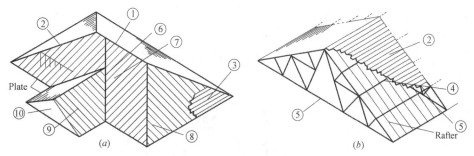

注：①正脊；②斜脊；③屋面板（望板）；④檩子；⑤屋架；
⑥斜沟主椽；⑦斜沟支椽；⑧斜脊支椽；⑨普通椽；⑩端山墙

图 19-2　木屋顶

（a）木结构屋顶；（b）木房顶的屋架、檩、椽、望板布置情况

图 19-3　单层悬索屋顶（北京工人体育馆）

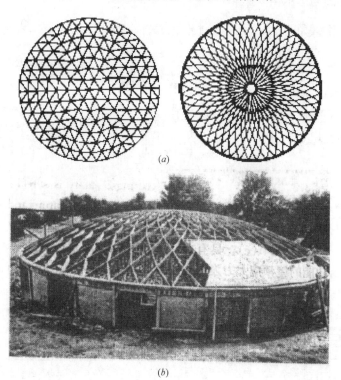

图 19-4

（a）圆顶薄木网架俯视图案与交接；（b）圆顶薄木网架结构例子

235

我们将重点讨论 RC 平顶。

3) 钢筋混凝土平屋顶（坡度 $l \leq 10\%$）

屋顶构造有繁简之分，RC 平屋顶是最广泛采用的一种形式，它由三个基本部分组成：承重、绝热、防水层。旧法是防水二毡三油绿豆砂（图 19-5a），热毒施工缺点大，污气、伤人不环保，新法取代旧法是必然趋势。

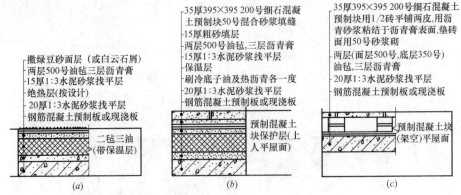

图 19-5　老法施工 RC 平屋顶（单位 mm）

新法中，新卷材、新涂料，施工时常温，无毒，保安全。

上人屋顶应加硬质铺面，空铺更比实铺保温隔热效果好（图 19-5b、c）。具有多能转换和屋面种植功能的屋顶应大力发展。

19.1.2　屋顶剖面与排水

屋顶剖面与排水如图 19-6 所示。排水方式有两种，即水落管排水与自由落水。水落

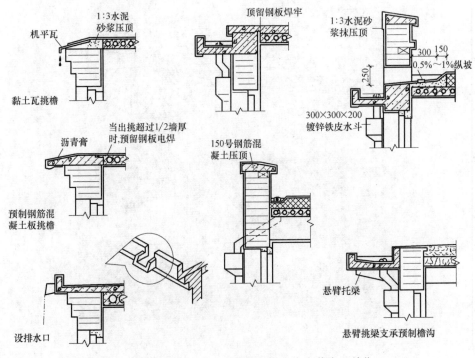

图 19-6　屋面排水方式——水落管排水和自由落水（单位 mm）

管排水屋面设计见图 19-7。

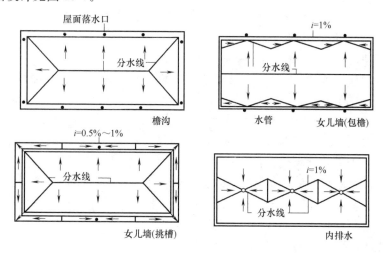

图 19-7 屋顶水落管排水设计

两种排水方式的比较：

1）自由排水好

自由落水的优点是组件简、施工易、排水畅、渗漏少、造价低、管理工作少。自由落水的优点恰好就是有水落管排水的缺点。

2）两个传统观点应予纠正

（1）传统观念称有水落管排水为有组织排水，自由落水为无组织排水，此观念不妥。因为不用水落管排水并不意味着不去组织（设计）排水。屋面排水即使不用水落管，但究竟是采用一坡排水、两坡排水还是四坡排水，设计者必须进行组织（设计）并用屋面图表示出来，这就是在组织排水。所以不管用水落管还是自由落水都是有组织排水。

（2）依据传统观念，迄今仍在很多书籍及设计文件中对自由落水采取否定的态度，如规定：

① 年降雨量＞900mm，檐口离地高 5～8m；

② 年降雨量＜900mm，檐口离地高 8～10m，方可采用自由落水。这实际上等于扼杀了自由落水，并使全国每年浪费几十亿元人民币用于有水落管排水。这种排水方式如前所述，缺点甚多，如排水不畅、易渗漏，组件多，施工难，造价高，管理工作多。

为什么传统观念对自由落水持否定态度呢？据调查，有下列误解，传统观念认为：

① 自由落水易受风吹击墙面，并污染墙面；

② 自由落水会损伤散水；

③ 自由落水自散水面回溅，水污染勒脚墙；

④ 滴水掉头上，使人难受；

⑤ 寒冷地区，檐口冰柱砸伤行人。

通过实际观察和科学试验，证实檐口滴水不会撞墙！

① 吹纸试验。如图 19-8 所示，手指夹一张薄信纸于口部下方，纸自然下垂，口向前吹风，纸会向上飘起，这是什么原因呢？

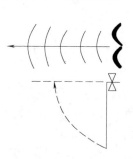

图 19-8 吹纸试验

根据流体力学原理，未吹风时，纸面前后受到的静压能（大气压）是相等的。口吹风时，纸面前空气产生流动，使原静压能变为动能，纸的前表面静压能小于纸面后方的静压能，于是纸就被抬（吸）起来了。

结论：在流体运动中，物体必向流速大的一侧移动。

观察实际现象与试验均证实：风吹向墙面时，檐口自由落水不仅不会被风吹击墙面，反而会偏离墙面。图 19-9（a）为风吹过建筑物的动态图。迎风面，接近墙面处，风将转向，变得愈近墙面气流愈平行于墙面，这表明垂直于墙面的风速越近墙面越小，最后为零。风向平行于墙面区域称边界区，如图 19-9（a）2-2 至 3-3 区。原因 1：檐口自由落水在边界区内下落将受不到垂直吹向墙面的风推力作用；原因 2：图 19-9（b）表示檐口下落水滴外侧流速 V0 大于其内侧流速 Vi，故水滴将向外（偏离墙面）移动；原因 3：檐口水在脱离檐口下落的瞬间还会受到气流向上、向外绕檐而过的外推作用。上述就是迎风面檐口自由落水不仅不会吹击墙面，反而会偏离墙面的原因。

背风面如图 19-9（a）所示，檐口水处于负压区，将被吸离墙面。

② 观察使用 20 多年以上的混凝土散水，三层楼高在自由落水撞击下有一条浅色滴水带区，个别处有 1～1.5mm 的深痕，凡卵石面上均无任何撞痕。可见混凝土散水的耐久性是足够的。

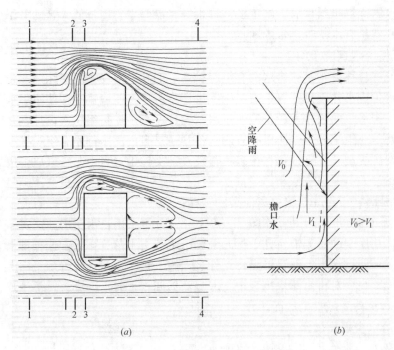

图 19-9　风绕房屋及檐口水下落动态

③ 经观测多处多层建筑物自由落水，并用自来水（自三楼冲击散水相当于几十层高楼滴水冲击）试验，散水面回溅水高均不超过 650mm。故从保护勒脚墙看，勒脚抹灰 700mm 高已足够了。

④ 散水不是人行道，雨天有人偶在散水上行走受自由落水滴湿乃是偶然的现象，不能作为否定自由落水的科学依据。

⑤ 冷区冬季檐口冰柱砸人事件，迄今未闻一实例（即使有，那也是极偶然的事）。冰柱只会在暖季来临时在阳光及暖气流作用下融化成水滴滴落，不会整截冰柱或冰块掉落、除非有撞击力作用。

结论

（1）淋湿墙面的是天空降雨在惯性作用下击穿边界层所致，不是檐口自由落水。设想，檐口水淋湿并污染墙面而设立水落管是一种欠缺科学考量的浪费。

（2）应大力推广自由排水，不仅效率好，每年可节约几十亿元资金，还有利于散水种植，并消除湿陷和湿胀地区水落管不均匀排水引起房屋不均匀下沉。

（3）出入口处不用自由落水。

（4）屋面、阳台、雨篷等建筑构件排水无论有管或无管都是有组织排水。中国古典建筑如歇山、庑殿屋顶都没有水落管，但均是井井有条的有组织排水。

19.2 建筑夏季防热

19.2.1 建筑夏季传热途径

图 19-10 所示为建筑物夏季的传热途径。

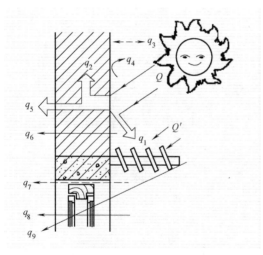

Q——投射到屋顶和墙上的太阳辐射热；

q_1——反射热；

q_2——吸收热；

q_3——建筑物与周围环境辐射换热；

q_4——对流换热；

q_5——透过热；

q_6——室内外温差得热；

q_7——隙缝进热；

q_8——窗两侧温差得热；

q_9——通过窗户的透射热；

Q'——投射到窗户上的太阳辐射热。

图 19-10 建筑物夏季的传热途径

19.2.2 如何减少夏季得热

1）反射

思考：

（1）白色与铝箔，哪个反射太阳辐射热好？

（2）用反射防钢厂热钢锭的辐射，白色与铝箔那个好？

参见表 19-1。

α 为建筑材料的吸收率，ε 为建筑材料的发射率。

表中分别为长波和短波的 α 值, 在同样波长时, α=ε, 而反射率 ρ 可由此算出: ρ=l-α。

长波和短波的 α 值   表 19-1

材　料	α 值	
	长　波	短　波
黑色表面(非金属)	0.90~0.98	0.85~0.98
红砖、瓦、锈钢	0.85~0.95	0.65~0.80
黄或浅黄砖、石	0.85~0.95	0.50~0.70
米色砖,浅色	0.85~0.95	0.30~0.50
发亮白涂料	0.85~0.95	0.15~0.20
发亮铝漆	0.40~0.60	0.20~0.30
发暗铝金属、镀锌钢材	0.20~0.30	0.40~0.65
高抛光金属铬、铝	0.20~0.40	0.05~0.15

思考:

① 冷藏库屋顶与外墙外表面用什么材料做装饰好?

② 反射是可持续方法吗?

2) 通风

图 19-11 (a) 为通风屋顶几个剖面。图 19-11 (b) 为华南地区广州市一砖拱通风屋顶实例。

3) 阻存

阻存指某些物质具有强大的阻隔与储存热量的性能。

图 19-12 为用屋顶水池的水、屋顶种植的绿色植物和中国窑洞的土层作为阻存物质,以减少夏季室内得热的例子。

4) 遮阳

利用挑檐、墙面绿化可以遮阳。窗户可利用各种百叶遮阳。

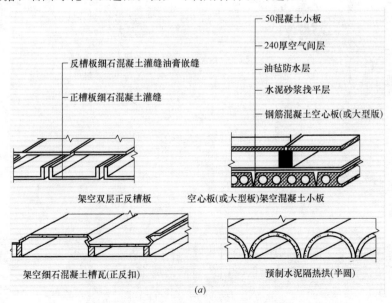

图 19-11 (a)　通风屋顶剖面 (单位 mm)

240

(b)

图 19-11 (b)　广州砖拱通风屋顶

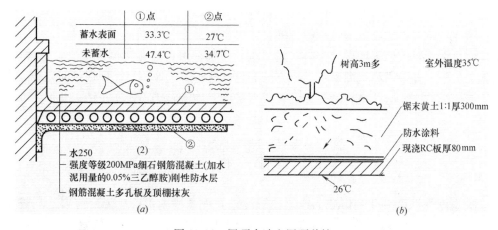

	①点	②点
蓄水表面	33.3℃	27℃
未蓄水	47.4℃	34.7℃

水250
强度等级200MPa细石钢筋混凝土(加水泥用量的0.05%三乙醇胺)刚性防水层
钢筋混凝土多孔板及顶棚抹灰

(a)

树高3m多　　室外温度35℃
锯末黄土1:1厚300mm
防水涂料
现浇RC板厚80mm
26℃

(b)

图 19-12　屋顶水池和屋顶种植
(a) 屋顶水池（重庆建大实验）；(b) 屋顶种植（我们的实验）

通过遮阳窗与无遮阳的 3mm 厚透明玻璃窗太阳进热之比定义为遮阳系数。不同窗户系统遮阳系数见表 19-2。

不同窗户系统遮阳系数　　　　　　　　　　　　　　　表 19-2

系　　统	遮 阳 系 数
标准 3mm 玻璃窗内侧(取决于颜色与遮挡范围)	1.00
深色,可卷百叶,半关到全关	0.80～0.90
中等颜色,可卷百叶,半关到全关	0.60～0.7
浅色,软百叶帘,半关到全关	0.45～0.55
铝箔反射软百叶,半关到全关	0.4～0.5
浅色织布帘	0.4

第20章 房屋变形与抗变形

地震、湿陷、湿胀以及温度变化是引起建筑变形的主要因素。为了防止这些变形对建筑的破坏，通常采用的构造措施就是在建筑上设置变形缝。

变形缝是保证房屋在季节、昼夜的温度变化、基础的不均匀沉降或地震时有一定的自由变形的能力，为防止结构破坏、墙体开裂而预先在建筑上留的竖向的缝。比如，由于建筑地基不均匀沉降、上部的荷载差异很大或建筑体形复杂等因素引起的地基变形需要设置沉降缝。

变形缝包括伸缩缝、沉降缝和防震缝。预留变形缝会使建筑的构造复杂，也不经济，又影响建筑美观，故在工程设计中应立足尽量不设缝。可通过验算温度应力，加强配筋、改进施工工艺（如分段浇筑混凝土）的方法避免设缝；对于地震区，可通过简化平、立面形式、增加结构刚度这些措施来避免设缝。当采取上述措施仍不能防止结构变形，在不得已情况下，才设置变形缝。

20.1 伸 缩 缝

建筑物因受温度变化的影响而产生热胀冷缩，在结构内部产生温度应力。当建筑物长度超过一定限度、建筑平面变化较多或结构类型变化较大时，建筑物会因热胀冷缩变形而产生开裂。为预防这种情况发生，沿建筑物长度方向每隔一定距离或结构变化较大处预留缝隙，将建筑物断开。这种因温度变化而设置的缝隙就称为伸缩缝或温度缝。

伸缩缝是将建筑基础以上的构件全部断开，在两个部分之间留出宽度适当的缝隙，以保证伸缩缝两侧的建筑构件能在水平方向自由伸缩。缝宽20～30mm。在有抗震设防要求的地区，伸缩缝的缝宽应达到防震缝的缝宽要求。

墙体上的伸缩缝一般做成平缝、错口缝、企口缝等截面形式，如图20-1。但地震地区只能用平缝。变形缝内的空隙要用材料填缝，变形缝的室内、外表面需采取盖缝构造措施，以保证墙体的保温、隔热、防水、隔声、防尘等围护功能和美观的要求。

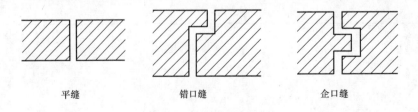

平缝　　　　　　　　错口缝　　　　　　　　企口缝

图20-1　砖墙伸缩缝的截面形式

20.2 沉 降 缝

沉降缝是为了预防建筑物各部分由于不均匀沉降引起的破坏而设置的变形缝。图 20-2 为沉降缝的设置位置。

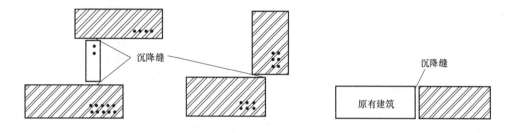

图 20-2 沉降缝设置部位

凡属下列情况时均应考虑设置沉降缝：

（1）同一建筑物相邻部分的高度相差较大，或荷载大小相差悬殊，或结构形式变化较大，易导致地基沉降不均匀时；

（2）当建筑物相邻部分的高度相差较大，或荷载大小相差悬殊，或结构形式变化较大，易导致地基沉降不均匀时；

（3）当建筑物建造在不同地基上，且难于保证均匀沉降时；

（4）建筑物体形比较复杂、连接部位又比较薄弱时；

（5）新建筑物与原有建筑物相毗连时。

沉降缝构造复杂，给建筑、结构设计和施工都带来一定的难度。因此，在工程设计时，应尽可能通过合理地选址、地基处理、建筑体形的优化、结构选型和计算方法的调整以及施工程序上的配合，如高层建筑与裙房之间采用设置施工后浇带的方法，避免或克服不均匀沉降，从而达到不设或尽量少设缝的目的。后浇带是在建筑施工中为防止现浇钢筋混凝土结构由于温度、收缩不均可能产生的有害裂缝，按照设计或施工规范要求，在基础底板、墙、梁相应位置留设临时施工缝，将结构暂时划分为若干部分，经过构件内部收缩，在若干时间后再浇捣该施工缝混凝土，将结构连成整体。

建筑物设置的沉降缝应从基础到屋顶全部断开，同时沉降缝也应兼顾伸缩的作用。故应在构造设计时时应满足伸缩和沉降双重要求。沉降缝的宽度随地基情况和建筑物的高度不同而定，可参见表 20-1。

沉降缝宽度 表 20-1

基础类型	建筑高度或层数	缝宽(mm)
一般地基	高度 <5m	30
	5~10m	50
	10~15m	70
软弱地基	层数 2~3层	50~80
	4~5层	80~120
	≥6层	>120
沉陷性黄土	—	≥30~70

沉降缝与伸缩缝最大的区别：伸缩缝需保证建筑物在水平方向的自由伸缩变形；而沉降缝应满足建筑物各部分在竖直方向的自由沉降变形。

20.3 防震缝

防震缝是将体形复杂的房屋划分为体形简单、刚度均匀的独立单元，以便减少地震力对建筑的破坏。

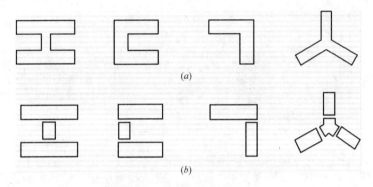

图 20-3　抗震缝的设置位置
(a) 对抗震不利的建筑平面形式；(b) 用抗震缝把建筑分割成独立建筑单元

多层砌体结构房屋有下列情况之一时，宜设防震缝，缝的两侧应设置墙体，缝宽应根据烈度和房屋高度确定，可采用 50～90mm。

多层砌体结构房屋设缝条件：

(1) 建筑立面高差在 6m 以上；
(2) 建筑有错层，且错层楼板高差较大；
(3) 建筑物相邻各部分结构刚度、质量截然不同。

钢筋混凝结构遇下列情况时，宜设置防震缝：

(1) 建筑平面中，凹角长度较长或凸出部分较多；
(2) 建筑有错层，且错层楼板高差较大；
(3) 建筑物相邻各部分结构刚度或荷载相差悬殊；
(4) 地基不均匀，各部分沉降差过大。

不同结构类型的建筑，防震缝的宽度不同，取值可参见表 20-2。

防震缝宽度　　　　　　　　　　　　　　　　　　　　　　　表 20-2

建筑类型	建筑高度 H	缝　宽
混合结构多层房屋	—	50～90mm
单层钢筋混凝土及砖柱厂房、空旷砖房	—	50～70mm
多层框架	H≤15m 时	70mm
	H>15m 时 缝宽在 70mm，基础上建筑高度增加缝宽相应增加	设计烈度 6 度，H 每增 5m，缝宽增 20mm
		设计烈度 7 度，H 每增 4m，缝宽增 20mm
		设计烈度 8 度，H 每增 3m，缝宽增 20mm
		设计烈度 9 度，H 每增 2m，缝宽增 20mm

防震缝的最小宽度取值应综合考虑建筑的结构类型、建筑高度和设防烈度的要求来确定。抗震缝应沿房屋全高设置，基础可不设抗震缝，但在抗震缝处应加强上部结构和基础的连接。建筑高度 H 不包括屋面突出的电梯间、水箱间高度。

伸缩缝、沉降缝应该满足防震缝的设计要求。一般情况下，建筑设置抗震缝时基础可不分开，按沉降缝要求的抗震缝应将基础分开。

20.4 变形缝处的结构处理

在建筑物设变形缝的部位，缝两边的结构要自成系统：

按照建筑物承重系统的类型，在变形缝的两侧设双墙或双柱。这种做法较为简单，但在设置沉降缝的情况，容易使缝两边的结构基础产生偏心。用于伸缩缝时，因为基础可以不断开，所以无此问题。

温度缝在建筑的基础部位不设，沉降缝在建筑的基础部位必须设，防震缝在建筑的基础部位宜设。

20.5 变形缝的盖缝构造

20.5.1 墙体变形缝构造

为防止外界自然条件对墙体及室内环境的侵袭，变形缝外墙一侧常用浸沥青的麻丝或木丝板及泡沫塑料条、橡胶条、油膏等有弹性的防水材料填充。当缝隙较宽时，缝口可用镀锌铁皮、彩色薄钢板、铝皮等金属调节片作盖缝处理。内墙可用具有一定装饰效果的金属片、塑料片或木盖条覆盖。所有填缝及盖缝材料和构造应保证结构在水平方向自由伸缩而不产生破裂，如图 20-4～图 20-6。

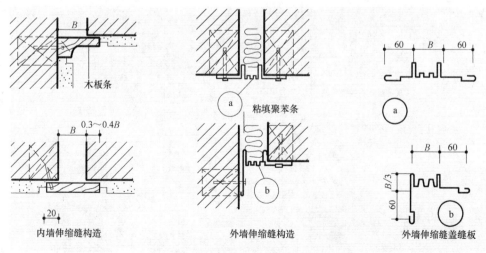

图 20-4 墙体伸缩缝构造（单位 mm）

图中：ⓐ、ⓑ为 24 号镀锌铁皮或 1mm 厚铝板。

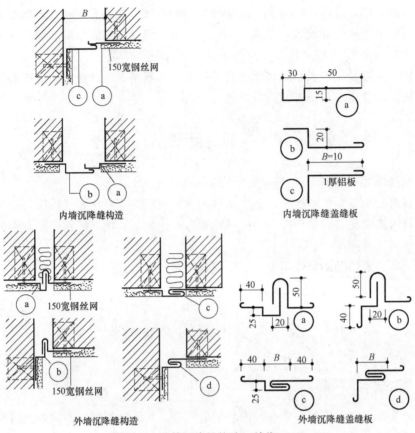

内墙沉降缝构造

内墙沉降缝盖缝板

外墙沉降缝构造

外墙沉降缝盖缝板

图 20-5 墙体沉降缝构造（单位 mm）

图中：ⓐ、ⓑ、ⓒ、ⓓ为 24 号镀锌铁皮或 1mm 厚铝板。

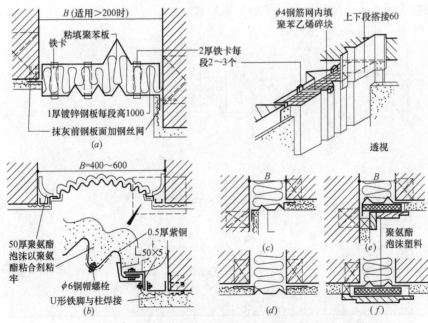

图 20-6 墙体抗震缝构造（单位 mm）

(a)、(b)、(c)、(d) 为外墙抗震缝，(e)、(f) 为内墙抗震缝

20.5.2 楼地板层变形缝构造

对于楼地板层，伸缩缝的位置、缝宽与墙体、屋顶变形缝一致。缝内常用可压缩变形的材料（如油膏、沥青麻丝、橡胶或塑料调节片等）做封缝处理，上铺活动盖板或橡、塑地板等地面材料，以满足地面平整、光洁、防滑、防水及防尘等功能，如图20-7。

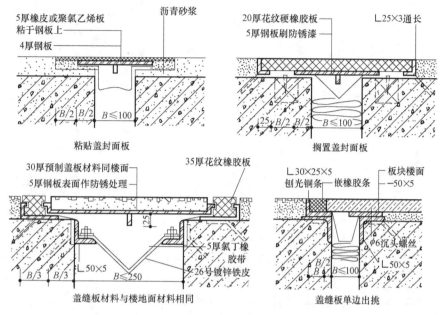

图 20-7　楼面变形缝构造（单位 mm）

楼板变形缝下表面的盖缝构造一般与墙面变形缝的室内盖缝构造保持一致，要求美观。传统做法，常采用木板单侧固定，面涂乳胶漆。近些年在一些建筑的公共区域也常见采用铝合金或铝塑复合板等板材盖缝，如图20-8。

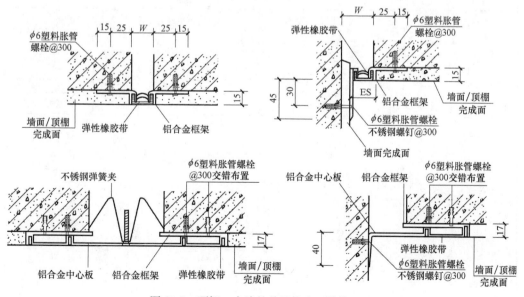

图 20-8　顶棚、内墙的盖缝构造（单位 mm）

20.5.3 屋面变形缩缝构造

对于屋面变形缝，防水是关键。防水构造必须满足屋面防水相关的规范要求（图20-9）。

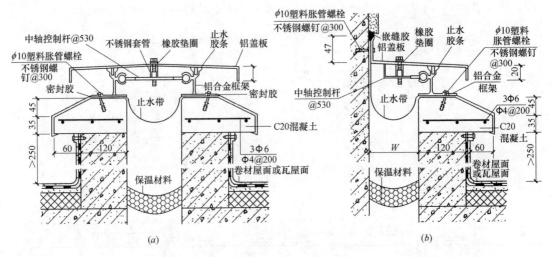

图 20-9 屋面变形缝构造（单位 mm）

(a) 等高屋面盖缝构造；(b) 不等高屋面盖缝构造

20.5.4 伸缩缝、沉降缝和防震缝的关系

伸缩缝、沉降缝和防震缝在构造上有一定的区别，但也有一定的联系。三种变形缝的比较见表20-3。

三种变形缝比较   表 20-3

缝的类型	伸缩缝	沉降缝	防震缝
对应变形原因	因温度产生的变形	不均匀沉降	地震力
墙体缝的形式	平缝,错口缝,企口缝	平缝	平缝
缝的宽度(mm)	20～30	见表21-1	50～100
盖缝板允许变形方向	水平方向自由变形	垂直方向自由变形	水平与垂直方向自由变形
基础是否断开	可不断开	必须断开	宜断开

第 21 章 建筑表面处理

21.1 为什么要处理建筑表面及建筑表面处理的要求

万事万物都需要表面处理，动物的皮毛脱换、求偶展美（例如孔雀开屏）；植物叶片的秋黄红、冬枯落、春萌芽、夏浓绿；人类的洗、沐、护肤、穿衣、化妆；建筑的装饰及环境的美化等无不是表面处理。

为什么？为了各自的可持续发展。

建筑表面装饰材料具有装饰功能、保护功能及改善环境的功能。为了满足这些功能，建筑表面处理必须有利于改善声、光、热、电环境以及满足安全、防水、防火、防电、防辐射、防腐、防虫害、耐酸碱、耐污染、耐久、美观（色彩、肌理、质感、尺度、纹理、材质选择、视觉效果、环境影响、文化因素等）、经济等要求，要使眼、耳、鼻、舌、身、皮、脑全感官达到美感、卫生、安全。例如，在美术馆观看画展，如果热环境不好，室内闷热，让人感觉口干舌燥；或者声环境不好，噪声很大；都使人难以安心领略艺术品的美感。建筑表面处理的材料严禁使用致癌、有毒、过敏、窒息等有毒材料。

21.2 建筑表面处理方法

21.2.1 墙面

①清水墙勾缝（图 21-1）。勾缝砂浆为水泥砂浆，体积比为 1∶1。②水刷石（参见光盘）；③瓷砖饰面；④混凝土；⑤油漆或喷漆；⑥块石贴面（花岗岩、大理石、人造石，图 21-2，图 21-3）；⑦陶瓷块材饰面（图 21-4）；⑧雕塑；⑨LED 屏幕；⑩壁画；⑪彩色弹涂；⑫墙面抹灰（参见光盘）；⑬斩假石；⑭玻璃幕墙；⑮土蛋饰面；⑯挂轴；⑰无毒彩色塑料布贴面；⑱投影；⑲剪纸；⑳木护壁（图 21-5）；㉑墙面绿化（图 21-6）；㉒墙面防水处理（图 21-7）。

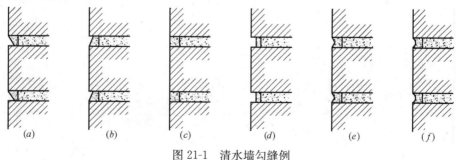

图 21-1 清水墙勾缝例

（a）倒斜缝；（b）斜水缝；（c）平缝；（d）平凹缝；（e）V 形缝；（f）弧凹缝

21.2.2 地层及楼层表面

①现浇混凝土地面；②现浇水磨石地面（参见光盘）；③预制混凝土块地面；④预制水磨石地面；⑤马赛克（锦砖）铺面；⑥黏土砖地面；⑦土地面；⑧木地面（多种图案，图 21-8）；⑨铸铁板地面；⑩菱苦土地面（菱苦土浆加木屑拌成，表面可油漆）；⑪撞击不起火花地面（石灰石、白云石、沥青、橡胶、塑料、木材、铜、铅、铝地面）；⑫耐酸地面［硅酸钠（水玻璃）混凝土、沥青混凝土、沥青砂浆等］；⑬橡胶地面（参见光盘）；⑭自然草地面；⑮石材地面（花岗岩、大理石）；⑯屋顶绿化（图 21-9）；⑰吊顶；⑱普通顶棚，如抹灰顶棚；⑲贴饰面；⑳喷饰面；㉑中国藻井天花；㉒吊饰。

推荐外墙外表面用清水墙勾缝加墙面绿化（散水爬藤绿化，挑檐轻质种植绿化），热季绿叶遮挡墙面，进热少；冷季叶片枯落，但其枝藤仍攀附在墙面上，可减少对流散热。故墙面绿化有节约冬供暖、夏制冷能耗的效益，达到节能减排的效果。

21.3 传统材料在现代建筑表面处理中的应用

很多传统材料如砖、石、瓦、陶、土、木、树皮、秸秆等传统生态材料在现代建筑中的应用具有造价低、取材易、施工方便等优点。随着时代的发展和人们审美水平的改变，传统装饰材料逐渐退出历史舞台，但是近几年一些优秀的案例在建筑处理时又采用传统的材料和现代工艺结合，使传统材料又焕发出新的生命力。

图 21-2～图 21-9 为一些建筑表面装饰材料的装修构造示例。

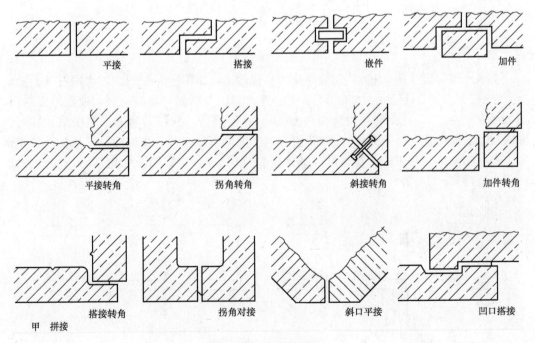

图 21-2 块石贴墙面

250

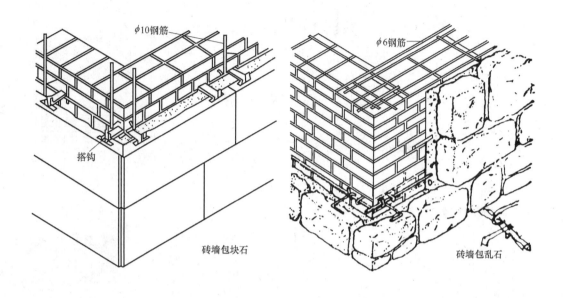

砖墙包块石 砖墙包乱石

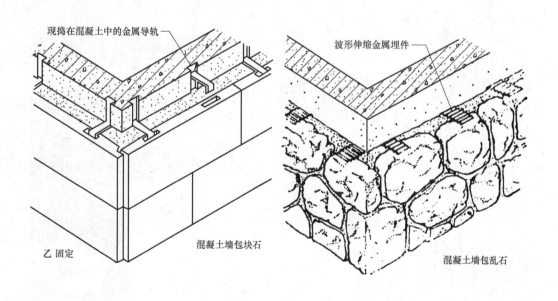

混凝土墙包块石 混凝土墙包乱石

图 21-2　块石贴墙面（续）

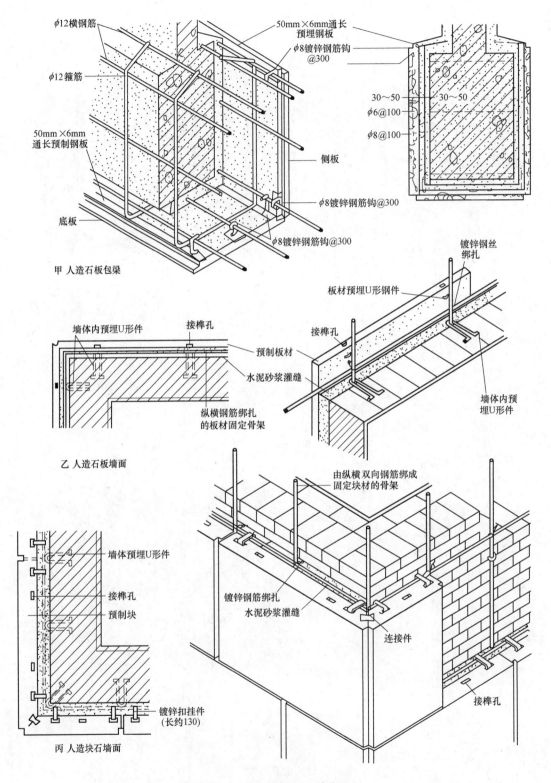

图 21-3 人造石贴墙面（单位 mm）

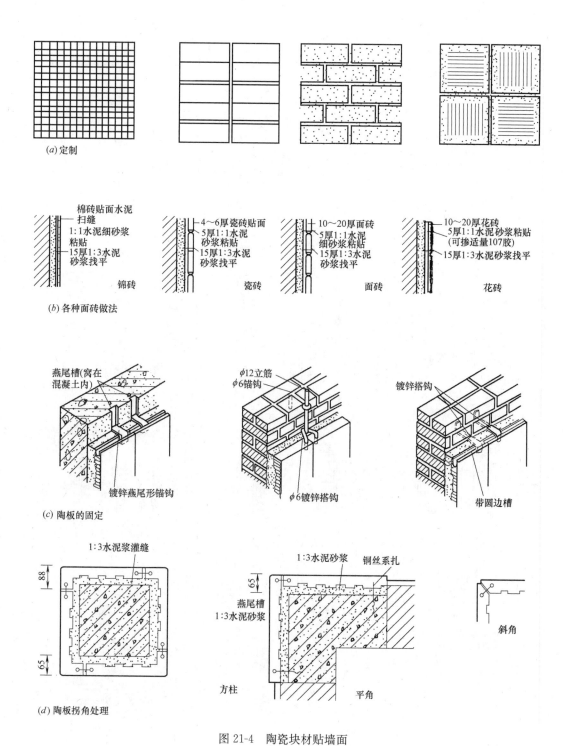

(a) 定制

(b) 各种面砖做法

(c) 陶板的固定

(d) 陶板拐角处理

图 21-4　陶瓷块材贴墙面

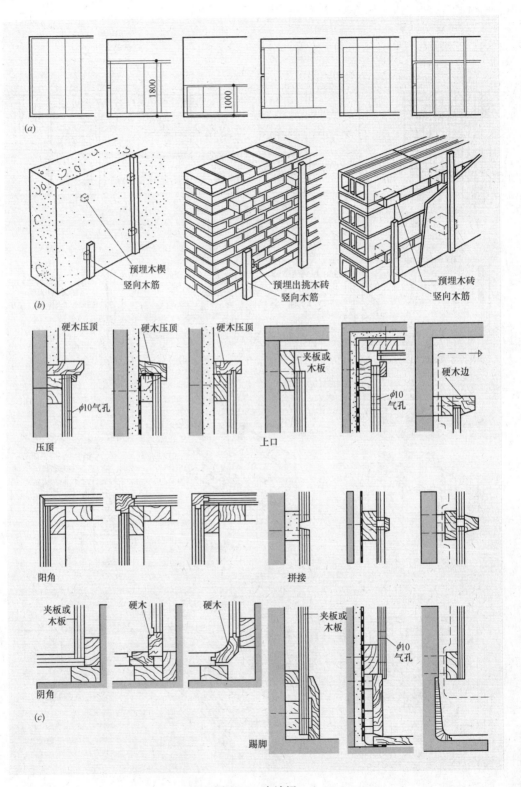

图 21-5 木墙裙

(a) 木护壁形式；(b) 与墙的固定；(c) 各接点处理

(a)　　　　　　　　　　(b)　　　　　　　　　　(c)

图 21-6　墙面绿化

（a）攀爬类；（b）植生垫；（c）容器苗

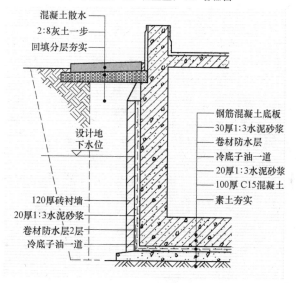

图 21-7　地下室墙面防水处理（单位 mm）

图 21-8　硬木拼花地板（单位 mm）

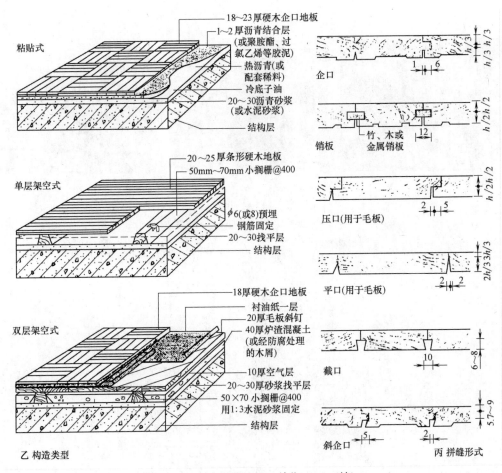

图 21-8 硬木拼花地板（单位 mm）（续）

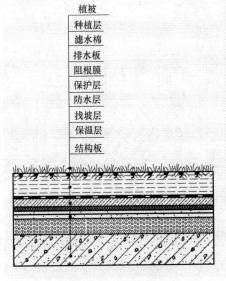

图 21-9 屋顶绿化剖面

第 22 章 厅堂音质

22.1 室内声音的形成和衰减

22.1.1 声形成与衰减

当一恒定声源在室内传播声音时,其产生的连续声波会向各个方向散播。声波撞击各种表面,部分被吸收,部分被反射。声源传出声能的速率与室内周围及所容纳的表面吸收声的速率相等时,该声的平均强度达到最大值并持续下去。若将声源切断,该室内声不会立即停止,而是被吸收逐渐衰减,这一现象示于图 22-1。

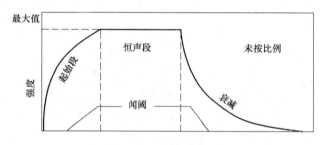

图 22-1 室内声的起始、延续与衰减

22.1.2 回声

当反射声可清楚地被听出对原声的重复,此反射声即为回声。反射声与回声的时间差大于 1/20s(50ms),音程差大于 17m,即 $(a+b-c)>50ms$(图 22-2),音强足够时会产生对原声重复的反射,即回声,如在山谷喊话就可产生回声。

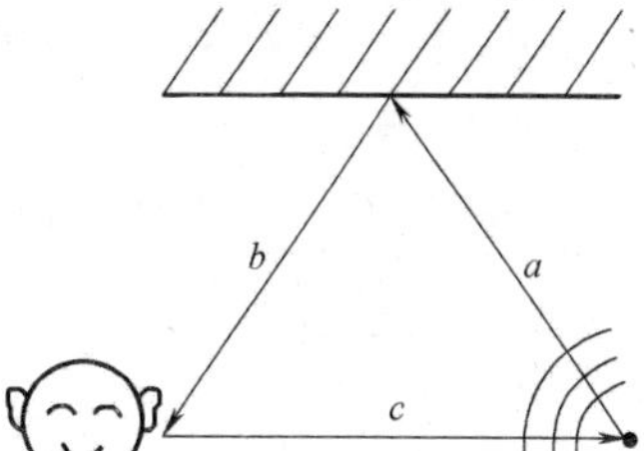

22.1.3 反射声

当两种声的时间差小于 1/20s(50ms),音程差小于 17m,即 $(a+b-c)<50ms$,则反射声有加强原声的效果。

图 22-2 回声与反射声的形成
c—直达声,a、b—反射声

22.2 混响与混响时间

混响声由来自墙、地面和顶棚的反射声形成的。演说或讲课用房间混响声应尽快消失，以免干扰清晰度。音乐厅、歌剧院要有一个合适的混响时间，以提高其厅堂音质。

混响时间 RT[①]

建筑声学中对 RT 的定义：当声源停声后，混响声衰减 60dB 所经历的时间秒数（即声源停声后从起始声压级衰减到其声压级的百万分之一所经历的时间秒数）。

建成的厅堂实测 RT：实测用混响声源手枪、爆竹、白噪声源。实测时，混响声源高于背景噪声 60dB。

待建厅堂可用赛宾（首先发现混响声并利用其改善厅堂音质的美国声学专家）公式估算。

混响时间估算公式：

$$RT = \frac{0.16V}{A}(s)$$

式中： RT——混响时间（s）；

V——厅堂容积（m³）；

A——总吸声量（m²）；

$$A = S_1 \alpha_1 + S_2 \alpha_2 + S_3 \alpha_3 + \cdots + S_n \alpha_n$$

S_1、S_2、S_3——室内各表面面积（m²）；

α_1、α_2，α_3——各表面吸声系数

$$a = \frac{未反射的声能}{入射声能}$$

例如：一教室长 20m，宽 10m，高 5m，$V = 20m$ 长×$10m$ 宽×$5m$ 高=$1000m^3$

项　目	面积（m²）	音频吸声系数 α			总吸声量(m²)		
		125Hz	500Hz	2000Hz	125Hz	500Hz	2000Hz
RC 顶棚	200	0.02	0.03	0.04	4	6	8
砖墙抹灰	270	0.02	0.03	0.04	5.4	8.1	10.8
玻璃黑板	9	0.01	0.01	0.02	0.09	0.09	0.18
木框玻璃	15	0.35	0.18	0.07	5.25	2.7	1.05
木框玻门	6	0.35	0.18	0.07	2.1	1.08	0.42
水磨石地面	64	0.01	0.02	0.02	0.64	1.28	1.28
学生 200 占地(教师 1 人未计,考虑有缺席)	136	0.27/人	0.37/人	0.54/人	54	71	108
					71.48	93.25	129.73

$(RT)_{125} = 0.16V/A = 0.16×1000/71.48 = 2.24$（s）

$(RT)_{500} = 0.16V/A = 0.16/93.25 = 1.72$（s）

$(RT)_{2000} = 160/129.73 = 1.23$（s）

教室为保证清晰度，$RT = 1 \sim 1.1s$ 为宜。故上述 RT 均过长，应采用吸声措施改善。

---

① RT——混响时间，是 Reverberation Time 的缩写。

22.3 吸　　声

吸声就是声能通过材料的空隙产生摩擦，将声能转化为热能的过程。每 1m² 表面积的吸声能力用吸声系数 α 表达。即通过 1m² 窗洞的吸声系数 α ＝未被反射声能/入射声能＝100%。几种常见的建筑表面吸声系数如下：

22.3.1　常见建筑表面吸声系数 （α）

常见的建筑表面吸声系数　　　　　　　　　表 22-1

表　　面		频　　率		
		125Hz	500Hz	2000Hz
混凝土	磨光表面	0.01	0.06	0.09
砖砌体	磨光砖表面	0.01	0.06	0.09
水磨石	磨光表面	0.01	0.02	0.02
纤维板	实贴	0.05	0.15	0.30
	有空气层	0.30	0.30	0.30
石膏板	有空气层	0.30	0.05	0.07
玻璃	平板玻璃	0.20	0.40	0.02
玻璃窗	有框玻璃窗	0.35	0.18	0.07
胶合板	有空气层	0.30	0.15	0.10
帷幕		0.03	0.10	0.30

对于音乐厅、歌剧院等 RT 比教室、演讲厅就要适当延长，对厅堂音质会大有改善。世界著名观演厅声学数据（含 RT）如下：

22.3.2　某些著名观演厅声学数据

以下所给混响时间是对中频而言，并假设观众满座。

名　　称	体积（m³）	听众容量	每位听众占有的容积（m³）	混响时间（s）
音乐厅 阿姆斯特丹音乐厅（1887 年）	18700	2200	8.5	2.0
柏林交响乐团音乐厅（1963 年）	26000	2200	11.8	2.0
波士顿交响乐厅（1900 年）	18500	2600	7.1	1.8
莱比锡　牛斯格旺德荷观演厅（1886 年）	10600	1560	6.8	1.55
伦敦皇家音乐节音乐厅（1951 年）	22000	3000	7.3	1.47
纽约开纳奇音乐厅（1891 年）	24200	2760	8.8	1.7
纽约交响乐团音乐厅（1962 年）	24430	2640	9.3	2.0
昆士兰文化中心音乐厅	22000	2000	11.0	2.4
悉尼歌剧院音乐厅（1973 年）	25860	2700	9.6	2.1
悉尼市政厅（1890 年）	2300	2000	11.5	2.2

名　　称	体积(m³)	听众容量	每位听众占有的容积(m³)	混响时间(s)
维也纳格罗色尔音乐厅(1870 年)	15000	1680	8.9	2.05
歌剧院 伦敦皇家歌剧院(1858 年)	12240	2210	5.5	1.1
米兰歌剧院(1778 年)	11250	2490	4.5	1.2
纽约大都市歌剧院(1883 年)	19500	3780	5.2	1.2
巴黎国家歌剧院(1875 年)	9960	2230	4.5	1.1
维也纳歌剧院 10660(1957 年)	10660	1940	5.5	1.3

注：以上各厅中，许多厅允许有站立的听众，上表听众容量一栏已经根据正式座位进行了修正。

22.4　常见吸声器

常见吸声器有三种：多孔吸声器、板片——空气层吸声器、亥姆霍兹或空腔共振吸声器。

22.4.1　多孔吸声器

玻璃棉、地毯、帘子、衣服等任何有连孔网络的物件都能通过摩擦将声能转化为热能。图 22-3 (a) 为一多孔吸声器剖面。图 22-3 (f) 为两种多空吸声器吸声曲线。由曲线可以看出，在多孔材料后设一道空气层可稍改善低频段吸声。多孔材料如泡沫树脂，其内部微孔互不相通，一般吸声频率都不高。多空吸声器若被油漆涂层覆盖，吸声效率将大为降低。

22.4.2　板片——空气层吸声器

图 22-3 (b) 为一板片——空气层吸声器剖面。图 22-3 (g) 为两种板片——空气层吸声器吸声曲线，虚线为两层沥青油毡——空气层——多孔材料——固体基层吸声器的吸声曲线；实线为层合板——空气层——多孔材料——固体基层吸声器吸声曲线。由曲线可看出，在低频段 100Hz 附近有吸声高峰产生，这是由于入射声频与吸声器产生吻合共振所致。

22.4.3　亥姆霍兹或空腔共振吸声器

图 22-3 (c) 为亥姆霍兹或空腔共振吸声器剖面，这是一种较广泛采用的一种穿孔板后夹空气层安装在固体基层上的空腔共振吸声器。图 22-3 (h) 为两种亥姆霍兹吸声器吸声曲线，实线——1 为穿孔板后有多孔材料如玻璃棉的吸声曲线，虚线——2 为穿孔板后夹空气层的吸声曲线。由曲线可以看出：穿孔板后夹玻璃棉的吸声效率比夹空气层的吸声效率高很多。这是因为玻璃棉联通网络多使入射声能摩擦网络壁，将声能转化为热能的概率多所致。由曲线可以看出，入射声能频率在 1000Hz 附近会引起该空腔共振吸声器吻合共振产生吸声高峰。

常用亥姆霍兹吸声器共振频率 (f_0) 可按下式估算：

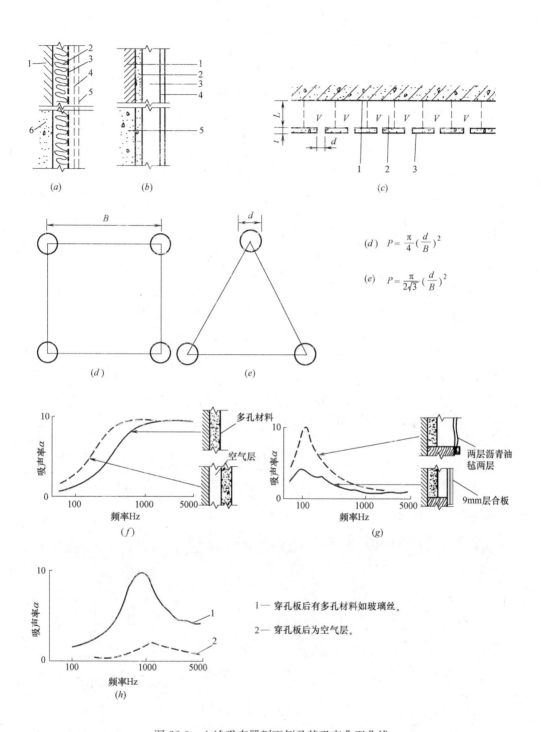

图 22-3　上述吸声器剖面例及其吸声典型曲线

(a) 多孔吸声器；1—砖墙；2—玻璃丝（2～5cm）；3—穿孔板；4—金属或塑料纱窗；5—冲孔薄金属片；6—混凝土墙。(b) 板材—空气层吸声器；1—砖墙；2—抹灰；3—空气间层；4—板材（4～9mm）；5—混凝土墙。(c) 亥姆霍兹或空腔共振吸声器；1—RC 楼板；2—空气层（5～20cm）；3—穿孔板，t—板厚 4～6mm；d—圆孔直径 6～8mm；L—空气层（空腔）厚 5～20cm；B—孔距，一般取 20mm；P—穿孔率，即穿孔面积比总面积，(d)、(e) 为计算方法。

261

$$f_0 = \frac{V}{2\pi} \sqrt{\frac{P}{L(t+\delta)}} \quad (\text{Hz})$$

式中：V——空气中声速 34000cm/s；

δ——修正系数，设圆孔直径为 d，则 $\delta = 0.8d$；

L——穿孔板后空气层厚（cm）；

t——穿孔板厚（cm）；

d——穿孔直径（cm）；

P——穿孔率＝穿孔面积/全面积

举例：如图 22-3（c）设 $L=10$cm，$d=0.8$cm，$B=2$cm，$t=0.4$cm，圆孔按正方形排列，求其共振频率 f_0。

[解]：首先求共振频率穿孔率

$$P = \frac{\pi}{4}\left(\frac{d}{B}\right)^2 = \frac{3.14}{4}\left(\frac{0.8}{2.0}\right)^2 = 0.125$$

于是，

$$f_0 = \frac{V}{2\pi}\sqrt{\frac{P}{L(t+\delta)}} = \frac{34000}{2\times 3.14}\times\sqrt{\frac{0.125}{10\times(0.4+0.8\times 0.8)}}$$

$$= 594\text{Hz}$$

由 f_0 公式可知，可用调整 L、t、P 对应 f_0。例如现场有某一声频声 594Hz，干扰厅堂音质，则可调整 L、t、P（最易实行的是调整穿孔率 P）使其空腔共振频率 f_0 达到 594Hz，可求得 $P=0.125$，即可消除该 594Hz 声频对厅堂音质的干扰。

22.5　其他吸声体

22.5.1　空间或立体吸声体

空间吸声体具有用料少、重量轻、吸声效率高、布置灵活、施工方便的特点，有折板、方块、柱体、圆锥和球体等多种形状（图 22-4）。

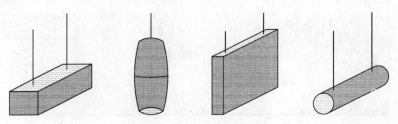

图 22-4　空间或立体吸声体

用穿孔材料（金属薄片，塑料片、窗纱等）做成的立体空腔内填矿棉、玻璃丝、超细玻璃棉等悬挂在设计所定空间，即成空间或立体吸声体。

22.5.2　可变吸声体

可变吸声体是运用室内不同吸声材料面积的变化和调整来改变吸声面积，从而调整

RT 时间，如图 22-5 所示。

可变吸声体可以结合厅堂室内设计造型，形成多种形式的吸声和装饰效果，见图 22-6。

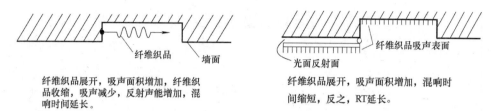

纤维织品展开，吸声面积增加，纤维织品收缩，吸声减少，反射声能增加，混响时间延长。

纤维织品展开，吸声面积增加，混响时间缩短，反之，RT延长。

图 22-5　可变吸声体

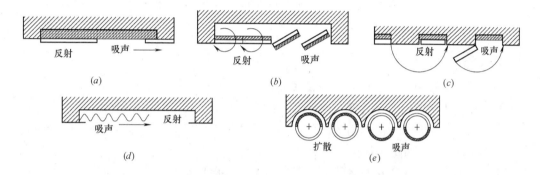

图 22-6　多种形式可变吸声体

（a）平移式；（b）旋转式吸声板；（c）铰链式；（d）伸缩式；（e）旋转式圆柱体

第 23 章　建筑设备设计基础知识

23.1　给排水设计基础知识

建筑给水的任务是将室外给水引入室内，在满足用户对水质、水量、水压等要求的前提下，把水送到用户。建筑排水系统的任务是将室内的污、废水排至室外的市政排水系统。

23.1.1　建筑给水

建筑给水又称建筑内部给水，也称室内给水，包括生活给水系统、消防给水系统和热水供应系统等。建筑给水应选择使用经济、合理、安全、先进的给水系统，将水自城镇给水管网输送到生产生活和消防用水设备，以满足各用水点对水质、水量和水压的要求。

1）室内给水系统的分类

室内给水系统的任务是解决建筑物内部的用水问题。室内给水系统分以下三类：

（1）生活给水系统

生活给水系统供给人们饮用、盥洗、淋浴、烹饪等生活用水，水质必须符合国家规定的饮用水标准。

（2）生产给水系统

生产给水系统供给生产设备冷却、原料和产品的洗涤，以及各类产品制造过程中所需的生产用水。

（3）消防给水系统

消防给水系统供给各类消防设备灭火用水。其水质低于饮用水标准，但必须保证足够的水量和水压。

2）室内给水系统的组成：

建筑室内给水系统一般由引入管、给水管道、给水附件、给水设备、配水设施和计量仪表等组成（图 23-1）。

（1）引入管是建筑物的总进水管，是城市给水管网（配水管网）与建筑给水系统的连接管道，又称进户管；是从室外给水管网的接管点引至建筑物内的管段。

（2）水表节点是安装在引水管上的水表及其前后设置的阀门和泄水装置的总称。

（3）给水管道包括干管、立管、支管、分支管。

（4）配水设施是配水龙头或生产用水设备或室内消防设备。

（5）给水附件包括各种阀门、水锤消除器、过滤器、减压孔板的管路附件。

（6）升压和贮存设备包括水泵、水箱或气压装置及贮水池等。

3）给水方式

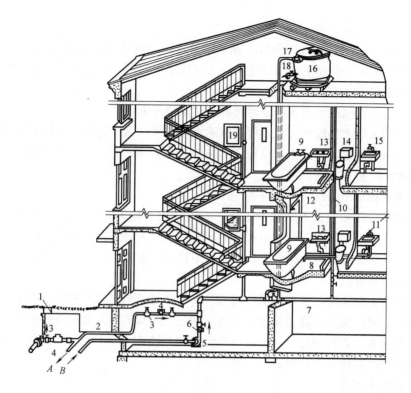

图 23-1　建筑室内给水系统

1—阀门井；2—引入管；3—闸阀；4—水表；5—水泵；6—逆止阀；7—干管；8—支管；9—浴盆；
10—立管；11—水龙头；12—淋浴器；13—洗脸盆；14—大便器；15—洗涤盆；16—水箱；
17—进水管；18—出水管；19—消火栓

给水方式指根据建筑物的性质、高度、配水点的布置情况以及室内所需水压、室外管网水压和水量等因素而决定的给水系统的布置形式。给水方式有以下种类：

（1）直接给水方式

由室外给水管网直接供水。适用于室外给水管网水压、水量，在一天内任何时候都能满足用户要求时采用（图 23-2）。

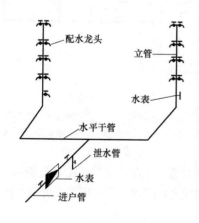

图 23-2　直接给水方式

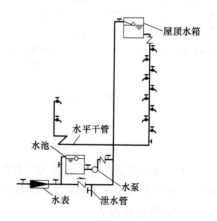

图 23-3　设水箱、水泵的给水方式

（2）设水箱的给水方式

当一天内室外管网压力大部分时间能满足要求，仅在用水高峰时刻，由于用水量增加，室外管网中水压降低而不能保证建筑的上层用水时，可采用此方式（图23-3）。

（3）设水泵的给水方式

宜在室外给水管网的水压大部分时间不足时采用此方式。

当建筑内用水量大且较均匀时，可用恒速水泵供水；当建筑内用水量不均匀时，宜采用一台或多台水泵变速运行供水，以提高水泵的工作效率。系统中一般尚需设置贮水池，直接从外网抽须经批准（图23-3）。

（4）设水泵和水箱的联合给水方式

室外管网压力经常性或周期性不足，室内用水很不均匀时，可采用此方式。其优点是：水泵能及时向水箱供水，可缩小水箱的容积，又因为有水箱的调节作用，水泵的出水量稳定，能保持在高效区运行。同样该系统一般设置贮水池，水泵从贮水池抽水。

（5）分区给水方式

城市供水压力只能满足下部几层的用水，上部楼层设水泵和水箱联合供水，形成上下分区供水系统。分区常见于高层建筑，室外管网的压力只能满足低层用户的用水，无法供应高层用户的用水，必须进行分区。可以是低层用户由室外管网供水，高层由水箱供水。也可以是全部由水箱供水，注意减压（图23-4）。

（6）气压给水方式

气压给水方式即在给水系统中设置气压给水设备，利用该设备的气压水罐内气体的可压缩性，升压供水。气压水罐的作用相当于高位水箱，但其位置可根据需要设置在高处或低处。该给水方式宜在室外给水管网压力低于或经常不能满足建筑内给水管网所需水压，室内用水不均匀，且不宜设置高位水箱时采用（图23-5）。

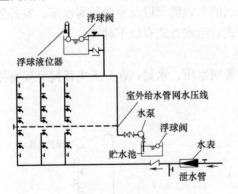

图23-4 分区给水方式

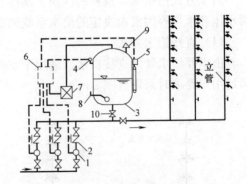

图23-5 气压给水方式

1—水泵；2—止回阀；3—气压水罐；4—压力信号器；
5—液位信号器；6—控制器；7—补器装置；8—排气阀；
9—安全阀；10—阀门

气压给水方式的优点：设备可以设在建筑物的任何位置，水质不易受污染，投资省，建设周期短，便于自控。气压给水方式的缺点：给水压力波动大，管理运行费用高，可调节性小。

（7）分质给水方式

分质给水方式是根据不同用途所需的不同水质，如生活饮用水（饮用水、盥洗与沐浴)、生活杂用水(冲洗便器、绿化、洗车、扫除等用水),不同水质应分别设置独立的给水系统。

23.1.2 建筑排水

1) 建筑内排水系统的分类

建筑排水系统的任务是将室内的污、废水排至室外。其可分为两类:

(1) 生活排水系统

生活排水系统是排除居住建筑、公共建筑及工厂生活间的污、废水。有时,把生活排水系统又进一步分为排除冲洗便器的生活污水排水系统和排除盥洗、洗涤废水的生活废水排水系统。生活废水经过处理后,可作为杂用水,用来冲洗厕所、浇洒绿地和道路、冲洗汽车等。

(2) 工业废水排水系统

工业废水排水系统排除工艺生产过程中产生的污、废水。为便于污、废水的处理和综合利用,按污染程度可分为生产污水排水系统和生产废水排水系统。生产污水污染较重,需要经过处理,达到排放标准后排放;生产废水污染较轻,如机械设备冷却水。生产废水可作为杂用水水源,也可经过简单处理后(如降温)回用或排入水体。

2) 建筑内排水系统的组成

建筑内部排水系统一般由卫生器具和生产设备的受水器、排水管道、清通设备和通气管道组成,如图23-6。根据需要还可设污、废水提升设备和局部处理构筑物。

(1) 卫生器具和生产设备受水器

卫生器具是室内排水系统的起点,接纳各种污、废水,污、废水从卫生器具排出口经存水弯和器具排水管排入管道。

(2) 排水管道

排水管道包括器具排水管(存水弯)、排水横支管、立管、埋地干管和排出管。

(3) 清通设备

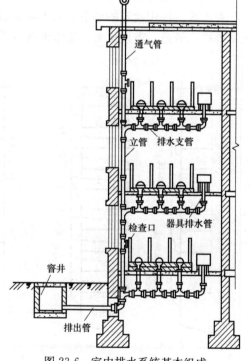

图 23-6 室内排水系统基本组成

为疏通排水管道,在排水系统内设检查口、清扫口和检查井。

在排水立管上及较长的水平管段上设检查口。规定在建筑物的底层和最高层必须设检查口外,其余每两层设一个。当排水管采用塑料管时,每6层设一个。检查口的设置高度一般距地面1.0m。

当悬吊在楼板下的污水横管上有2个及2个以上的大便器或3个及3个以上的卫生器具时,应在横管的起端设清扫口。

对于散发有毒气体或大量蒸气的工业废水排水管道,在管道转弯、变径、坡度改变和

267

连接支管处，可在建筑物内设检查井。为防止有毒气体外溢，在井内上下游管道之间由带检查口的短管连接。在直线管段上，排除生产废水时，检查井间距不宜大于30m，排除生产污水时，检查井间距不宜大于20m。

（4）通气系统

通气管的作用是：使污水在室内排水管道中产生的臭气和有毒气体能排到大气中去；使管道内在排污水时的压力变化较小并接近大气压，因而可避免卫生器具存水弯的水封遭破坏。

对层数不多的建筑，在排水支管不长，卫生器具数量不多的情况下，采取排水立管上部延伸出屋顶的通气措施。排水立管上延部分称为伸顶通气管。一般建筑内的排水管道均设通气管。仅设一个卫生器具或虽接有几个卫生器具但共用一个存水弯的排水管道，以及建筑物内底层污水单独排除的排水管道，可不设通气管。

对于层数较多或高层建筑，因卫生器具较多，排水量大，空气流动过程易受排水过程的干扰，须将排水管和通气管分开，设专用通气管道，如图23-7所示。

（5）污水提升设备

在工业与民用建筑的地下室和人防地道等地下建筑物中，卫生器具的污水不能自流排入室外排水管道，需设水泵，集水池等局部提升设备，将污水提升，排至室外排水管道。

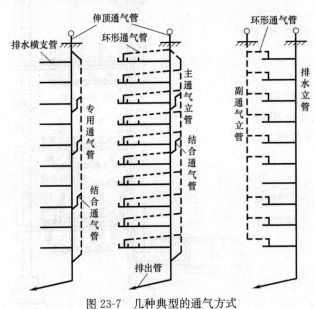

图23-7 几种典型的通气方式

（6）污水局部处理设备

当个别建筑内排出的污水不允许直接排入室外排水管道时（如呈强酸性、强碱性、含多量汽油、油脂或大量杂质的污水），则要设置污水局部处理设备，使污水水质得到初步改善后再排入室外排水管道。此外，当没有室外排水管网或有室外排水管网但没有污水处理厂时，室内污水也需经过局部处理后才能排入附近水体、渗入地下或排入室外排水管网。根据污水性质的不同，可以采用不同的污水局部处理设备，如沉淀池、除油池、化粪池、中和池及其他含毒污水的局部处理设备。

化粪池的主要作用是使粪便沉淀并发酵腐化，污水在上部停留一定时间后排走，沉淀在池底的粪便污泥经消化后定期清掏。尽管化粪池处理污水的程度很不完善，所排出的污水仍具有恶臭，但是在目前我国多数城镇还没有污水处理厂的情况下，化粪池的使用还是比较广泛的。化粪池可采用砖、石或钢筋混凝土等材料砌筑，其中最常用的是砖砌化粪池。

化粪池的形式有圆形的和矩形的两种，通常多采用矩形化粪池。为了改善处理条件，较大的化粪池往往用带孔的间壁分为 2～3 隔间。

化粪池多设置在庭院内建筑物背面靠近卫生间的地方。因在清理粪便时不卫生，有臭气，不宜设在人们经常停留活动之处。化粪池池壁距建筑物外墙不宜小于 5m，如受条件限制时，可酌情减少，但不得影响建筑物基础。化粪池距离地下取水构筑物不得小于 30m。池壁、池底应防止渗漏。

23.1.3 建筑给排水管材和卫生器具

1）管材及附件

室内的给水管道应选用耐腐蚀和安装方便可靠的管材，可采用塑料给水管、塑料和金属复合管、铜管、不锈钢管及经可靠防腐处理的钢管。埋地给水管应具有耐腐蚀和耐地面荷载的能力，可采用塑料给水管、有衬里的铸铁给水管和经可靠防腐蚀处理的钢管。建筑内排水管道应采用建筑排水塑料管。当排水温度大于 40℃ 时，应采用金属排水管或耐热塑料排水管。

（1）塑料管

近年来，给水塑料管的利用在我国取得很大进展，塑料管具有耐化学腐蚀、水流阻力小、重量轻、运输安装方便等优点。我国还开发兼有钢管和塑料管优点的钢塑复合管，和以铝合金为骨架、内外壁均为聚乙烯的铝塑复合管。其除具有塑料管的优点外，还有耐压强度好，耐热、可弯曲和美观的优点。

目前在建筑内使用的排水塑料管是硬聚氯乙烯塑料管（简称 UPVC 管）。具有重量轻、不结垢、耐腐蚀，外壁光滑、容易切割，便于安装，可制成各种颜色，投资省且节能等优点。但其也有强度低、耐温性差（使用温度为 -5～50℃）、立管易产生噪声、阳光下易老化、防火性能差等缺点。

（2）钢管

焊接钢管耐压、抗震性能好，单管长，接头少，且重量比铸铁管轻。其有镀锌钢管（白铁管）和非镀锌钢管（黑铁管）之分，前者防腐、防锈性能较后者好。无缝钢管较少采用，只有当焊接钢管不能满足压力要求时采用。

钢管连接方法有螺纹连接、焊接和法兰连接三种，为避免焊接镀锌层破坏，镀锌钢管必须用螺纹连接。

（3）铸铁管

铸铁管性质较脆，重量大，但耐腐蚀，经久耐用，价格低。给水铸铁管常用承插连接和法兰连接。

排水铸铁管由于不受水压，故管壁较薄，重量轻，是目前使用较多的排水管材，管径在 50～200mm 之间。排水铸铁管采用承插连接，承插口直管有单承口及双承口两种。

（4）铜管

铜管的优点是高强度，能经受高压，坚固耐用，可用于高层建筑供水管、消防管，适合输送热水，在标准高的公共建筑、高层建筑也可用作输送冷水。它可确保水质的纯净天然，不会有有害物质，抗锈能力强，抗老化，防腐蚀，热胀冷缩系数小，防火，抗高温环境，抗严寒气候，管配件易于连接。纯净的紫铜管能够杀灭水中的军团症等细菌，使用寿命长。缺点是价格较贵，软水可引起铜管内部锈蚀，出现"铜绿水"。铜管常用的连接方法有两种，即管配件丝扣连接和焊接。

（5）给水附件

给水附件分为配水附件和控制附件两大类。配水附件是指装在卫生器具和用水点的各式水嘴，用以调节和分配流量。控制附件用来调节水量、控制水流方向以及关断水流，如截止阀、闸阀、蝶阀、止回阀、浮球阀等。

（6）水表

水表是一种计量建筑物用水量的仪表。目前常用的是流速式水表。其工作原理为：水流通过水表推动水表盒内叶轮转动，其转速与水的流速成正比，叶轮轴传动一组联动齿轮，然后传递到记录装置，指示针即在标度盘上指出流量的累积值。

流速式水表按翼轮构造不同分为旋翼式和螺翼式两种。旋翼式的翼轮转轴与水流方向垂直，水流阻力较大，多为小口径水表，宜用于测量小流量。螺翼式的翼轮转轴与水流方向平行，阻力较小，适用大流量的大口径水表。

流速式水表按其计数机件所处状态又分干式和湿式两种。干式水表的计数件用金属圆盘与水隔开；湿式水表的计数机件浸在水里，在计数度盘上装一块厚玻璃（或钢化玻璃）用以承受水压。湿式水表机件简单，计量准确，密封性能好，但只能用在水中不含杂质的管道上，否则会影响其精确度。

选择水表是按通过水表的设计流量（不包括消防流量），以不超过水表的额定流量确定水表直径，并以平均小时流量的 6%～8% 校核水表灵敏度。对生活消防共用系统，还需要加消防流量复核，使总流量不超过水表的最大流量限值。

2）卫生器具

卫生器具是建筑内部排水系统的起点，用来满足日常生活和生产过程中各种卫生要求，收集和排除污、废水的设备。卫生器具的结构、形式和材料各不相同，应根据其用途、设置地点、维护条件和安装条件选用。

卫生器具一般要求不透水，耐腐蚀，耐磨损，表面光滑，便于清扫。常用材料有陶瓷、搪瓷生铁、塑料、水磨石、不锈钢、复合材料等。

（1）便溺器具

① 大便器

常用的大便器有坐式大便器、蹲式大便器和大便槽三种。

坐式大便器按冲洗的水力原理又为冲洗式和虹吸式两种。坐式大便器的组成包括存水弯和水箱。水箱多用低水箱。坐式大便器多设在家庭、宾馆、饭店等建筑物内。

蹲式大便器一般用于集体宿舍和公共建筑物的公共厕所及防止接触性传染的医院。其采用高位水箱或延时自闭式冲洗阀冲洗。

大便槽用于学校、火车站、汽车站等人员较多的场所。它的卫生条件较差，但造价低，便于集中自动冲洗。

② 小便器

小便器设于公共建筑男厕内，有挂式、立式和小便槽三类。其中立式小便器用于标准高的建筑，小便槽用于工业企业、公共建筑和集体宿舍等建筑。

（2）盥洗、沐浴器具

① 洗脸盆

洗脸盆一般用于洗脸、洗手和洗头，设置在盥洗室、浴室、卫生间及理发室内。洗脸盆的高度及深度适宜，盥洗不用弯腰，较省力，使用不溅水，可用流动水盥洗比较卫生。洗脸盆有长方形、椭圆形和三角形；安装方式有墙架式、柱脚式和台式。

② 盥洗槽

用瓷砖、水磨石等材料现场建造的卫生设备，设置在同时有多人使用的地方，如集体宿舍、车站、工厂生活间等。

③ 浴盆

浴盆设在住宅、宾馆、医院等卫生间或公共浴室。浴盆配有冷热水管或混合水龙头。

④ 淋浴器

淋浴器多用于工厂、学校、机关、部队公共浴室和集体宿舍、体育馆内。与浴盆相比，淋浴器具有占地面积小、设备费用低、耗水量小、清洁卫生、避免疾病传染等优点。

⑤ 净身盆

净身盆与大便器配套安装，供便溺后洗下身用，适合妇女和痔疮患者使用。一般用于宾馆的高级客房的卫生间内，也用于医院、工厂的妇女卫生室内。

（3）洗涤器具

① 洗涤盆

装设在厨房或公共食堂内，用来洗涤碗碟、蔬菜等。洗涤盆有单格和双格之分。双格洗涤盆一格洗涤，另一格泄水。

② 化验盆

设置在工厂、科研机关和学校的化验室或实验室内，盆内带水封，根据需要，可安装单联、双联、三联鹅颈水龙头。

③ 污水盆

污水盆设置在公共建筑的厕所、盥洗室内，供洗涤拖把、打扫厕所或倾倒污水用。

（4）地漏

地漏是排水的一种特殊装置。装在地面须经常清洗（如食堂、餐厅）或地面有水须排泄处（如淋浴间、水泵房、厕所、盥洗室、卫生间等）。家庭还可用作洗衣机排水口。地漏有扣碗式、多通道式、双篦杯式、防回流式、密闭式、无水式、防冻式、侧墙式等多种类型。地漏的规格有 50mm、75mm、100mm 三种。厕所一般设一个直径为 50mm 的地漏，有两个以上淋浴水龙头的浴室应设一个直径 100mm 的地漏。当采用地沟排水时，8个淋浴器可设一个 100mm 的地漏。地漏一般设在地面最低处，地面做成 0.005～0.01 坡度坡向地漏。

3）卫生间

卫生间一般尽可能设置在建筑物北面，各楼层卫生间位置宜上下对齐，以利于排水立管的设置和排水的通畅。食品加工车间、厨房、餐厅、贵重物品仓库、配电间和重要设备房的上层不宜设置卫生间。

卫生间的卫生器具布置间距一般为：

（1）坐便器到墙面的间距最小应有 460mm；

（2）便器与洗脸盆并列，从便器的中心线到洗脸盆的边缘至少相距 350mm。便器中心线离边墙至少为 380mm；

（3）洗脸盆放在浴缸或便器对面，两者净距至少 760mm；

（4）洗脸盆边缘至对墙最小应有 460mm，也有 560mm 的；

（5）脸盆的上部与镜子的底部间距为 200mm。

卫生间的布置形式应根据卫生间器具的规格尺寸和数量合理布置，但必须考虑排水立管的位置。对于室内粪便污水与生活废水分流的排水系统，排出生活废水的器具或设备如浴盆、洗脸盆、洗衣机、地漏应尽量靠近，有利于管道布置和敷设。

住宅、公寓、旅馆的卫生间面积，根据当地气候条件、生活习惯和卫生器具设置的数量确定。配置三件卫生器具的卫生间，其面积不得小于 3m²。

卫生器具的设置应根据建筑标准而定。住宅的卫生间内除设有大便器外，还应设有洗脸盆、浴盆（或淋浴）等设备，或预留沐浴设备的位置，同时还应考虑预留安装洗衣机的位置。普通旅馆的卫生间内一般设有坐便器、浴盆和洗脸盆；高级宾馆的一般客房的卫生间也设有坐便器、浴盆和洗脸盆，只是所选用器具的质量、外形、色彩和防噪标准有较高的要求；高级宾馆的部分高级客房内还应设置净身盆。

23.2　动力供电设计基础知识

23.2.1　电力系统

建筑的正常使用不能离开用电设备，用电设备的正常使用要求建筑物有供、配电系统。

发电厂、电力网和电能用户三者组合成的一个整体称为电力系统。

发电厂是生产电能的工厂，根据所转换的一次能源的种类，可分为火力发电厂、水力发电厂、核电站等。水力发电厂的燃料是煤、石油或天然气；水力发电厂，其动力是水力；核电站，其一次能源是核能。此外，还有风力发电站、太阳能发电站等。

输送和分配电能的设备称为电力网。它包括各种电压等级的电力线路及变电所、配电所。

在电力系统中，一切消耗电能的用电设备均称为电能用户。用电设备按其用户可分为：

1）动力用电设备

把电能转换为机械能，例如水泵、风机、电梯等。

2）照明用电设备

把电能转换为光能，例如各种灯具。

3）电热用电设备

把电能转换为热能，例如电热水器。

4）工艺用电设备

把电能转换为化学能，例如电解、电镀。

23.2.2　电力负荷

负荷是电厂和电力网服务的对象，要使电厂和电力网工作得合理，首先必须了解负荷的特点和要求。一切消耗电能的设备都是电力系统中的负荷，根据电力负荷对供电可靠性的要求及中断供电在对人身安全、经济损失上所造成的影响程度进行分级，将其分为三级。

1) 一级负荷

（1）一级负荷的标准：

① 中断供电将造成人身伤亡时；

② 中断供电将在经济上造成重大损失时；

③ 中断供电将影响重要用电单位的正常工作。例如：重要通信枢纽、重要交通枢纽、重要的经济信息中心、特级或甲级体育建筑、国宾馆、国家级及承担重大国事活动的会堂、经常用于重要国际活动的大量人员集中的公共场所等的重要用电负荷。

在一级负荷中，当中断供电后将造成重大设备损坏或发生中毒、爆炸和火灾等情况的负荷，以及特别重要场所的不允许中断供电的负荷，应视为一级负荷中特别重要的负荷。

（2）一级负荷的供电要求：

一级负荷应由双重电源供电，当一个电源发生故障时，另一个电源不应同时受到损坏。对于一级负荷中特别重要负荷，应增设应急电源，并不得将其他负荷接入应急供电系统。

2) 二级负荷

（1）符合下列情况之一时，应视为二级负荷：

① 中断供电将在经济上造成较大损失时；

② 中断供电将影响较重要用电单位的正常工作。

（2）二级负荷的供电要求：

二级负荷的供电系统，宜由两个回路供电。在负荷较小或地区供电条件困难时，二级负荷可由一回路 6kV 及以上专用的架空线路或电缆供电。当采用架空线时，可为一回路架空线供电；当采用电缆线路时，应采用两根电缆组成的线路供电，其每根电缆应能承受100％的二级负荷。

3) 三级负荷

不属于一级和二级的用电负荷应为三级负荷。

23.2.3 电压

用电单位的供电电压应根据用电容量、用电设备特性、供电距离、供电线路的回路数、当地公共电网现状及其发展规划等因素，经技术经济比较而确定。

（1）用电设备容量在 250kW 或需用变压器容量在 160kVA 以上者，应以高压方式供电；用电设备容量在 250kW 或需用变压器容量在 160kVA 以下者，应以低压方式供电，特殊情况也可以高压方式供电。

（2）多数大中型民用建筑以 10kV 电压供电，少数特大型民用建筑以 35kV 电压供电。

23.2.4 规划设计中变配电所的位置

变配电所位置应该接近负荷中心，进出线方便，接近电源侧，设备吊装、运输方便；

不应设在有剧烈振动的场所；不宜设在多尘、水雾（如大型冷却塔）或有腐蚀性气体的场所，如无法远离时，不应设在污染源的下风侧；不应设在厕所、浴室或其他经常积水场所的正下方或贴邻；不应设在爆炸危险场所以内和不宜设在火灾危险场所的正上方或正下方。如布置在爆炸危险场所范围以内和布置在与火灾危险场所的建筑物毗连时，应符合《爆炸和火灾危险场所电力装置设计规范》的规定。变配电所为独立建筑时，不宜设在地势低洼和可能积水的场所。

高层建筑地下层变配电所的位置，宜选择在通风、散热条件较好的场所。变配电所位于高层建筑的地下层时，应避免洪水或积水从其他渠道淹渍配电所的可能性；不宜设在最底层，当地下仅有一层时，应采取适当抬高该所的地面等防水措施。高层建筑的变配电所，宜设在地下层或首层，当建筑物高度超过 100m 时，也可在高层区的避难层或在技术层内设置变电所。一类高、低层主体建筑物内，严禁设置装有可燃性油电气设备的变配电所。二类高、低层主体建筑物内，不宜设置装有可燃性油电气设备的变配电所；如受条件限制必须设置时，宜采用难燃性油的变压器，并应设在首层靠外墙部位或地下层，且不应设在人员密集场所的上下方、贴邻或疏散出口两旁，并应采取相应的防火和排油措施。

无特殊防火要求的多层建筑中，装有可燃性油电气设备的变电所，可设在底层靠外墙部位，但不应设在人员密集场所的上方、下方、贴邻或疏散出口两旁。

23.3　室内照明设计基础知识

电气照明是将电能转换为光能，用电气照明可创造一个良好的光环境，以满足建筑物的功能要求。

照明设计是建筑电气设计最基本的设计内容之一。照明设计质量的好与坏，直接关系到人们的工作、学习和生活。照明设计的目的是根据具体场合的要求，正确地选择光源和灯具，确定合理的照明形式和布灯方案，在节约能源和建筑资金的条件下，获得一个良好的学习工作环境。照明设计可以烘托建筑造型，可以美化环境，发挥建筑的功能，体现建筑艺术美学，是建筑中不可缺少的一部分。

23.3.1　基本概念

1）光

光是一种电磁辐射能，在空间以电磁波的形式传播。光波的频谱很宽，波长在 380～780nm($1nm=10^{-9}$m) 之间为可见光，作用于人的眼睛时能产生视觉。不同波长的光呈现不同的颜色，由 780～380nm 之间依次变化时会出现红、橙、黄、绿、青、蓝、紫七种不同的颜色，七种光混合在一起即为白色光，小于 380nm 的叫紫外线，大于 780nm 的叫红外线。

2）光通量

光源在单位时间内向四周空间发射的、使人产生光感觉的能量，称为光通量，单位是流明（lm）。

3）光强

光通量的空间密度，即单位立体角内的光通量，叫发光强度，称为光强，单位是坎德拉（cd），1cd＝1lm/1sr。

4）亮度

发光（或反光）的物体单位面积上向视线方向发出的光通量，称为该物体的亮度，单位是坎德拉每平方米（cd/m²）。

5）照度

照度是单位受光面积内的光通量，单位是勒克斯（lx），1lx＝1lm/1m²。

6）色温

光源发射的光的颜色与黑体在某一温度下的光色相同时，黑体的温度称为该光源的色温。符号以 Tc 表示，单位为开（K）。光线的运用无不与色温有关，色温低，红色成分多；色温高，蓝色成分多。当我们用色温来表明光源色时，只是一种标志和符号，它与实际温度无关。

7）显色指数

在规定条件下，由光源照明的物体色与由标准光源照明时相比较，表示物体色在视觉上的变化程度的参数。

8）眩光

若视野内有亮度极高的物体或强烈的亮度对比，则可引起不舒适或造成视觉降低的现象，称为眩光。

9）相关色温

黑体辐射的色度与所研究的光源色度最接近时，黑体的温度定义为该光源的相关色温。

10）明暗适应

当光的亮度不同时，对人的视觉器官感受性也不同；亮度有较大变化时，感受性也随着变化；这种感受性对光刺激的变化的顺应性称为适应。眼睛从暗到亮时亮度适应快，而从亮到暗时亮度适应慢。

11）反射比

反射的光通量与入射光通量之比。

12）照度比

重点照明和基础照明的比值。重点照明也称"装饰照明"，是指定向照射空间的某一特殊物体或区域，以引起人注意的照明方式，用于强调空间的特定部件或陈设。基础照明是指满足一定区域范围内的亮度，不需要起到装饰作用的照明方式。

23.3.2 照度标准

照度标准可分为 0.1、0.2、0.5、1、2、3、5、10、15、20、30、50、75、100、150、200、300、500、750、1000、1500、2000lx 等级别。此标准值是指工作或生活场所所参考平面上的平均照度值。当没有其他规定时，一般把室内照明的工作面假设为离地面0.75m 高的水平面。

23.3.3 照明质量

良好的照明质量能最大限度地保护视力，提高工作效率，保证工作质量，为此必须处理好影响照明的几个因素。

1) 照明均匀度

它是工作面（参考面）上的最低照度与平均照度之比值。

（1）办公室、阅览室等工作房间，其不应小于0.7；

（2）交通区的照度不宜低于工作区照度的1/5；

（3）一般照明在工作面上产生的照度，不宜低于由一般照明和局部照明所产生的总照度的1/3～1/5，且不宜低于50lx。

2) 光源的色温分类

室内一般照明光源的颜色根据其相关色温分为三类，见表23-1。

光源的色温分类   表23-1

色温分类	相关色温(K)	色表特征	适用场所
Ⅰ	<3300	暖	居室、餐厅、多功能厅、酒吧等
Ⅱ	3300～5300	中间	教室、办公室、会议室、一般营业厅等
Ⅲ	>5300	冷	设计室、计算机房

3) 光源的显色指数

光源的显色指数   表23-2

显色指数分组	一般显色指数(Ra)	类属光源示例	适用场所
Ⅰ	Ra≥80	白炽灯、卤钨灯、三基色荧光灯	手术室、营业厅、多功能厅、客厅、展厅、酒吧
Ⅱ	60≤Ra<80	荧光灯、金属卤化物灯	办公室、教室、阅览室、自选商场、厨房
Ⅲ	40≤Ra<60	荧光高压汞灯	行李房、库房、室外门廊
Ⅳ	Ra<40	高压钠灯	室外道路照明

4) 眩光限制

直接眩光的限制质量等级   表23-3

眩光限制质量等级	眩光程度	场所示例
Ⅰ	高质量	无眩光感	手术室
Ⅱ	中等质量	有轻微眩光感	营业厅、会议室、教室、办公室、观众厅
Ⅲ	较低质量	有眩光感	设计室、计算机房

5) 反射比与照度比

室内表面反射比与照度比的关系   表23-4

表面名称	反射比	照度比
顶棚	0.7～0.8	0.25～0.9
墙面,隔断	0.5～0.7	0.4～0.8
地面	0.2～0.4	0.7～1.0

23.3.4 照明方式与种类

1) 照明方式

可分为一般照明、分区一般照明、局部照明和混合照明。

（1）不固定或不适合装局部照明的场所，应设置一般照明；

（2）要求较高照度的场所，宜设置分区一般照明；

（3）一般照明或分区一般照明不能满足照度要求的场所，应增设局部照明；

（4）所有的工作房间不应只设局部照明。

2）照明种类

照明种类可分为正常照明、应急照明、值班照明、警卫照明、景观照明和障碍照明。应急照明包括备用照明（供继续和暂时继续工作的照明）、疏散照明和安全照明。

3）应急照明的照度和设置

（1）疏散走道的地面最低水平照度不应低于 0.5lx；人员密集场所内的地面最低水平照度不应低于 1.0lx；楼梯间内的地面最低水平照度不应低于 5.0lx。疏散照明宜设在疏散出口的顶部或疏散走道及其转角处距地 1m 以下的墙面上，走道上的疏散指示标志灯间距不宜大于 20m。袋形走道不应大于 10m。走道转角区不应大于 1.0m。

（2）工作场所内安全照明的照度不宜低于该场所一般照明照度的 5%。

（3）备用照明的照度不应低于一般照明照度的 10%，当仅作为事故情况下短时使用可为 5%。消防控制与消防水泵室、自备发电机房、配电室、防烟与排烟机房以及发生火灾时仍需正常工作的其他房间的消防应急照明，仍应保持正常照明的照度。

（4）影院、剧场、体育馆、多功能礼堂等场所的安全出口和疏散口，应装设指示灯。

（5）高层建筑内的乘客电梯，轿厢内应有应急照明，连续供电时间不少于 20min。轿厢内的工作照明灯数不应少于两个，轿厢底面的照度不应小于 5lx。

4）值班照明

可利用正常照明中能单独控制的一部分或备用照明的一部分或全部。

5）警卫照明

有警戒任务的场所，应根据警戒范围的需要装设警卫照明。

6）障碍标志灯

障碍标志灯的装设应符合下列要求：

（1）水平、垂直距离不宜大于 45m。

（2）应装设在建筑物或构筑物的最高部位。当制高点平面面积较大或为建筑群时，除在最高端装设障碍标志灯外，还应在其外侧转角的顶端分别设置。

（3）在烟囱顶上设置障碍标志灯时宜将其安装在低于烟囱口 1.50～3m 的部位，并成三角水平排列。

7）景观照明

灯光的设置应能表现建筑物或构筑物的特征，并能显示出建筑艺术的立体感。景观照明通常采用泛光灯。一般可采用在建筑物自身或在相邻建筑物上设置灯具的布灯方式；或是将两种方式相结合。也可以将灯具设置在地面绿化带中。整个建筑物或构筑物受光面的上半部的平均亮度宜为下半部的 2～4 倍。

8）室外照明

主要是路灯照明，光源宜采用高压汞灯、高压钠灯、白炽灯等。路灯伸出路崖宜为 0.6～1.0m，路灯水平线上的仰角宜为 5°，路面亮度不宜低于 1cd/m²。路灯安装高度不宜低于 4.5m，路灯杆间距为 25～30m，进入弯道处的灯杆间距应适当减小。路灯的照度均匀度（最小照度与最大照度之比）宜为 1：10～1：15 之间。住宅区道路的平均照度为 1～2lx。

庭院灯的高度可按 0.6B（单侧布灯时）～1.2B（双侧对称布灯时）选取，但不宜高于 3.5m，庭院灯杆间距为 15～25m。B 为道路宽度。

23.3.5 光源及灯具

1) 光源

照明常用的光源基本上有两大类，一类是热辐射光源，如白炽灯、卤钨灯；另一类是气体放电光源，如荧光灯、高压汞灯、钠灯、金属卤化物灯等。

光源的确定，应根据使用场所的不同，合理地选择光源的光效、显色性、寿命、启燃时间和再启燃时间等光电特性指标，以及环境条件对光源光电参数的影响。

（1）白炽灯

白炽灯能迅速点燃，不需要启动时间，能频繁开关，显色指数高，有良好的调光性能，防止电磁波干扰；但光效低（40W 的灯泡 8.8lm/W），寿命短（平均 1000h）；用于生活照明、工矿企业普通照明。

（2）荧光灯

广泛使用于工业和民用。

① 普通荧光灯。光效比白炽灯高（40W 的灯管 50lm/W），显色性好，寿命长（平均 5000h）。RR 型为日光色（色温为 6500K），RL 型为冷白色（色温 4500K），RN 型为暖白色（色温 2900K）。

② 三基色荧光灯。光效高（80lm/W），显色性好 Ra＝80，色温高（3200～5000K）。

（3）金属卤化物灯

如日光色镝灯，光效高（72lm/W），显色性好 Ra＝80，色温高（5000～7000K），用于体育场（馆）、广场、街道、大型建筑物、展览馆等。

（4）钠灯

光效高（100～140lm/W），寿命长（3000～5000h），光色柔和，体积小，透雾性强，辨色能力差，Ra＝30，色温低（2100K），广泛使用于公路、街道、车站、住宅区、商业中心、货场、矿区等。

2) 灯具

不包括光源在内的配照器及附件。灯具的作用有以下几点：

（1）对光源发出的光通量进行再分配；

（2）保护和固定光源；

（3）装饰美化环境。

灯具可分为吸顶式灯，嵌入式灯，悬挂式灯，花灯，壁灯，防潮灯、防爆灯、水下灯等。

3) 灯具的选择

优先选用直射光通量比例高、控光性能合理的高效灯具。

（1）室内用灯具效率不低于 70%（装有遮光格栅时不低于 55%），室外灯具不应低于

40%，但室外投光灯灯具的效率不宜低于 55%。

（2）根据使用场所不同，采用控光合理的灯具，如多平面反光镜定向射灯、蝙蝠翼式配光灯具、块板式高效灯具等。

（3）选用控光器变质速度慢，配光特性稳定，反射和透射系数高的灯具。

（4）灯具的结构和材质应易于维护清洁和更换光源。

（5）利用功率消耗低、性能稳定的灯具附件。

4）照明节能

（1）一般房间优先采用荧光灯，在显色要求较高的场所宜采用三基色荧光灯、稀土节能荧光灯、小功率高显钠灯等高效光源。

（2）高大房间和室外场所的照明宜采用金属卤化物灯、高压钠灯等高光强气体放电光源。

（3）当需要热辐射光源时，宜选用双螺旋（双绞丝）白炽灯，小功率高效卤钨灯。

第 24 章　智能建筑设计基础知识

24.1　智能建筑的概念及特点

智能建筑是以建筑物为平台，兼备信息设施系统、信息化应用系统、建筑设备管理系统、公共安全系统等，集结构、系统、服务、管理及其优化组合为一体，向人们提供安全、高效、便捷、节能、环保、健康的建筑环境。

先进信息技术的成功应用，是智能建筑的主要标志，建筑的综合性能提高是智能建筑的终极目标。近年来，智能建筑学迅猛发展，智能建筑设计与建筑学设计、建筑维护结构及材料学紧密联系，力图将建筑格局及其集成体统一考虑，使得建筑集成系统无论对内部还是外部发生的影响，其性能和使用者的情况都能具有准备和反应能力。智能建筑学包括三个不同的关注方面，即智能化设计、智能技术应用和建筑智能化使用和维护。

在建筑智能化的通常应用中，主要涉及到智能化集成系统、信息设施系统、信息化应用系统、建筑设备管理系统、公共安全系统、机房工程、建筑环境等方面内容。其中：

（1）智能化集成系统是将不同功能的建筑智能化系统，通过统一的信息平台实现集成，以形成具有信息汇集、资源共享及优化管理等综合功能的系统。

（2）信息设施系统是为确保建筑物与外部信息通信网的互联及信息畅通，对语音、数据、图像和多媒体等各类信息予以接收、交换、传输、存储、检索和显示等进行综合处理的多种类信息设备系统加以组合，提供实现建筑物业务及管理等应用功能的信息通信基础设施。

（3）信息化应用系统是以建筑物信息设施系统和建筑设备管理系统等为基础，为满足建筑物各类业务和管理功能的多种类信息设备与应用软件而组合的系统。

（4）建筑设备管理系统是对建筑设备监控系统和公共安全系统等实施综合管理的系统。

（5）公共安全系统是为维护公共安全，综合运用现代科学技术，以应对危害社会安全的各类突发事件而构建的技术防范系统或保障体系。

（6）机房工程是为提供智能化系统的设备和装置等安装条件，以确保各系统安全、稳定和可靠地运行与维护的建筑环境而实施的综合工程。

24.2　智能建筑的设计要求

24.2.1　一般规定

智能建筑的智能化系统工程设计宜由智能化集成系统、信息设施系统、信息化应用系统、建筑设备管理系统、公共安全系统、机房工程和建筑环境等设计要素构成。

智能化系统工程设计，应根据建筑物的规模和功能需求等实际情况，选择配置相关的系统。

24.2.2 智能化集成系统

1）功能要求

应以满足建筑物的使用功能为目标，确保对各类系统间信息资源的共享和优化管理。

应以建筑物的建设规模、业务性质和物业管理模式等为依据，建立实用、可靠和高效的信息化应用系统，以实施综合管理功能。

2）系统组成

智能化集成系统构成宜包括智能化系统信息共享平台建设和信息化应用功能实施。

3）系统配置要求

应具有对各智能化系统进行数据通信、信息采集和综合处理的能力。集成的通信协议和接口应符合相关的技术标准。应实现对各智能化系统进行综合管理，应支撑工作业务系统及物业管理系统，应具有可靠性、容错性、易维护性和可扩展性。

24.2.3 信息设施系统

1）功能要求

应为建筑物的使用者及管理者创造良好的信息应用环境。

应根据需要对建筑物内外的各类信息，予以接收、交换、传输、存储、检索和显示等综合处理，并提供符合信息化应用功能所需的各种信息设备系统组合的设施条件。

2）系统组成

信息设施系统宜包括通信接入系统、电话交换系统、信息网络系统、综合布线系统、室内移动通信覆盖系统、卫星通信系统、有线电视及卫星电视接收系统、广播系统、会议系统、信息导引及发布系统、时钟系统和其他相关的信息通信系统。

24.2.4 信息化应用系统

1）功能要求

应提供快捷有效的业务信息运行的功能，应具有完善的业务支持辅助功能。

2）系统组成

信息化应用系统宜包括工作业务应用系统、物业运营管理系统、公共服务管理系统、公众信息服务系统、智能卡应用系统和信息网络安全管理系统等其他业务功能所需要的应用系统。

24.2.5 建筑设备管理系统

1）功能要求

建筑设备管理系统应具有对建筑机电设备测量、监视和控制功能，确保各类设备系统运行稳定、安全和可靠，并达到节能和环保的管理要求；应采用集散式控制系统，应具有对建筑物环境参数的监测功能；应满足对建筑物的物业管理需要，实现数据共享，以生成节能及优化管理所需的各种相关信息分析和统计报表；应具有良好的人机交互界面及采用中文界面；应共享所需的公共安全等相关系统的数据信息等资源。

2）管理功能

建筑设备管理系统宜根据建筑设备的情况选择配置下列相关的各项管理功能：

压缩式制冷机系统和吸收式制冷系统的运行状态监测、监视、故障报警、启停程序配置、机组台数或群控控制、机组运行均衡控制及能耗累计。

蓄冰制冷系统的启停控制、运行状态显示、故障报警、制冰与溶冰控制、冰库蓄冰量监测及能耗累计。

热力系统的运行状态监视、台数控制、燃气锅炉房可燃气体浓度监测与报警、热交换器温度控制、热交换器与热循环泵连锁控制及能耗累计。

冷冻水供、回水温度，压力与回水流量，压力监测，冷冻泵启停控制（由制冷机组自备控制器控制时除外）和状态显示，冷冻泵过载报警，冷冻水进出口温度、压力监测，冷却水进出口温度监测，冷却水最低回水温度控制，冷却水泵启停控制（由制冷机组自带控制器时除外）和状态显示，冷却水泵故障报警，冷却塔风机启停控制（由制冷机组自带控制器时除外）和状态显示，冷却塔风机故障报警。

空调机组启停控制及运行状态显示，过载报警监测，送、回风温度监测，室内外温、湿度监测，过滤器状态显示及报警，风机故障报警，冷（热）水流量调节，加湿器控制，风门调节，风机、风阀、调节阀连锁控制，室内 CO、浓度或空气品质监测，（寒冷地区）防冻控制，送回风机组与消防系统联动控制。

变风量系统的总风量调节、送风压力监测、风机变频控制、最小风量控制、最小新风量控制、加热控制；变风量末端自带控制器时应与建筑设备监控系统联网，以确保控制效果。

送排风系统的风机启停控制和运行状态显示、风机故障报警、风机与消防系统联动控制。

风机盘管机组的室内温度测量与控制、冷（热）水阀开关控制、风机启停及调速控制、能耗分段累计。

给水系统的水泵自动启停控制及运行状态显示、水泵故障报警、水箱液位监测、超高与超低水位报警。污水处理系统的水泵启停控制及运行状态显示、水泵故障报警、污水集水井、中水处理池监视、超高与超低液位报警、漏水报警监视。

供配电系统的中压开关与主要低压开关的状态监视及故障报警，中压与低压主母排的电压、电流及功率因数测量，电能计量，变压器温度监测及超温报警，备用及应急电源的手动/自动状态、电压、电流及频率监测，主回路及重要回路的谐波监测与记录。

大空间、门厅、楼梯间及走道等公共场所的照明按时间程序控制（值班照明除外），航空障碍灯、庭院照明、道路照明按时间程序或按亮度控制和故障报警，泛光照明的场景、亮度按时间程序控制和故障报警，广场及停车场照明按时间程序控制，电梯及自动扶梯的运行状态显示及故障报警。

热电联供系统的监视包括初级能源的监测、发电系统的运行状态监测、蒸气发生系统的运行状态监视能耗累计。

当热力系统、制冷系统、空调系统、给排水系统、电力系统、照明控制系统和电梯管理系统等采用分别自成体系的专业监控系统时，应通过通信接口纳入建筑设备管理系统。

建筑设备管理系统应满足相关管理需求，对相关的公共安全系统进行监视及联动控制。

24.2.6 公共安全系统

1）功能要求

公共安全系统具有应对火灾、非法侵入、自然灾害、重大安全事故和公共卫生事故等危害人们生命财产安全的各种突发事件，建立起应急及长效的技术防范保障体系；应以人为本、平战结合、应急联动和安全可靠。

2）系统组成

公共安全系统宜包括火灾自动报警系统、安全技术防范系统和应急联动系统等。

24.2.7 机房工程

1）工程范围

机房工程范围宜包括信息中心设备机房、数字程控交换机系统设备机房、通信系统总配线设备机房、消防监控中心机房、安防监控中心机房、智能化系统设备总控室、通信接入系统设备机房、有线电视前端设备机房、弱电间（电信间）和应急指挥中心机房及其他智能化系统的设备机房。

2）工程内容

机房工程内容宜包括机房配电及照明系统、机房空调、机房电源、防静电地板、防雷接地系统、机房环境监控系统和机房气体灭火系统等。

3）建筑设计要求

通信接入交接设备机房应设在建筑物内底层或在地下一层（当建筑物有地下多层时）。

公共安全系统、建筑设备管理系统、广播系统可集中配置在智能化系统设备总控室内。各系统设备应占有独立的工作区，且相互间不会产生干扰。火灾自动报警系统的主机及与消防联动控制系统设备均应设在其中相对独立的空间内。

通信系统总配线设备机房宜设于建筑（单体或群体建筑）的中心位置，并应与信息中心设备机房及数字程控用户交换机设备机房规划时综合考虑。弱电间（电信间）应独立设置，并在符合布线传输距离要求情况下，宜设置于建筑平面中心的位置，楼层弱电间（电信间）上下位置宜垂直对齐。

对电磁骚扰敏感的信息中心设备机房、数字程控用户交换机设备机房、通信系统总配线设备机房和智能化系统设备总控室等重要机房不应与变配电室及电梯机房贴邻布置。

各设备机房不应设在水泵房、厕所和浴室等潮湿场所的正下方或贴邻布置。当受土建条件限制无法满足要求时，应采取有效措施。

重要设备机房不宜贴邻建筑物外墙（消防控制室除外）。

与智能化系统无关的管线不得从机房穿越。

机房面积应根据各系统设备机柜（机架）的数量及布局要求确定，并宜预留发展空间。

机房宜采用防静电架空地板。架空地板的内净高度及承重能力应符合有关规范的规定和所安装设备的荷载要求。

24.2.8 建筑环境

1) 建筑物整体环境要求

应提供高效、便利的工作和生活环境，应适应人们对舒适度的要求，应满足人们对建筑的环保、节能和健康的需求，应符合现行国家标准《公共建筑节能设计标准》GB 50189 有关的规定。

2) 建筑物物理环境要求

建筑物内的空间应具有适应性、灵活性及空间的开敞性，各工作区的净高应不低于2.5m。在信息系统线路较密集的楼层及区域宜采用铺设架空地板、网络地板或地面线槽等方式。弱电间（电信间）应留有发展的空间。应对室内装饰色彩进行合理组合。应采取必要措施降低噪声和防止噪声扩散。室内空调应符合环境舒适性要求，宜采取自动调节和控制。

3) 建筑物光环境要求

应充分利用自然光源。照明设计应符合现行国家标准《建筑照明设计标准》GB 50034 有关的规定。

4) 建筑物电磁环境要求

建筑物的电磁环境应符合现行国家标准《环境电磁波卫生标准》GB 9175 有关的规定。

5) 建筑物内空气质量要求

建筑物内空气质量宜符合下表要求。

CO 含量率($\times 10^{-6}$)	<10
CO_2 含量率($\times 10^{-6}$)	<1000
温度(℃)	冬天 18~24 夏天 22~28
湿度(%)	冬天 30~60 夏天 40~65
气流(m/s)	冬天<0.2 夏天<0.3

24.3 建筑智能化中节能的应用

智能建筑除了必须具备传统建筑遮风避雨、通风采光等基本功能外，还可具备协调环境、保护生态的特殊功能。它要求在生态方面有广泛的开敞性，采用无害、无污染、可自然降解的环保型建筑材料，同时按照生态经济开放和循环的原理做无废、无污染的生态工程设计，并实施合理的立体绿化，以建立稳定的地域生态，同时利用清洁能源降低建筑运转的能耗。目前已发展出结构节能、开源节能、用电节能、节水智能化等方面的尝试。

结构节能是广泛采用热缓冲层技术、自然采光通风技术、能量活性建筑系统、混凝土楼板辐射储热蓄冷系统、围护结构的保温隔热系统、光电幕墙与屋顶一体化技术等。通过智能化系统的调控和优化，以达到保温、隔热、供电节能的效果。

开源节能是尽量减少常规能源的供应，加强可再生能源的开发利用，通过智能化系统的调控与优化，将太阳能、风能、地热能、潮汐能、生物能等能源在发电、供电的过程中实现蓄能、转换、稳压、稳频、联网、时控等功能。

用电节能是通过对用电负载的合理调控，达到增效、降耗的要求，以节省能源。用电节能首先要改善供电质量，减少谐波成分，调整功率因数；对照明系统，采用感应器、可调节照度装置，优化启闭；动力系统，合理启动、最优化启停；电梯系统，采用群控技术合理调控；空调系统，采用热泵技术，其中包含太阳能热泵、地热源热泵、水循环热泵等，把低位能转化提升为高位能，采用变量风（VAV）系统，以提高能量效率。用电节能采用智能化技术，设置楼宇设备监控系统来加以调控。

节水智能化系统应用之一就是采用中水智能化监控系统。"中水"是指水质介于上水（给水）和下水（排水）之间的杂用水，常用于冲厕、洗车、喷洒、补水、消防、绿化等方面。中水水源来自于建筑的杂排水和雨水等途径。

中水处理要经过过滤、处理、消毒、储存等几个工艺流程，智能化设计能将整个流程在系统监控下进行。

24.4 智能建筑的未来发展

如今智能建筑的发展已经成为现代城市建设的主题。我们已经意识到只要是按现代方式运作的行业，如银行、证券、期货、保险、商场、贸易商社、政府机构、科研机构、医院、学校、图书馆、体育场馆、机场、住宅等，它的建筑物都具有智能化的倾向。智能建筑作为现代城市的活动中心，已充分表现在经济、文化、科技领域中的重要作用。在信息技术智能化、信息网络全球化和国民经济与社会信息化的信息革命浪潮冲击下，中国信息化进程在大踏步前进。全国国民经济与社会信息化工程的启动运作，为智能建筑的发展提供了优越的外部环境。

智能建筑的未来发展涉及到多方面，智能化的物业管理是核心；生命周期成本是智能建筑运行经济性的考察指标；节能措施是缓解我国能源紧张、创建节约型社会的中心；绿色环保是智能建筑应为社会可持续发展承担的义务。

在众多发展命题中，智能绿色建筑一体化发展已经为人们所越来越重视。所谓智能绿色建筑一体化发展，即建筑物以"可持续发展"为核心，通过智能化手段与绿色理念的融合来实现人、资源、环境三者的最优化发展。智能绿色建筑一体化发展实现的战略途径是资源优化利用。应建立动态建筑系统的资源流和信息流发展模型，从而实现对建筑物整个系统生命周期内资源利用的动态控制。

附录A 办公建筑智能化系统配置

办公建筑智能化系统配置选项表

表A

智能化系统		商务办公	行政办公	金融办公
信息设施系统	智能化集成系统	○	○	○
	通信接入系统	●	●	●
	电话交换系统	●	●	●

智能化系统			商务办公	行政办公	金融办公
信息设施系统	信息网络系统		●	●	●
	综合布线系统		●	●	●
	室内移动通信覆盖系统		●	●	●
	卫星通信系统		○	○	●
	有线电视及卫星电视接收系统		●	●	●
	广播系统		●	●	●
	会议系统		●	●	●
	信息导引及发布系统		○	○	○
	时钟系统		○	○	○
	其他相关的信息通信系统		○	○	○
信息化应用系统	办公工作业务系统		●	●	●
	物业运营管理系统		●	●	●
	公共服务管理系统		●	○	○
	公共信息服务系统		●	●	●
	智能卡应用系统		○	●	●
	信息网络安全管理系统		○	●	●
	其他业务功能所需求的应用系统		○	○	○
公共安全系统	火灾自动报警系统		●	●	●
	安全技术防范系统	安全防范综合管理系统	○	○	○
		入侵报警系统	●	●	●
		视频安防监控系统	●	●	●
		出入口控制系统	●	●	●
		电子巡查管理系统	●	●	●
		汽车库(场)管理系统	●	●	●
		其他特殊要求技术防范系统	○	○	○
	应急指挥系统		○	○	○
机房工程	信息中心设备机房		○	●	●
	数字程控电话交换机系统设备机房		○	○	○
	通信系统总配线设备机房		●	●	●
	智能化系统设备总控室		●	●	●
	消防监控中心机房		●	●	●
机房工程	安防监控中心机房		●	●	●
	通信接入设备机房		●	●	●
	有线电视前端设备机房		●	●	●
	弱电间(电信间)		●	●	●
	应急指挥中心机房		○	○	○
	其他智能化系统设备机房		○	○	○

注：●需配置，○宜配置

286

附录 B 商业建筑智能化系统配置

商业建筑智能化系统配置选项表 表 B

智能化系统			商场建筑	宾馆建筑
智能化集成系统			○	○
信息设施系统	通信接入系统		●	●
	电话交换系统		●	●
	信息网络系统		●	●
	综合布线系统		●	●
	室内移动通信覆盖系统		●	●
	卫星通信系统		○	○
	有线电视及卫星电视接收系统		○	●
	广播系统		●	●
	会议系统		●	●
	信息导引及发布系统		●	●
	时钟系统		○	●
	其他相关的信息通信系统		○	○
信息化应用系统	商业经营信息管理系统		●	
	宾馆经营信息管理系统			●
	物业运营管理系统		●	●
	公共服务管理系统		●	●
	公共信息服务系统		○	●
	智能卡应用系统		●	●
	信息网络安全管理系统		●	●
	其他业务功能所需的应用系统		○	○
建筑设备管理系统			●	●
公共安全系统	火灾自动报警系统		●	●
	安全技术防范系统	安全防范综合管理系统	○	●
		入侵报警系统	●	●
		视频监控系统	●	●
		出入口控制系统	●	●
		巡查管理系统	●	●
		汽车库(场)管理系统	○	○
公共安全系统	安全技术防范系统	其他特殊要求技术防范系统	○	○
	应急指挥系统		○	○

287

智能化系统		商场建筑	宾馆建筑
机房工程	信息中心设备机房	○	●
	数字程控电话交换机系统设备机房	○	●
	通信系统总配线设备机房	●	●
	智能化系统设备总控室	○	○
	消防监控中心机房	●	●
	安防监控中心机房	●	●
	通信接入设备机房	●	●
	有线电视前端设备机房	●	●
	弱电间(电信间)	●	●
	应急指挥中心机房	○	○
	其他智能化系统设备机房	○	○

注：●需配置；○宜配置。

附录 C 文化建筑智能化系统配置

文化建筑智能化系统配置选项表   表 C

智能化系统		图书馆	博物馆	会展中心	档案馆
智能化集成系统		○	○	○	○
信息设施系统	通信接入系统	●	●	●	●
	电话交换系统	●	●	●	●
	信息网络系统	●	●	●	●
	综合布线系统	●	●	●	●
	室内移动通信覆盖系统	●	●	●	●
	卫星通信系统	○	○	○	○
	有线电视及卫星电视接收系统	●	●	●	○
	广播系统	●	●	●	●
	会议系统		●	●	
	信息导引及发布系统	●	●	●	
	时钟系统	○	○	○	○
	其他业务功能所需相关系统	○	○	○	○
信息化应用系统	工作业务系统	●	●		●
	物业运营管理系统	○	○	○	○
	公共服务管理系统	●	●	●	●
	公共信息服务系统	●	●	●	●
	智能卡应用系统	●	●	●	●
	信息网络安全管理系统	●	●	●	●
	其他业务功能所需的应用系统	○	○	○	○

288

智能化系统			图书馆	博物馆	会展中心	档案馆
建筑设备管理系统						
公共安全系统		火灾自动报警系统	●	●	●	●
	安全技术防范系统	安全防范综合管理系统	○	●	●	○
		入侵报警系统	●	●	●	●
		视频安防监控系统	●	●	●	●
		出入口控制系统	●	●	●	●
		电子巡查管理系统	●	●	●	●
		汽车库(场)管理系统	○	○	●	○
		其他特殊要求技术防范系统	○	○	○	○
	应急指挥系统		○	○	○	○
机房工程		信息中心设备机房	●	●	●	●
		数字程控电话交换机系统设备机房	○	○	○	○
		通信系统总配线设备机房	●	●	●	●
		消防监控中心机房	●	●	●	●
		安防监控中心机房	●	●	●	●
		智能化系统设备总控室	●	●	●	●
		通信接入设备机房	●	●	●	●
		有线电视前端设备机房	○	○	○	○
		弱电间(电信间)	●	●	●	●
		应急指挥中心机房	○	○	○	○
		其他智能化系统设备机房	○	○	○	○

注：●需配置；○宜配置。

附录 D 媒体建筑智能化系统配置

媒体建筑智能化系统配置选项表   表 D

智能化系统		剧(影)院建筑	广播电视业务建筑
智能化集成系统		○	○
信息设施系统	通信接入系统	●	●
	电话交换系统	●	●
	信息网络系统	●	●
	综合布线系统	●	●
	室内移动通信覆盖系统	●	●
	卫星通信系统	○	●
	有线电视及卫星电视接收系统	●	●
	广播系统	●	●
	会议系统	○	●
	信息导引及发布系统	●	●

智能化系统			剧(影)院建筑	广播电视业务建筑
信息设施系统	时钟系统		●	●
	无线屏蔽系统		●	●
	其他相关的信息通信系统		○	○
信息化应用系统	工作业务系统		●	●
	物业运营管理系统		●	●
	公共服务管理系统		●	●
	自动寄存系统		●	○
	人流统计分析系统		●	○
	售检票系统		●	○
	公共信息服务系统		●	●
	智能卡应用系统		●	●
	信息网络安全管理系统		●	●
	其他业务功能所需的应用系统		○	○
建筑设备管理系统			●	●
公共安全系统	火灾自动报警系统		●	●
	安全技术防范系统	安全防范综合管理系统	○	○
		入侵报警系统	●	●
		视频安防监控系统	●	●
		出入口控制系统	●	●
		电子巡查管理系统	●	●
		汽车库(场)管理系统	●	●
		其他特殊要求技术防范系统	○	○
	应急指挥系统		○	○
机房工程	信息中心设备机房		●	●
	数字程控电话交换机系统设备机房		○	●
	通信系统总配线设备机房		●	●
	智能化系统设备总控室		○	○
	消防监控中心机房		●	●
	安防监控中心机房		●	●
	通信接入设备机房		●	●
	有线电视前端设备机房		●	●
	弱电间(电信间)		●	●
	应急指挥中心机房		○	○
	其他智能化系统设备机房		○	○

注：●需配置；○宜配置。

附录 E　体育建筑智能化系统配置

体育建筑智能化系统配置选项表

表 E

智能化系统			体育场	体育馆	游泳馆
智能化集成系统			○	○	○
信息设施系统	通信接入系统		●	●	●
	电话交换系统		●	●	●
	信息网络系统		●	●	●
	综合布线系统		●	●	●
	室内移动通信覆盖系统		●	●	●
	卫星通信系统		○	○	○
	有线电视及卫星电视接收系统		○	○	○
	广播系统		●	●	●
	会议系统		○	○	○
	信息导引及发布系统		●	●	●
	竞赛信息广播系统		●	●	●
	扩声系统		●	●	●
	时钟系统		○	○	○
	其他相关的信息通信系统		○	○	○
信息化应用系统	体育工作业务系统		●	●	●
	计时记分系统		●	●	●
	现场成绩处理系统		○	○	○
	现场影像采集及回放系统		○	○	○
	售、验票系统		●	●	●
	电视转播和现场评论系统		○	○	○
	升降旗控制系统		○	○	○
	物业运营管理系统		○	○	○
	公共服务管理系统		●	●	●
	公共信息服务系统		●	●	●
	智能卡应用系统		●	●	●
	信息网络安全管理系统		●	●	●
	其他业务功能所需的应用系统		○	○	○
建筑设备管理系统			●	●	●
公共安全系统	火灾自动报警系统		●	●	●
	安全技术防范系统	安全防范综合管理系统	○	○	○
		入侵报警系统	●	●	●
		视频安防监控系统	●	●	●
		出入口控制系统	●	●	●
		电子巡查管理系统	●	●	●

智能化系统			体育场	体育馆	游泳馆
		汽车库(场)管理系统	●	●	●
		其他特殊要求技术防范系统	○	○	○
	应急指挥系统		●	○	○
机房工程	信息中心设备机房		●	●	●
	数字程控电话交换机系统设备机房		●	●	●
	通信系统总配线设备机房		●	●	●
	智能化系统设备总控室		●	○	○
	消防监控中心机房		●	●	●
	安防监控中心机房		●	●	●
	通信接入设备机房		●	●	●
	有线电视前端设备机房		●	●	●
	弱电间(电信间)		●	●	●
	应急指挥中心机房		●	○	○
	其他智能化系统设备机房		○	○	○

注：●需配置；○宜配置。

附录F 医院建筑智能化系统配置

医院建筑智能化系统配置选项表　　　　　　表F

智能化系统		综合性医院	专科医院	特殊病医院
智能化集成系统		○	○	○
信息设施系统	通信接入系统	●	●	●
	电话交换系统	●	●	●
	信息网络系统	●	●	●
	综合布线系统	●	●	●
	室内移动通信覆盖系统	●	●	●
	卫星通信系统	○	○	○
	有线电视及卫星电视接收系统	●	●	●
	广播系统	●	●	●
	会议系统	○	○	○
	信息导引及发布系统	●	●	●
	时钟系统	●	●	●
	其他相关的信息通信系统	○	○	○
信息化应用系统	医院信息管理系统	●	●	●
	排队叫号系统	●	●	●
	探视系统	●	●	●

智能化系统		综合性医院	专科医院	特殊病医院
信息化应用系统	视屏示教系统	●	●	●
	临床信息系统	●	●	●
	物业运营管理系统	○	○	○
	办公和服务管理系统	●	●	●
	公共信息服务系统	●	●	●
	智能卡应用系统	●	●	●
	信息网络安全管理系统	●	●	●
	其他业务功能所需的应用系统	○	○	○
建筑设备管理系统		●	●	●
公共安全系统	火灾自动报警系统	●	●	●
	安全技术防范系统 — 安全防范综合管理系统	●	○	○
	入侵报警系统	●	●	●
	视频安防监控系统	●	●	●
	出入口控制系统	●	●	●
	电子巡查管理系统	●	●	●
	汽车库(场)管理系统	○	○	○
	其他特殊要求技术防范系统	○	○	○
	应急指挥系统	○		
机房工程	信息中心设备机房	●	●	●
	数字程控电话交换机系统设备机房	●	●	●
	通信系统总配线设备机房	●	●	●
	智能化系统设备总控室	○	○	○
	消防监控中心机房	●	●	●
	安防监控中心机房	●	●	●
	通信接入设备机房	●	●	●
	有线电视前端设备机房	●	●	●
	弱电间(电信间)	●	●	●
	应急指挥中心机房	○		
	其他智能化系统设备机房	○	○	○

注：●需配置；○宜配置。

附录 G 学校建筑智能化系统配置

学校建筑智能化系统配置选项表

表 G

智能化系统		普通全日制高等院校	高级中学和高级职业中学	初级中学和小学	托儿所和幼儿园
智能化集成系统		○	○	○	○
信息设施系统	通信接入系统	●	●	●	●
	电话交换系统	●	●	●	●

智能化系统		普通全日制高等院校	高级中学和高级职业中学	初级中学和小学	托儿所和幼儿园
信息设施系统	信息网络系统	●	●	●	○
	综合布线系统	●	●	●	●
	室内移动通信覆盖系统	●	○	○	○
	有线电视及卫星电视接收系统	●	●	●	●
	广播系统	●	●	●	●
	会议系统	●	●	●	●
	信息导引及发布系统	●	●	●	●
	时钟系统	●	●	●	●
	其他相关的信息通信系统	○	○	○	○
信息化应用系统	教学视、音频及多媒体教学系统	●	●	○	○
	电子教学设备系统	●	●	●	●
	多媒体制作与播放中心系统	●	●	○	○
	教学、科研、办公和学习业务应用管理系统	●	○	○	○
	数字化教学系统	●	○	○	○
	数字化图书馆系统	●	○	○	○
	信息窗口系统	●	○	○	○
	资源规划管理系统	●	○	○	○
	物业运营管理系统	●	●	●	○
	校园智能卡应用系统	●	●	●	○
	信息网络安全管理系统	●	●	●	○
	指纹仪或智能卡读卡机电脑图像识别系统	○	○	○	○
	其他业务功能所需的应用系统	○	○	○	○
建筑设备管理系统		●	○	○	○
公共安全系统	火灾自动报警系统	●	●	●	○
	安全技术防范系统 安全防范综合管理系统	●	●	●	●
	周界防护入侵报警系统	●	●	●	●
	入侵报警系统	●	●	●	●
	视频安防监控系统	●	●	●	●
	出入口控制系统	●	●	●	○
	电子巡查系统	●	●	○	○
	停车库管理系统	○	○	○	○
机房工程	信息中心设备机房	●	●	●	●
	数字程控电话交换机系统设备机房	●	●	●	●
	通信系统总配线设备机房	●	●	●	●

智能化系统		普通全日制高等院校	高级中学和高级职业中学	初级中学和小学	托儿所和幼儿园
机房工程	智能化系统设备总控室	○	○	○	○
	消防监控中心机房	●	●	○	○
	安防监控中心机房	●	●	○	○
	通信接入设备机房	○	○	○	○
	有线电视前端设备机房	●	●	●	●
	弱电间(电信间)	●	●	●	●
	其他智能化系统设备机房	○			

注：●需配置；○宜配置。

附录 H 交通建筑智能化系统配置

交通建筑智能化系统配置选项表　　　　　　　　　　　　表 H

智能化系统		空港航站楼	铁路客运站	城市公共轨道交通站	社会停车库(场)
智能化集成系统		●	●	●	○
信息设施系统	通信接入系统	●	●	●	○
	电话交换系统	●	●	●	○
	信息网络系统	●	●	●	●
	综合布线系统	●	●	●	●
	室内移动通信覆盖系统	●	●	●	●
	卫星通信系统	●	○	○	
	有线电视及卫星电视接收系统	●	○	○	
	广播系统	●	●	●	●
	会议系统	○	○	○	
	信息导引及发布系统	●	●	●	●
	时钟系统	●	●	○	
	其他相关的信息通信系统	○	○	○	○
信息化应用系统	交通工作业务系统	●	●	●	○
	旅客查询系统	●	●	○	○
	综合显示屏系统	●	●	○	○
	物业运营管理系统	●	●	○	○
	公共服务管理系统	●	●	●	○
	公共服务系统	●	●	●	●
	智能卡应用系统	●	●	●	●
	信息网络安全管理系统	●	●	●	●
	自动售检票系统	●	●	●	○
	旅客行包管理系统	●	●	○	
	其他业务功能所需的应用系统	○	○	○	○

智能化系统			空港航站楼	铁路客运站	城市公共轨道交通站	社会停车库(场)
建筑设备管理系统			●	●	●	○
公共安全系统	火灾自动报警系统		●	●	●	●
	安全技术防范系统	安全防范综合管理系统	●	●	●	○
		入侵报警系统	●	●	●	●
		视频安防监控系统	●	●	●	●
		出入口控制系统	●	●	●	●
		电子巡查管理系统	●	●	●	●
		汽车库(场)管理系统	●	●	○	●
		其他特殊要求技术防范系统	○	○	○	○
	应急指挥系统		●	●	○	
机房工程	信息中心设备机房		●	●	●	
	数字程控电话交换机系统设备机房		●	●	●	
	通信系统总配线设备机房		●	●	●	●
机房工程	智能化系统设备总控室		●	●	○	○
	消防监控中心机房		●	●	●	●
	安防监控中心机房		●	●	●	●
	通信接入设备机房		●	●	●	●
	有线电视前端设备机房		●	●	●	○
	弱电间(电信间)		●	●	●	●
	应急指挥中心机房		●	●	○	
	其他智能化系统设备机房		○	○	○	○

注：●需配置；○宜配置。

附录 I 住宅建筑智能化系统配置

住宅建筑智能化系统配置选项表

表 I

智能化系统		住宅	别墅
智能化集成系统		○	○
信息设施系统	通信接入系统	●	●
	电话交换系统	○	○
	信息网络系统	○	●
	综合布线系统	○	○
	室内移动通信覆盖系统	○	○
	卫星通信系统	○	○
	有线电视及卫星电视接收系统	●	●

智能化系统			住宅	别墅
信息设施系统	广播系统		○	○
	信息导引及发布系统		●	●
	其他相关的信息通信系统		○	○
信息化应用系统	物业运营管理系统		●	●
	信息服务系统		●	●
	智能卡应用系统		○	○
	信息网络安全管理系统		○	○
	其他业务功能所需的应用系统		○	○
建筑设备管理系统			○	○
公共安全系统	火灾自动报警系统		○	○
	安全技术防范系统	安全防范综合管理系统	○	○
		入侵报警系统	●	●
		视频安防监控系统	●	●
		出入口控制系统	●	●
		电子巡查管理系统	●	●
		汽车库(场)管理系统	○	○
		其他特殊要求技术防范系统	○	○
机房工程	信息中心设备机房		○	○
	数字程控电话交换机系统设备机房		○	○
	通信系统总配线设备机房		●	●
	智能化系统设备总控室		○	○
	消防监控中心机房		●	●
	安防监控中心机房		●	●
	通信接入设备机房		●	●
	有线电视前端设备机房		●	●
	弱电间(电信间)		○	○
	其他智能化系统设备机房		○	○

注：●需配置；○宜配置。

第 25 章 掩土建筑基础知识

25.1 引 论

这里所指掩土建筑乃是部分或全部被土覆盖的建筑。

从旧石器时代人们就已经住着天然洞穴和人工地下建筑，其原因常常是为了抵御室外的气候，另外也是为了省出地面，以便从事农业或举行礼仪活动，还可能是为了御敌。无论是为了什么，人们已体会到地下空间能提供比室外舒适得多的微气候。例如中国北部的黄土地已被证明适于地下居所，从而可空出地面作农业用地。

在干旱区，黄土特别适于农业，在热、旱气候下，地表难于耕作时，黄土却有一定保持内部湿度的能力。用作建造窑洞居所时，黄土有足够的强度构成居室空间（利用拱形结构），而且易于挖掘。

地下建筑的主要优点来自土壤的热工性质。厚重的土覆盖层所起的热惯性作用使其覆盖的空间内温波很小。不同的土壤导热性也不同，主要取决于物理成分、化学组成、土的含湿度以及土壤密度。土层温度受到太阳辐射、大气温度以及土壤热惯性的作用会产生由表及里的逐层减辐的波动，到一定的深度波动将消失而保持一定的恒温称为恒温线。例如，中国西安地区（黄土地区）年恒温线在地下 15m 左右处，恒温为 16℃。随地理纬度、土壤性质不同，年恒温线深度也不同，一般在 4~16m 范围。年恒温线的深度用人工方法可以改变，例如地面种草植树、加绝热层或对土加湿等。

25.2 场 地 选 择

将掩土房设置在低平地段易遭洪水淹没，沙尘暴对房屋的掩埋，且眼前视景狭窄，增加了闭塞感；另外，通风和空气循环也会受到限制。

掩土房位于山顶则有以下优点：通风好，视景好，自然采光好，排水方便。但是，地下居所建于山顶，施工困难，上下交通不便，资金投入多。

将掩土房屋建在斜坡场地上，优点较多。气候更适宜，自然采光好，视野开阔，便于组织排水，通风条件好，闭塞的不良感觉可减到最少。按等高线设计，出入通道也方便。但这种场地与平地场地相比，修筑道路投资要多。

与地面非掩土建筑比，掩土建筑有如下优点：

(1) 节能节地；

(2) 微气候较稳定；

(3) 防震、防风、防尘暴、防火、防辐射；

(4) 绝热、隔声、隔空气污染；

(5) 洁净；

（6）安静；

（7）新陈代谢平缓（人体生理试验已证实），这是一个长寿因素；

（8）较安全，如防盗，应急避难；

（9）外部维修面少；

（10）大有利于生态平衡及保护原自然地景。

除浅层地下空间（入地<15m）及地面掩土建筑外，中深层地下空间最主要的难点可用五个字概括，即水、火、风、光、逃。

水——即施工时的地下水处理问题及使用期的排水问题；

火、逃——逃离难，灭火难；

风——地下空间自然通风条件较差，必须有强大的机械通风或精心设计的被动系统保证通风换气；

光——地下空间自然采光条件差。

科学家们正致力于研究几何光学的引光系统及光导纤维的引光系统，他们还在研究建立地下自己的系统，如：人造太阳、废物和废水更新再用以及地下自然空调等。

25.3 国外掩土建筑实例

当代许多国家特别是发达国家已经建造了一大批掩土建筑与地下空间，例如：

英、法：两国人口加起来不及我国的 1/10，但其现代地下空间的开发利用却很发达，巴黎的多层地铁及地下超级商场都是世界闻名的地下空间除大城市的地铁和地下建筑外，通过多佛尔海峡（加来海峡），连接英国多佛尔和法国敦刻尔克两国的海底通道也早已正式营运。

美国：有地下住宅、实验室、图书馆、数据处理中心、高级计算机中心、100 多所地下学校等。尤其一些有名的大学，为了保护地面景观，都建有地下图书馆。

日本：已成为发展大型地下空间的先导国家之一。日本已有 30 多座城市建有地下购物城（即地下街）。每一地下街有 300 多家商店，每天可容纳 80 多万顾客。

加拿大：如蒙特利尔地下综合区，占地面积 80 多万平方米。有火车站、停车场、百货公司、豪华宾馆、剧院、餐馆、办公房、和一所大学。这个多用途地下综合区一次可容纳 50 万人。

俄罗斯：莫斯科除原有环形与放射网络地铁外，在苏联时期，已有 20 余所院校参与了多功能地下空间的开发规划，将地下建筑与地铁连系起来，空出地面作为户外体育和其他使用。莫斯科地铁每天运输量平时约为 800 万人次；节假日达 1000 万人次以上。

瑞士：50％以上电站建在地下。

匈牙利：布达佩斯市只有 200 多万人就有 3 层（红、黄、蓝）三色地铁，四通八达。

在军事建筑中，许多国家特别是发达国家早已发展了大量现代地下空间。

25.4 中国窑洞

25.4.1 中国窑洞的特点

中国窑洞是使用材料最少、建造最简、历史最长、住人最多的掩土建筑，迄今仍有几千万人居住。

（1）"冬暖夏凉"是对极端气候：严寒、酷热、尘暴等作斗争的良好防护体。

（2）就地取材、技术简易、造价最经济。

（3）场地选择、朝向定位、利用坡地、低洼地，精用平地等，先辈因地制宜创造了许多有用的设计与建造方法。

（4）中国下沉式黄土窑洞为开发浅层地下空间提供了有用的依据，如：

① 下沉式窑洞地面一般均在地表下 6m。黄土地层深 6m 的温度年波动正好与室外空气年波动出现 180° 的相位差，即室外最冷月份（1~2 月）温度最低峰-8~-12℃，该 6m 深地层温度却处于最高峰处（16.5℃左右）；室外最热月份（7~8 月）温度最高峰 38~40℃甚至更高，该 6m 深地层温度却处于最低峰处（14.5℃左右）。这就是窑洞冬暖夏凉的主要原因之一。

② 像下沉式窑洞这样的浅层地下空间不仅具有良好的地温及较厚土层热惯性的围护作用，而且日照、通风、采光、居住者对外界信息的感受与在传统地面建筑无大差别。

③ 中、深层地下空间会遇到地下水、日照、通风、采光、紧急疏散及与外界信息相通等难题。浅层地下空间则无此麻烦。

④ 设计、建造比地面高层建筑及中、深层地下空间较简易。

⑤ 中国窑洞是蕴含当地文化及建筑文脉的范例。

25.4.2　中国窑洞类型

黄土高原的地形、地貌及生态环境塑造了独特的民居形态，那些以窑洞建筑组成的村落，以其特有的风采屹立于中华村镇之林，构成黄土高原特有的居住文化形态。窑洞民居大多建在不适宜耕作的沟壑坡地、开阔的河谷阶地、狭窄陡壁直立的沟崖两侧，到后来在沟顶、塬边缘及塬上都密布着窑洞村落。

在沿河谷阶地和冲沟两岸，多辟为靠崖式窑洞或靠崖的下沉式窑洞。在塬边缘则开挖半敞式窑院。在平坦的丘陵、黄土台塬地上，没有沟崖利用时，则开挖下沉式地下窑洞（又称地坑院）。在窑洞分布区，村民一般结合地形习惯于窑洞和房屋结合的居住方式。在沟壑底部，基岩外露，采石方便的地区和产煤多的地区（如陕北的延安、榆林，山西的雁北、晋南的临汾、浮山等地），窑居者都喜欢用砖、石或土坯砌筑的独立式窑洞。在陕北偏僻的乡间，也有形成规模很大的窑洞与房屋共同组建的大型窑洞庄园。如米脂县刘家峁村姜耀祖庄园、杨家沟马祝平新院等，是窑洞民居经典案例。

1）按所处地势分

（1）靠山（崖）窑洞

靠山窑洞多出现在山坡或台塬沟壑的边缘地区，窑洞依靠山崖，前面有开阔的川地。这类窑洞要依山靠崖挖掘，必须随着等高线布置才合理，所以多孔窑洞常呈曲线或折线形排列。因为顺山势挖窑洞，挖出的土方直接填在窑前面的坡地上构筑院落，既减少了了土方量的搬运，又取得了不占耕地与生态环境相协调的良好效果。靠山式窑洞又可分为单层式、竖向多层式、退后多层式三种类型。

根据山坡的倾斜度，有些地方可以布置几层台阶式窑洞。台阶式窑洞层层退台布置，底层窑洞的窑顶，是上一层窑洞的前院。在山体稳定的情况下，为了争取空间也有上下层重叠或半重叠修建的（图 25-1a、b）。

 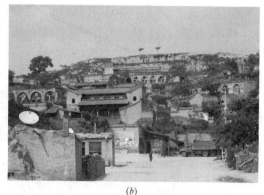

图 25-1
(a)陕北靠山窑；(b)山西靠山窑

（2）下沉式窑洞

下沉式窑洞，也称地下窑洞。在黄土塬的干旱地带，在没有山坡、沟壑可利用的条件下，农民巧妙地利用黄土的特性（直立边坡稳定性），就地挖下一个长方形地坑（竖穴），形成四壁闭合的地下四合院，然后再向四壁挖窑洞（横穴）。9m 见方的天井院每个壁面挖两孔窑洞，共 8 孔，陕西渭北地区称"八卦地倾窑庄"；9m×6m 长方形的天井院挖六孔窑洞，均以其中一孔作为门洞，经坡道通往地面（图 25-2a、b）。

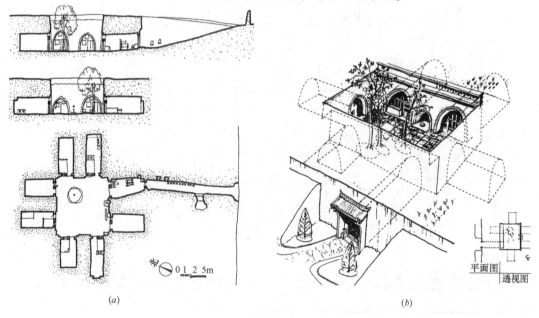

图 25-2
(a)八卦地倾窑庄（图片来源：《西北民居》）；(b) 六孔窑洞天井院（图片来源：《西北民居》）

河南豫西的洛阳、三门峡地区，下沉式窑洞的天井院尺寸比较大，有 12m×12m 和 8m×12m 的。正方形院挖 12 孔窑，长方形院挖 10 孔。因豫西地区降雨量比渭北旱塬大，地下天井院四壁多作防雨措施，如在窑口上部做披水挑檐和女儿墙，经济条件好的有将整个崖面（俗称"窑脸"）用青砖砌贴。渭北与豫西地区下沉式窑洞开窗普遍较小，不像陕北靠山窑的满堂窗，这里仅靠门扇和上部亮窗采光、通风，故而洞室内夏季有潮湿、光线暗的缺点。在甘肃庆阳地区的宁县，陕西永寿、淳化县等地，还发现有地下街式的大型下沉式天井院：十多户共用一个这样的天井院，并共用一个坡道下到地下，各户的围墙之间留出一条胡同，可再修自家的宅门（图25-3a、b、c）。

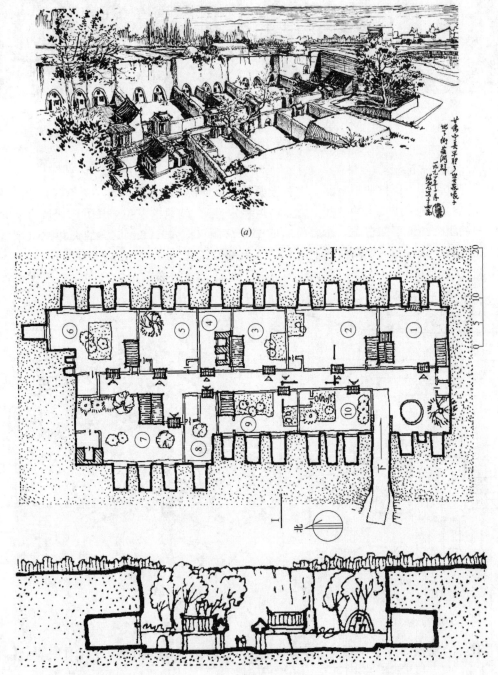

图 25-3

(a) 地下窑洞街鸟瞰（图片来源：《西北民居》）；(b) 地下窑洞街平面（图片来源：《西北民居》）；

(c) 地下窑洞街剖面示意图（图片来源：《西北民居》）

2）根据结构材料分

（1）黄土窑洞，直接在黄土山侧或下沉院落四周开挖而成（图 25-4a、b）。

(a)

(b)

图 25-4

（a）陕北地区黄土窑洞；（b）豫西下沉式黄土窑洞

（2）石砌窑洞，从岩石山开凿石块，砌拱回填土，夯实即成（图 25-5）。

（3）黏土砖拱窑洞，先砌砖拱，再回填土而成（图 25-6）。

图 25-5　陕北石砌窑洞民居

图 25-6　陕北窑洞民居

（4）土坯拱窑洞，先砌土坯拱，再回填土（图 25-7a、b）。

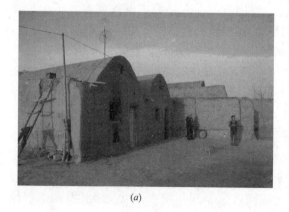

(a)

(b)

图 25-7

（a）宁夏土坯独立窑洞；（b）甘肃、青海双坡屋顶土坯窑洞剖面

（5）岩石窑洞，天然岩石洞穴或人工直接开凿石山而成。

（6）砂—卵石窑洞，从砂石山体直接开挖而成。

25.4.3 窑洞选址

发展到现今的窑洞村落经历了长期的历史考验。从传统窑居村落形态的形成中，不难看出我们的祖先在乡村聚落选址，总体布局思想上蕴涵着朴素的生态环境观。也就是在选择与规划乡村聚落时，要结合山、水、塬、沟峁等自然地貌，依山就势，因地制宜，并考虑当地的降水量、冬夏气温、湿度和日照等气候的差异。这些窑洞村落虽然是历史上自然形成的，代代相传，因袭传统，但其中蕴涵着许多现代人居环境学的理论原则，例如：

依山近水——考察许多农村，凡是形成较大的村落，附近必有饮泉或溪水。如延安枣园村有两处饮用泉水，米脂县内的深沟古寨之所以会出现杨家沟和刘家峁地绅窑洞庄园，也是因为这些地方有甘泉。

精于选土，善于相地——选定沟谷、山崖稳定性好，冲沟下游，断面呈"U"形，纵坡度小，地质构造长期稳定的地段，土层密实均匀，有足够的厚度。避开滑坡、塌陷、溶洞及断裂等不良地段和排水不畅、有洪灾威胁的地段。

重于靠田，便于耕种——我国历史上长期处于农耕社会，一个村落、一家农户总是要靠耕田才能发展的。合适的耕作距离须考虑耕作技术、工具以及往返所需的时间。在陕北，窑洞村落建在山腰上而不设在近水的崖边，就是重于靠田的例子。另外，农田广阔致使许多村落松散。

良好方位——避风、向阳日照都是与选择良好方位有关的问题。我们考察的村镇、窑洞聚落都建在向阳的坡面，且每户窑洞朝向南、东南、西南方向的最多，正东、正西方向的也有，因一般在高原高寒区不避西晒，但在其相反的阴坡极少建窑洞。

25.4.4 中国传统窑洞缺点与综合治理

1）为什么年轻人不爱住窑洞？

从先进国家现代地下空间的开发看出人类以现代科技手段重返地下的强大势头，从缓和土地、能源、人口、建房、环境之间错综矛盾看出重返地下的重要性。但是，在我国近些年来，窑区人民弃窑盖房的风气却极盛行。原因有二：一是旧窑洞确实存在不少缺点（如塌窑死、伤人）；二是年轻人认为住窑洞是住"寒窑"，是贫穷、低下。调查中也发现，几乎所有老年人被窑洞的冬暖夏凉的舒适性吸引，爱住窑洞，不愿搬家。

各类窑洞以黄土窑洞分布最广，而缺点又最严重，概括起来有五个字：塌、潮、暗、占（占地多）、塞（闭塞、通风不好）：

（1）塌顶——由于雨季雨水渗入顶部及冲刷窑脸土层，使顶土及窑脸坍塌。1985 年，陕西全省不完全统计雨后塌窑 8 万多孔，发生人畜伤亡事故。

（2）潮湿——潮湿天主要发生在夏季，当室外空气带着高温、高湿入室后，空气温度迅速降低，比地面建筑室内温度低 8℃～10℃，故窑内空气相对湿度迅速增高（可达 90%以上）。窑洞内表面温度比其室内气温更低，故而产生表面凝结水，以及墙脚及角落部位霉变。

（3）暗——室内自然采光不好，由于只有一面小窗，而且窑室很深（≥6m），有的窑深达 33m 之多，后部长年漆黑一片（砖窑、石窑可开大窗，室内光线较好）；

（4）占地多——窑顶自古相传均不种植，怕植物根系加重雨水渗透，引起塌顶。另外，由于窑脸受雨水冲塌，住户维修时，必将坍塌的窑脸土垂直铲平，再向后掘进以保持原深，年复一年，窑洞院落越来越大，相反，地面耕地却越来越少。

（5）闭塞——窑洞一般无空气循环通路，通风都不好。

2）综合治理

实验地区气候——实验地区（乾县张家堡）属半干旱地区，全年雨量有限，一般为 400 多毫米，但夏季常有连阴雨。夏湿热，室外气温高达 38℃～42℃。冬干冷，室外气温可低至 -10℃ 或更低些。该地区地下水位很深，在地表 150～200m 以下。

针对前述缺点，我们提出了改进措施：隔水防塌、育土种植、综合用能等，结果做到了洞顶为田，洞中为室，生产、生活两相宜，节地又节能的效果。现分条叙述如下：

（1）为提供耕地和防止塌顶，设置水平防水层（一毡二油或一层塑料薄膜），其上回填 600mm 土作为种植层；种植层与防水层之间设 10cm 豆石作为滤水层和警报层；当耕种碰击豆石层发出响声警告，从而保护防水层。

（2）窑脸采用砖贴面作为垂直防水层，防止窑脸土坍落。

实验证明，水平和垂直防水层对防止窑顶坍塌及窑脸土坍落是有效的。实验期曾遇连雨，该地区全部窑洞坍塌的约为 30%，其余多渗漏；但实验窑洞未见任何渗漏痕迹，说明防水层上设种植层是可行的。该户农民在窑顶种植层当季还收获了 350kg 红薯和一些烟叶、蔬菜。

（3）采用较大的窗户改善自然采光及冬季太阳能直接得热供暖。老式黄土窑洞窗户都偏小，一般 20m² 左右的窑洞，窗户面积只有近 1m²，故室内昏暗。改建窑洞将窗户加大到 5.2m²，自然采光经实测，在洞室前、中、后部位分别提高到老式窑洞的 5～30 倍。实验窑洞后部老女主人能做针线活。

25.5　城市地下空间概况

我国城市地下空间现代技术的开发利用只是国家改革开放以后才有了较好的起步，北京、上海、广州、深圳、西安等城市均已建成地铁并投入使用。此外，城市地下商场、影院、旅馆等在不少城市也有了发展。但是，与发达国家相比，我们的差距仍很大。例如匈牙利首都布达佩斯 200 多万人口，就有红、黄、蓝三层地铁。

英、法、美、德、匈、瑞典、加拿大等国人口加起来还不到我国人口的一半。但从第二次世界大战结束后，他们在重建和扩建地面建筑的同时并大力开发现代地下空间。半个多世纪以来，他们才有了现今巨大的成就，如前所述，在地下空间有多层地铁、停车场、火车站、发电厂、信息中心、缩微贮存库、影剧院、学校（含大学）、图书馆、精密实验室、数据处理中心、微波站、医院、住宅等。这些国家人口并不多，这么早就开发地下空间确是来自规划师、建筑师、工程师、决策者们的预见能力。苏联在那样地广人稀的条件下也集中了 20 多所大学规划莫斯科多功能地下空间。莫斯科每天运送 800 万人次的地铁正发挥着巨大的缓解地面交通与人群的作用。日本在二战后很快就抓紧教育，积累了人才和技术，从而迅速增强了综合国力，使他们在发展现代地下空间居领先地位。在此领域我们有差距，但随着综合国力的不断增强，人才的增长，越来越多的规划师、建筑师、工程师、决策者在处理我国人口、能源、土地、建房、环境的错综矛盾中已越来越认识到城市，特别是大城市，开发利用现代地下空间的必要性、迫切性和可能性。

中国的窑洞，为中华民族的延续发展已经并仍在作出巨大的贡献。祖先在下沉式窑洞中给我们留下的开发利用浅层地下空间的经验，例如冬暖夏凉、自然采光、下沉式庭院。其中节能节地和综合用能的潜在优势正待我们以现代化科技发扬光大；靠山窑洞因山就势、就地取材、视景宽、山风好、阳光美等，这些祖先相传的宝贵经验，我们在各种坡地上建房时应大力发扬光大。

历代王朝的陵墓以及宗教界的地下庙殿为我们留下了上下结合、立体用地、风水观选址和精湛的建造技术等宝贵经验。北京明十三陵、西安秦兵马俑、女皇武则天墓、唐地下佛殿法门寺等掩土建筑显示的奇迹般的建筑文脉，在现代地下空间中，我们责无旁贷应加以发扬光大。

我国城乡开发利用地下空间的潜力极其巨大，可争得几百亿 m^2 的地下建筑面积。

21 世纪，地下空间必将以更大的规模、更高的科技手段构成人类可持续生存空间的组成部分。

可控热核聚变、常温核聚变、超导输电、地下空间沼气网，这些因素将为地下空间人造太阳、人为可持续能源以及物流的良性循环，能流形式的良性转换创造条件，为建立地下绿色世界铺垫基础。

第26章 建筑体量

26.1 建筑长、宽、高定义及其与面积的组合效益

26.1.1 建筑长、宽、高定义

在几何体中，长度通常指最长的一维。在二维空间中，量度直线边长时，称呼长度数值较大的为"长"，不比其值大或者在"侧边"的称为"宽"；而表达方式通常为长×宽，所以宽度其实也是长度量度的一种。同理在三维空间中量度"垂直长度"的"高"也是长度。长度被解释为：两点之间的距离。这个距离可以是直线，也可以是曲线；可以在平面上，也可以在三维空间中。即使是非常复杂的建筑，如广州大剧院，也可以用长、宽、高来表达（图26-1，图26-2）。

图26-1 广州大剧院外观

单位化的长度可以用做绝对的度量，是日常生活中最重要的度量之一。长度的度量单位有很多种，国际单位制中将米（m）作为标准单位，建筑设计平面图以毫米（mm）为单位绘制。

26.1.2 建筑长、宽、高与面积的组合效益

室内净面积相等的建筑，可由不同的长×宽的平面构成。例如一幢室内净面积900m²的单层建筑，可由长×宽＝90m×10m＝900m²的长方形平面形成，也可由30m×30m＝900m²的正方形平面形成（图26-3）。但是，此处长方形的周长是200m，而正方形平面周长只有120m。由于正方形与外界空气接触面少，所以冬失热、夏得热都比长方形少，有节能减排的优点；而且建造的材料、工作量、时间、投资比长方形的都少。因此，设计者

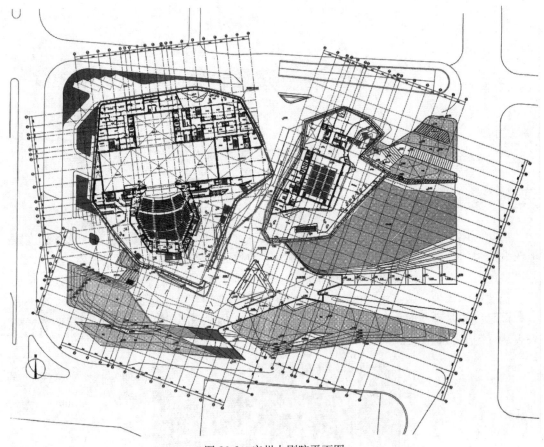

图 26-2　广州大剧院平面图

在运用建筑的长、宽、高与面积组合成建筑空间时，必须在考虑其功能的条件下同时考虑其组合效益（节能减排、节材、节工、节时、节资……）。

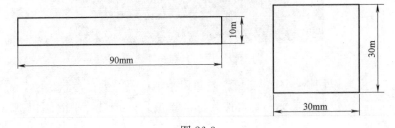

图 26-3

26.2　建筑高度的计算方法

26.2.1　不同情况下建筑外形高度及地坪的计算

（1）在文物保护单位周围控制地带内和重要风景区附近、世界遗产保护范围、机场控制区，其建筑高度是指建筑物及其附属构筑物的最高点，包括电梯间、楼梯间、水箱、烟囱、屋脊、天线、避雷针等（图 26-4A，H—建筑高度）。

（2）在上述所指地区以外的一般地区，其建筑高度，平顶房屋按女儿墙高度计算；坡顶房屋按屋檐和屋脊的平均高度计算。屋顶上的附属物，如电梯间、楼梯间、水箱、烟囱等，其总面积不超过屋顶面积的 20%，且高度不超过 4m 的，不计入建筑高度之内。空调冷却塔等设备高度不计入建筑高度（图 26-4A，H—建筑总高度，H1—建筑高度）。

（3）采用传统坡屋面形式的建筑，一般以屋面下檐口计算建筑高度（图 26-4B）。屋顶坡度大于 30°时，按坡屋顶高度一半计算建筑高度。

（4）对于屋顶部分采取错落方式的复杂形体建筑，以大于标准层建筑面积 20% 的最高点处计算建筑高度（图 26-4C，H—建筑高度）。

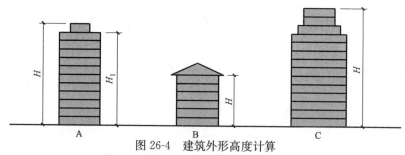

图 26-4 建筑外形高度计算

A—平顶房屋；B—坡顶房屋；C—复杂形体房屋

（5）建筑室外地坪是指该建筑外墙散水处（常以绝对标高，例如 46.50 或相对标高，例如－0.90 表达）。当该建筑不同位置的散水高程不一致时，以计算建筑高度相关方向的散水平均位置为室外地坪（图 26-5）。

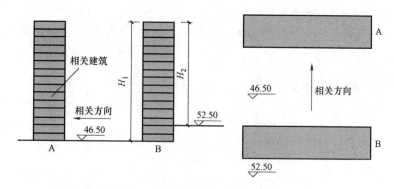

图 26-5 建筑室外地坪计算（单位 m）

（6）在规划市区范围内，如建筑物散水高出相邻道路高程 0.5m 以上（含 0.5m）的，建筑高度从道路路面计起。

26.2.2 建筑层数、层高与净高

1）民用建筑层数的划分

住宅建筑按层数划分为 1~3 层为低层；4~6 为多层；7~9 层为中高层；10 层以上为高层。公共建筑及综合性建筑总高度超过 24m 者为高层（不包括高度超过 24m 的单层主体建筑）。建筑物高度超过 100m 时，不论住宅或公共建筑均为超高层。

2）建筑层高

建筑物各层之间以楼、地面面层（完成面）计算的垂直距离。屋顶层由该层楼面面层（完成面）至平屋面的结构面层，或至坡顶的结构面层与外墙外皮垂直延长线的交点计算的垂直距离。

合理层高的要求：建筑层高应结合建筑使用功能、工艺要求和技术经济条件综合确定，并符合专用建筑设计规范的要求。不同类型的建筑还应根据其使用性质、结构类型、设备选用等情况依据相关规范确定合理的层高，如多层、高层住宅单层层高均不应低于2.70m。利用坡屋顶内空间作卧室时，其一半的面积不应低于2.10m，其余部分最低处高度不得低于1.50m。

3）室内净高：指从楼、地面面层（完成面）至吊顶或楼盖、屋盖底面之间的有效使用空间的垂直距离。当楼盖、屋盖的下悬构件或管道底面影响有效使用空间者，应按楼地面完成面至下悬构件下缘或管道底面之间的垂直距离计算。办公室的净高不得低于2.60m；其设中央空调的可不低于2.40m；走道净高不得低于2.10m；贮藏间净高不得低于2.00m。建筑物用房的室内净高应符合专用建筑设计规范的规定；地下室、局部夹层等有人员正常活动的最低处的净高不应小于2m。

26.3 建筑面积及其计算

26.3.1 建筑面积的含义

建筑面积：单体建筑面积通常包括以下三种，定义如下：

建筑的总建筑面积：指该建筑物每层外墙外围的水平投影面积之和。

建筑的地上建筑面积：指该建筑物地上部分每层外墙外围的水平投影面积之和。

建筑的地下建筑面积：指该建筑物地下部分每层外墙外围的水平投影面积之和。

26.3.2 建筑面积的相关术语

进行建筑面积计算之前，需要了解以下术语：

（1）层高：上下两层楼面或楼面与地面之间的垂直距离。

（2）自然层：按楼板、地板结构分层的楼层。

（3）架空层：建筑物深基础或坡地建筑吊脚架空部位不回填土石方形成的建筑空间。

（4）走廊：建筑物的水平交通空间。

（5）挑廊：挑出建筑物外墙的水平交通空间。

（6）檐廊：设置在建筑物底层出檐下的水平交通空间。

（7）回廊：在建筑物门厅、大厅内设置在二层或二层以上的回形走廊。

（8）门斗：在建筑物出入口设置的起分隔、挡风、御寒等作用的建筑过渡空间。

（9）建筑物通道：为道路穿过建筑物而设置的建筑空间。

（10）架空走廊：建筑物与建筑物之间，在二层或二层以上专门为水平交通设置的走廊。

（11）勒脚：建筑物的外墙与室外地面或散水接触部位墙体的加厚部分。

（12）围护结构：围合建筑空间四周的墙体、门、窗等。

（13）围护性幕墙：直接作为外墙起围护作用的幕墙。

（14）装饰性幕墙：设置在建筑物墙体外起装饰作用的幕墙。

（15）落地橱窗：突出外墙面根基落地的橱窗。

（16）阳台：供使用者进行活动和晾晒衣物的建筑空间。

（17）眺望间：设置在建筑物顶层或挑出房间的供人们远眺或观察周围情况的建筑空间。

（18）雨棚：设置在建筑物进出口上部的遮雨、遮阳棚。

（19）地下室：房间地平面低于室外地平面的高度超过该房间净高的 1/2 者为地下室。

（20）半地下室：房间地平面低于室外地平面的高度超过该房间净高的 1/3 且不超过 1/2 者为半地下室。

（21）变形缝：伸缩缝（温度缝）、沉降缝和抗震缝的总称。

（22）永久性顶盖：经规划批准设计的永久使用的顶盖。

（23）飘窗：为房间采光和美化造型而设置的突出外墙的窗。

（24）骑楼：楼层部分跨在人行道上的临街楼房。

（25）过街楼：有道路穿过其下的楼房。

26.3.3 计算建筑面积的规定

（1）单层建筑物的建筑面积，应按其外墙勒脚以上结构外围水平面积计算，并应符合下列规定：

① 单层建筑物高度在 2.20m 及以上者应计算全面积；高度不足 2.20m 者应计算 1/2 面积。

② 利用坡屋顶内空间时净高超过 2.10m 的部位应计算全面积；净高在 1.20m 至 2.10m 的部位应计算 1/2 面积；净高不足 1.20m 的部位不应计算面积。

③ 单层建筑物内设有局部楼层者，局部楼层的二层及以上楼层，有围护结构的应按其围护结构外围水平面积计算，无围护结构的应按其结构底板水平面积计算。层高在 2.20m 及以上者应计算全面积；层高不足 2.20m 者应计算 1/2 面积。

（2）多层建筑物首层应按其外墙勒脚以上结构外围水平面积计算；二层及以上楼层应按其外墙结构外围水平面积计算。层高在 2.20m 及以上者应计算全面积；层高不足 2.20m 者应计算 1.20m 以上面积。

（3）多层建筑坡屋顶内和场馆看台下，当设计加以利用时净高超过 2.10m 的部位应计算全面积；净高在 1.20m 至 2.10m 的部位应计算 1/2 面积；当设计不利用或室内净高不足 1.20m 时不应计算面积。

（4）地下室、半地下室（车间、商店、车站、车库、仓库等），包括相应的有永久性顶盖的出入口，应按其外墙上口（不包括采光井、外墙防潮层及其保护墙）外边线所围水平面积计算。层高在 2.20m 及以上者应计算全面积；层高不足 2.20m 者应计算 1/2 面积。

（5）坡地建筑物吊脚架空层、深基础架空层，设计加以利用并有围护结构的，层高在 2.20m 及以上的部位应计算全面积；层高不足 2.20m 的部位应计算 1/2 面积。设计加以利用、无围护结构的建筑吊脚架空层，应按其利用部位水平面积的 1/2 计算；设计不利用的深基础架空层、坡地吊脚架空层、多层建筑坡屋顶内、场馆看台下的空间不应计算面积。

（6）建筑物的门厅、大厅按一层计算建筑面积。门厅、大厅内设有回廊时，应按其结构底板水平面积计算。层高在 2.20m 及以上者应计算全面积；层高不足 2.20m 者应计算 1/2 面积。

（7）建筑物间有围护结构的架空走廊，应按其围护结构外围水平面积计算。层高在 2.20m 及以上者应计算全面积；层高不足 2.20m 者应计算 1/2 面积。有永久性顶盖无围护结构的应按其结构底板水平面积的 1/2 计算。

（8）立体书库、立体仓库、立体车库，无结构层的应按一层计算，有结构层的应按其结构层面积分别计算。层高在 2.20m 及以上者应计算全面积；层高不足 2.20m 者应计算 1/2 面积。

（9）有围护结构的舞台灯光控制室，应按其围护结构外围水平面积计算。层高在 2.20m 及以上者应计算全面积；层高不足 2.20m 者应计算 1/2 面积。

（10）建筑物外有围护结构的落地橱窗、门斗、挑廊、走廊、檐廊，应按其围护结构外围水平面积计算。层高在 2.20m 及以上者应计算全面积；层高不足 2.20m 者应计算 1/2 面积。有永久性顶盖无围护结构的应按其结构底板水平面积的 1/2 计算。

（11）有永久性顶盖无围护结构的场馆看台应按其顶盖水平投影面积的 1/2 计算。

（12）建筑物顶部有围护结构的楼梯间、水箱间、电梯机房等，层高在 2.20m 及以上者应计算全面积；层高不足 2.20m 者应计算 1/2 面积。

（13）设有围护结构不垂直于水平面而超出底板外沿的建筑物，应按其底板面的外围水平面积计算。层高在 2.20m 及以上者应计算全面积；层高不足 2.20m 者应计算 1/2 面积。

（14）建筑物内的室内楼梯间、电梯井、观光电梯井、提物井、管道井、通风排气竖井、垃圾道、附墙烟囱应按建筑物的自然层计算。

（15）雨篷结构的外边线至外墙结构外边线的宽度超过 2.10m 者，应按雨篷结构板的水平投影面积的 1/2 计算。

（16）有永久性顶盖的室外楼梯，应按建筑物自然层的水平投影面积的 1/2 计算。

（17）建筑物的阳台均应按其水平投影面积的 1/2 计算。

（18）有永久性顶盖无围护结构的车棚、货棚、站台、加油站、收费站等，应按其顶盖水平投影面积的 1/2 计算。

（19）高低联跨的建筑物，应以高跨结构外边线为界分别计算建筑面积；其高低跨内部连通时，其变形缝应计算在低跨面积内。

（20）以幕墙作为围护结构的建筑物，应按幕墙外边线计算建筑面积。

（21）建筑物外墙外侧有保温隔热层的，应按保温隔热层外边线计算建筑面积。

（22）建筑物内的变形缝，应按其自然层合并在建筑物面积内计算。

（23）下列项目不应计算面积：

① 建筑物通道（骑楼、过街楼的底层）。

② 建筑物内的设备管道夹层。

③ 建筑物内分隔的单层房间、舞台及后台悬挂幕布、布景的天桥、挑台等。

④ 屋顶水箱、花架、凉棚、露台、露天游泳池。

⑤ 建筑物内的操作平台、上料平台、安装箱和罐体的平台。

⑥ 勒脚、附墙柱、垛、台阶、墙面抹灰、装饰面、镶贴块料面层、装饰性幕墙、空调机外机搁板（箱）、飘窗、构件、配件、宽度在 2.10m 及以内的雨篷以及与建筑物内不相连通的装饰性阳台、挑廊。

⑦ 无永久性顶盖的架空走廊、室外楼梯和用于检修、消防等的室外钢楼梯、爬梯。

⑧ 自动扶梯、自动人行道。

⑨ 独立烟囱、烟道、地沟、油（水）罐、气柜、水塔、贮油（水）池、贮仓、栈桥、地下人防通道、地铁隧道。

26.4 《民用建筑节能设计标准》关于面积和体积的计算

（1）建筑面积 Ao，应按各层外墙外包线围成面积的总和计算。

（2）建筑体积 Vo，应接建筑物外表面和底层地面围成的体积计算。

（3）换气体积 V，楼梯间不采暖时，应按 V＝0.60Vo 计算；楼梯间采暖时，应按 V＝0.65Vo 计算。

（4）屋顶或顶棚面积，应按支承屋顶的外墙外包线围成的面积计算，如果楼梯间不采暖，则应减去楼梯间的屋顶面积。

（5）外墙面积，应按不同朝向分别计算。某一朝向的外墙面积，由该朝向外表面积减去窗户和外门洞口面积构成。当楼梯间不采暖时，应减去楼梯间的外墙面积。

（6）窗户（包括阳台门上部透明部分）面积，应按朝向和有、无阳台分别计算，取窗户洞口面积。

（7）外门面积，应按不同朝向分别计算，取外门洞口面积。

（8）阳台门下部不透明部分面积，应按不同朝向分别计算，取洞口面积。

（9）地面面积，应按周边和非周边以及有、无地下室分别计算。周边地面系指由外墙内侧算起向内 2.0m 范围内的地面；其余为非周边地面。如果楼梯间不采暖，还应减去楼梯间所占地面面积。

（10）地板面积，接触室外空气的地板和不采暖地下室上面的地板应分别计算。

（11）楼梯间隔墙面积，楼梯间不采暖时应计算这一面积，由楼梯间隔墙总面积减去户门洞口总面积构成。

（12）户门面积，楼梯间不采暖时应计算这一面积，由各层户门洞口面积的总和构成。

参 考 文 献

[1] GB 50352—2005，民用建筑设计通则［S］. 北京：中国建筑工业出版社，2005.

[2] GB 50016—2014，建筑设计防火规范［S］. 北京：中国计划出版社，2014.

[3] GB 50067—2014，汽车库、修车库、停车场设计防火规范［S］. 北京：中国计划出版社，2014.

[4] GB 50223—2008，建筑工程抗震设防分类标准［S］. 北京：中国建筑工业出版社，2008.

[5] 全国人大法律工作委员会. 中华人民共和国城市房地产管理法［M］. 北京：法律出版社，2009.

[6] 全国人大常委会. 中华人民共和国标准化法［N］. 北京：中国计量出版社，2000.

[7] 全国高等学校建筑学学科专业指导委员会.《高等学校建筑学本科专业指导性规范》. 北京：中国建筑工业出版社，2013.

[8] 全国高等学校风景园林学科专业指导委员会.《高等学校风景园林本科专业指导性规范》. 北京：中国建筑工业出版社，2013.

[9] 杨学祥. 地球表面积的计算［J］. 长春：长春地质学院学报，1987.

[10] 中国国家图书馆馆藏. 巴县志［M］，民国 32 年（1943）.

[11] 联合国人居署. 全球和谐城市：全球城市发展报告 2008/2009［R］. 吴志强译制组译. 北京：建筑工业出版社，2008.

[12] 国务院法制办公室. 中华人民共和国城乡规划法［Z］. 北京：中国法制出版社，2010.

[13] 城市规划编制办法. 中华人民共和国建设部令第 146 号［J］. 北京：中华人民共和国国务院公报，2006（33）：27-30.

[14] 张京祥. 西方城市规划思想史纲［M］. 南京：东南大学出版社，2005.

[15] 洪亮平. 城市设计历程［M］. 北京：中国建筑工业出版社，2002.

[16] 李德华. 城市规划原理（第三版）［M］. 北京：中国建筑工业出版社，2001.

[17] 张捷，赵民. 新城规划的理论与实践——田园城市思想的世纪演绎［M］. 北京：中国建筑工业出版社，2005.

[18] 罗小未. 外国近现代建筑史（第二版）［M］. 北京：中国建筑工业出版社，2010.

[19] 潘谷西. 中国建筑史（第六版）［M］. 北京：中国建筑工业出版社，2009.

[20] （美）刘易斯·芒福德. 城市发展史：起源、演变与前景［M］. 宋俊岭，倪文彦译. 北京：中国建筑工业出版社，2005.

[21] （芬兰）伊利尔·沙里宁. 城市：它的发展、衰败与未来［M］. 北京：中国建筑工业出版社，1986.

[22] （法）勒·柯布西耶. 光辉城市［M］. 金秋野，王又佳译. 北京：中国建筑工业出版社，2011.

[23] （苏）布宁等. 城市建设艺术史——20 世纪资本主义国家的城市建设［M］. 黄海华译. 北京：中国建筑工业出版社，1992.

[24] 张松. 历史城市保护学导论（第二版）——文化遗产和历史环境保护的一种整体性方法［M］. 上海：同济大学出版社，2008.

[25] 张松. 城市文化遗产保护国际宪章与国内法规选编［M］. 上海：同济大学出版社，2007.

[26] 王景慧，阮仪三，王林. 历史文化名城保护理论与规划［M］. 上海：同济大学出版社，1999.

[27] 吴志强，李德华. 城市规划原理（第四版）［M］. 北京：中国建筑工业出版社，2010.

[28] （芬兰）尤嘎·尤基莱托. 建筑保护史［M］. 郭旃译. 北京：中华书局，2011.

[29] （英）史蒂文·蒂耶斯德尔. 城市历史街区的复兴［M］. 北京：中国建筑工业出版社，2006.

[30] 上海市房屋土地资源管理局科学技术委员会. 优秀历史建筑修缮技术规程［M］. 上海：同济大

学出版社，2003.

[31] 刘伯英. 中国工业建筑遗产调查与研究：2008 中国工业建筑遗产国际学术研讨会论文集 [M]. 北京：清华大学出版社，2009.

[32] 林源. 中国建筑遗产保护基础理论研究 [D]. 西安：西安建筑科技大学，2007.

[33] 陈志华. 文物建筑保护文集 [M]. 南昌：江西教育出版社，2008.

[34] 程建军. 文物古建筑的概念与价值评定 [C]. //中国建筑学会建筑史学分会，杨鸿勋. 建筑历史与理论第五辑. 北京：中国建筑工业出版社，1997.

[35] 陈薇. 文物建筑保护与文化学——关于整体的哲学 [C]. //中国建筑学会建筑史学分会，杨鸿勋. 建筑历史与理论第五辑. 北京：中国建筑工业出版社，1997.

[36] 邓其生. 谈中国古建的维修与保养 [J]. 古建园林技术，1999（4）：51-55.

[37] 罗哲文. 关于建立有东方建筑特色的文物建筑保护维修理论与实践科学体系的意见 [J]. 文物建筑，2008.

[38] 马炳坚. 谈谈文物古建筑的保护修缮 [J]. 古建园林技术，2002（4）：58-61.

[39] 中国文物学会传统建筑园林委员会，中国建筑文化遗产编辑部. 建筑文化遗产的传承与保护论文集 [J]. 2011.

[40] 宿新宝. 上海科学会堂保护工程设计思考 [J] 建筑学报，2014（2）：106-110.

[41] 杨新. 蓟县独乐寺 [M]. 北京：文物出版社，2007.

[42] Dunnett N，Clayden A. Rain Gardens. Managing water sustainably in the garden and designed landscape [M]. 2007.

[43] BrianClouston. 风景园林植物配置 [M]. 陈自新，许慈安译. 北京：中国建筑工业出版社，1992.

[44] （美）理查德·L·奥斯汀. 植物景观设计元素 [M]. 罗爱军译. 北京：中国建筑工业出版社，2005.

[45] （美）克莱尔·沃克·莱斯利，查尔斯·E·罗斯. Keeping a Nature Journal——笔记大自然 [M]. 麦子译. 上海：华东师大出版社，2008.

[46] 汪劲武. 常见野花 [M]. 北京：中国林业出版社，2004.

[47] 汪劲武. 常见树木 [M]. 北京：中国林业出版社，2004.

[48] Pamela Forey. Pocket spotters Wild flowers [M]. Belitha Press，2003.

[49] 安歌. 植物记——从新疆到海南 [M]. 长沙：湖南文艺出版社，2008.

[50] 刘晖，杨建辉，岳邦瑞，宋功明. 景观设计 [M]. 北京：中国建筑工业出版社，2013.

[51] 赵晓光，党春红. 民用建筑场地设计 [M]. 北京：中国建筑工业出版社，2012.

[52] 住房和城乡建设部工程质量安全管司. 全国民用建筑工程设计技术措施：规划、建筑、景观 [M]. 北京：中国计划出版社，2010.

[53] 郭景，郁银泉，程懋堃，等. 全国民用建筑工程设计技术措施 [M]. 北京：中国计划出版社，2015.

[54] GB 50763—2012，无障碍设计规范 [S]. 北京：中国建筑工业出版社，2012.

[55] 6B50763—2012，城市道路和建筑物无障碍设计规范 [S]. 北京：中国建筑工业出版社，2012.

[56] 03J926，中国建筑标准设计研究院组织编制. 国家建筑标准设计图集：建筑无障碍设计 [S]. 北京：中国计划出版社，2006.

[57] 刘盛璜，人体工程学与室内设计 [M]，北京：中国建筑工业出版社，2004.

[58] Heiss Oliver，Degenhart Christine，Ebe，Johann. Typology：Barrier-FreeDesignPrinciples，Planning，Examples [J]. Barrier-Free Design，2010.

致 谢

本书在写作过程中得到各方人士的大力帮助和支持，在此表示衷心的感谢。

感谢西安建筑科技大学建筑学院党政领导及有关同事的长期关怀与支持；

感谢中国建筑工业出版社责任编辑王玉容及相关编审的热心帮助和支持；

感谢文涛博士热心帮助收集资料；

感谢冯海燕、席萍的热心帮助；

感谢赵西平教授的热诚关怀与支持；

感谢杨威建筑师、李连娜硕士、樊星博士、杨慧竹博士、王爱华硕士等的鼎力相助。